한탄강 세계지질공원으로
떠나는 여행

유네스코가 인증한 한탄강 지질명소 톺아보기

한탄강 세계지질공원으로 떠나는 여행

권홍진 · 정병호 · 안락규 · 이문원 지음

연천 은대리 현무암 절벽

머리말

'세계지질공원'은 유네스코가 운영하는 자연보전 제도 중 하나이다. 세계지질공원은 전 세계 41개국 149곳이 선정되었으며, 2020년 7월 한탄강 유역이, 2023년 5월 전북 서해안 일대가 세계지질공원으로 선정되어, 우리나라는 제주도, 청송, 무등산 등 3곳과 함께 5곳으로 늘었다.

'세계지질공원'은 그 지역이 지닌 지형·지질 유산과 함께 생태적·역사적·문화적 가치를 보전하여 연구·교육 등에 활용하고, 천연의 지형·지질 유산을 지질관광 자원으로 활용함으로써, 그 지역의 지속 가능한 발전에 이바지하는 데 목적을 두고 있다.

'한탄강 세계지질공원'은 경기도 포천시, 연천군 및 강원도 철원군을 포함하는 한탄강 유역에 있으며, 그 규모는 여의도 면적의 약 400배나 된다. 세계지질공원의 지질명소로 등재된 곳은 아우라지 베개용암, 재인폭포, 화적연, 비둘기낭폭포, 고석정, 송대소 등 26곳이며, 모두 한탄강 유역에 위치한다.

지금으로부터 약 54만 년 전부터 12만 년 전 사이에, 북한의 평강 지역인 680m고지와 오리산에서 분출한 많은 양의 용암이 여러 차례 옛 한탄강과 주변 기반암을 덮었다. 그 한탄강 용암은 분출구에서 약 120km를 흘러, 한탄강 유역의 깊은 계곡을 메우며 넓은 용암 평원을 만들었다. 그 후 새로운 한탄강 물줄기는 현무암 지대에서만 볼 수 있는 특이하고, 학술적으로 가치 있는 다양한 지형들을 만들어냈다. 한탄강 유역은 선캄브리아시대부터 고생대, 중생대, 신생대에 이르는 긴 지질시대의 암석이 분포하여, 마치 야외 지질박물관과 같은 곳이다. 아울러 이곳에는 구석기시대부터 청동기시대, 그리고 역사시대에 이르는 유물과 유적이 남아 있어, 한반도에 거주한 인류 역사와 문화의 숨결이 담긴 곳이기도 하다.

이처럼 한탄강 유역은 지구과학, 지형학, 지질학, 고고학 및 역사적인 면 등에서 학술적인 가치를 지니고 있으며, 비무장지대와 접하는 지리적인 조건에서 자연 상태로 유지되고 있는 생태환경은 한탄강 세계지질공원의 위상을 높이고 있다.

특히 한탄강 유역은 2000만 인구가 사는 수도권에 가까이 있어 여러 관련 분야에서 깊은 연구가 이루어지고 있을 뿐만 아니라, 교육적인 측면에서도 많은 학생과 교사들이 야외 체험 활동 학습장으로 활용해왔다. 또한 일반인들도 자연을 친근하게 접할 수 있는 장소로 즐겨 찾고 있다.

한탄강이 세계지질공원으로 선정됨에 따라 이 지역의 지질, 생태, 역사, 문화에 관한 관심이 더욱 높아지면서 학생 중심의 자연 탐구 활동이 더 활발하게 일어날 것으로 예상되고 있다. 그러면서 일반인들을 위한 안내 자료 개발 및 체계적인 연구의 필요성도 높아지고 있다.

그러나 한탄강 세계지질공원의 지질명소에 숨어 있는 여러 기이한 지형·지질의 특징을 심미적으로 감상하고, 또 그 형성 과정을 이해하고 설명하는 데 도움을 줄 수 있는 정보 및 문헌이 부족한 형편이다. 이러한 이유로 필자들은 십수 년간 한탄강 유역의 지형과 지질을 답사하면서 얻은 자료와 경험을 바탕으로 한탄강 지질공원의 지형 및 지질 특징을 소개하는 글을 정리하고 개발하게 되었다.

필자들은 이 출판물이 세계지질공원 지질명소의 안내서 역할뿐 아니라, 세계지질공원의 원활한 운영을 위한 지질해설사 및 관광 프로그램을 개발하고 교육하는 데 기본 자료가 되었으면 하는 바람이다.

이 책은 크게 I, II로 구성되어 있다.

I은 한탄강 유역에 숨어 있는 역사, 지리, 문학, 예술 등 인문학과 관련된 내용으로 구성했으며, 한탄강 유역만이 지닌 지형과 지질을 이해하는 데 필요한 학술적인 정보를 중심으로 기술했다.

II는 한탄강 지질공원에서 지질명소로 지정된 26곳의 지형 및 지질의 특징을 이해하는 데 필요한 내용을 중심으로 하고, 각 명소에 얽힌 인문학 이야기도 함께 담았다.

각 지질명소에서는 그 지역의 지질약도와 그 지역의 지형 및 지질 구조가 형성되는 과정을 삽화, 관련 사진 등과 함께 제시하여, 각 지질명소가 가진 학술적인 내용을 좀 더 쉽게 이해할 수 있도록 기술했다.

필자들은 이 책이 '한탄강 세계지질공원'에 숨어 있는 자연의 이야기를 심미적으로 감상하고 학술적으로 이해하는 데 도움이 되기를 바라며, 나아가 우리의 과학문화 수준을 한층 더 높이는 데 이바지할 수 있기를 기대하고 있다.

'지질여행'을 떠나기에 앞서

한탄강 지질공원의 여러 명소를 탐방하기 위한 여행을 떠나기 전에, 준비하거나 유의해야 할 사항 몇 가지를 안내한다.

① 먼저 '여행의 목적'을 세운다. 어디서, 무엇을 보고 감상하며 또 체험할 것인지를 대략적으로라도 계획을 세우는 편이 좋다. 이 책의 II 앞부분에, 각 지질명소에서 만날 수 있는 여러 지형·지질 관찰 내용을 표로 간략히 소개했다.

② '여행 이동 거리'를 확인한다. 여행의 목적에 따라 답사할 명소를 정하고, 그 명소의 위치, 행정구역, 거리 등을 알아본다. 예를 들어 지질명소 '아우라지 베개용암'은 행정구역으로 보면 포천시에 속하나, 전곡읍이나 연천읍에서 더 가깝다. 명소별 위치는 II의 '첫머리 그림 지역별 지질명소의 위치'를 참고한다.

③ '찾아가는 방법'을 알아본다. 이 책의 '명소 찾아가는 길' 안내에 '내비게이션'에 입력할 위치가 소개되어 있을 때는 그곳을 입력하면 된다. 그러나 실제 노두露頭의 위치와 조망하는 위치가 다른 곳이 더러 있다. 그럴 때는 명소를 전망할 수 있는 '전망 위치'를 찾아가야 한다.

왜냐하면 지질명소가 강 건너편에 있는 경우도 있기 때문이다. 이 책의 II 지질명소별 '찾아가는 길'에서는 전망 위치와 노두 위치, 주차 가능 여부, 화장실 유무 등의 정보를 제공하고 있다.

④ '여행을 위한 준비물' 챙기기이다. 여행 목적에 따라 준비물이 달라지지만, 지질 여행에는 기본적으로 긴 바지, 트레킹화 또는 등산화, 모자 등 간편한 차림이 좋다. 한탄강을 따라 계곡에 펼쳐진 자연 풍경을 보면서 트레킹을 하다 보면 잘 정비되지 않은 오솔길도 걸어야 한다. 장거리 트레킹에는 배낭, 비옷, 식수, 간식 등도 필요하다. 그 외 사진기, 지형도, 쌍안경, 나침반, 스케일 바(크기 비교용 척도), 기록용 수첩 등을 챙기면 쓸모가 있다.

⑤ 여행을 떠나기 전에 '이 책을 미리 읽어보는 것'이다. 각 지질명소에 숨어 있는 자연을 제대로 보고 감상하기 위해서는 그곳에 대한 지질 정보를 대략 알아보는 일이 필요하다. 이 책의 I에는 한탄강이 지니는 가치, 즉 이 지역의 역사, 고고학, 문화, 예술 등 인문학적 지식과 지질학을 포함한 교육적 가치에 대한 기초적인 정보가 담겨 있다.

한탄강 지질여행을 떠나기 전에 이와 같은 내용을 잘 준비한다면, 수십억 년 지구의 역사로부터 인류의 역사로 이어지는 긴 시공간 속에서, 자연의 질서와 조화를 심미적으로 감상하고 즐기는 데 큰 도움이 될 것이다.

차례

한탄강 세계지질공원의 가치와 의미

한탄강 세계지질공원으로 떠나는 여행

I.
한탄강 세계지질공원의 가치와 의미

유네스코 인증을 받은 한탄강 세계지질공원은 지리적으로 한반도의 허리에 해당하는 지역에 위치한다. 한반도는 선캄브리아시대부터 고생대, 중생대, 신생대에 걸친 긴 지질시대 암석이 분포하고, 아시아 대륙과 연결된 반도이다. 특히 한탄강 유역은 신생대 때 현무암질 용암을 대규모로 분출한 화산활동이 있었던 곳이다. 그 시기 한탄강 유역의 북쪽에서 지구 내부 100km의 깊은 곳에서 생겨난 마그마가 분출했다. '680m고지'와 '오리산'이라는 두 분화구에서 크게 세 차례 걸쳐서 분출한 많은 양의 용암이 한탄강 유역을 넓게 덮었다. 그로 인해 한탄강 유역의 원래 지형은 완전히 변화했다.

한탄강 계곡은 한탄강 물의 작용으로 새로 태어난 젊은 지형을 이루고 있으며, 뜨거운 용암이 식으면서 만들어진 검은색의 현무암 수직 절벽은 태고 때의 지구를 연상하게 하는 풍광을 간직하고 있다. 또한 한탄강 유역은 아프리카를 떠나 해가 뜨는 동쪽을 향하여 먼 거리를 건너온 구석기 '전곡리인'이 삶의 터전을 마련할 정도로 풍요로움이 넘치는 자연환경을 갖췄다. 한탄강 유역은 자연의 풍광을 심미적으로 감상하며, 시간에 따른 지구환경의 변화를 이해할 수 있는 곳으로, 자연이 주는 선물과도 같은 곳이다.

1. 역사와 문화가 숨 쉬는 곳

1) 구석기 '전곡리인'의 삶터

고향이 아프리카인 구석기인은 나일강을 지나, 한탄강이 검은 현무암 절벽을 휘감아 도는 전곡리 일대의 충적층 위에 삶의 터전을 마련했다. 전곡리는 검은색의 현무암 대지 위에 두꺼운 충적 토양이 쌓인 구릉지대로서, 구석기인들이 사냥과 고기잡이 등으로 생활을 하기에 매우 좋은 환경이었다. 또한 이곳은 외부에서 침입하는 적을 방어하기 위해 성벽 앞에 파놓은 해자와 같은 한탄강이 흐르고 있어, 여러 위험으로부터 보호를 받을 수 있기에 거주하기에 아주 유리한 지형이다.

이곳의 가치는 1978년 한 미군 병사가 한탄강 유역에서 구석기 유물인 주먹도끼를 우연히 발견하면서 세상에 알려지기 시작했다. 그 후 이곳에서는 고고학 연구가 활발하게 진행되어 6000점 이상의 구석기 유물이 출토되었으며, 고고학계에서는 이곳 '전곡리 문화층'에 살았던 구석기인을 '전곡리인'이라고 부르며 이곳을 국가사적 268호로 지정했다.

고고학자들은 전곡리인이 살았던 시기를 전곡리 문화층 하부의 현무암 연대 측정값을 근거로 대략 30만 년 전후로 추정하는데, 이 시기는 전기 구석기에 해당한다. 특히 동아시아에서 아직 발굴되지 않은 다수의 '아슐리안형 주먹도끼'가 이곳에서 처음 출토되어 전곡리 유적은 세계 고고학계의 관심을 집중시켰다. 그리고 이 유물은 세계 구석기문화에 대한 고고학자들의 학설을 고쳐 쓰게 만들기도 했다.

전곡리 문화층에서 구석기 유적을 발굴하는 고고학 연구원. 1차 발굴조사 광경.

구석기 전곡리인의 수렵 장면. 전곡리 선사 유적지 내 조형물.

이렇듯 한탄강 유역은 전기 구석기 시대 전곡리인이 생활하던 삶의 터전이었으며, 그들의 생활 모습을 엿볼 수 있는 고고학적으로 매우 귀중한 장소이다. 이에 대한 자세한 내용은 연천 지역 지질명소 중 '전곡리 유적 토층'에서 만날 수 있다.

2) 청동기 '고인돌 전시장'

연천군 통현리 고인돌. 한탄강 유역의 현무암으로 만들었다.

연천군 양원리 고인돌. 덮개돌은 역암으로 만들었다.

고인돌은 한반도 청동기 시대를 대표하는 무덤 형식이며, 한탄강 유역에도 다수가 분포한다. 이 지역의 고인돌은 주로 높이가 1m 이내이고, 두 개의 받침돌(지석) 위에 덮개돌(상석)을 올려놓은 탁자식으로, 소위 북방식으로 분류된다. 연천군 양원리, 통현리, 학곡리 등에 있는 고인돌이 모두 이런 형태이다. 고인돌의 받침돌과 덮개돌은 대개 그 지역에 분포하는 암석이며, 이곳의 고인돌은 한탄강 유역에 넓게 분포하는 현무암 또는 화강편마암 등으로 만들었다. 또한 한탄강 유역에서는 신석기 시대의 유물인 빗살무늬 토기가 발견되어, 이 지역이 전기 구석기 시대에서 신석기, 청동기를 거쳐 현대로 이어지는 긴 인류 문화의 고향임을 말해주고 있다.

3) 삼국시대, 고려, 조선 그리고 근현대사의 흔적

철원에서 서울, 금강산, 개성까지의 거리는 70~80km로, 한탄강 유역에 있는 연천, 철원, 포천은 한반도의 중앙부에 위치한다. 한탄강 유역은 서해에서 한강을 지나 임진강과 한탄강으로 이어지는 내륙의 큰 수상 교통로이다. 그리고 한탄강의 발원지가 있는 서울－원산 구조대는 단층대를 따라 동북쪽인 원산까지 연결되는 통로로서, 경제적·군사적인 면에서 전략적 요충지이기도 하다. 따라서 한강, 임진강과 연결된 한탄강 유역은 백제, 고구려, 신라 등 삼국을 비롯하여 고려, 조선 그리고 현대에 이르기까지 여러 국가와 세력이 지배권을 두고 각축했던 여러 흔적을 간직하고 있다.

철원~휴전선 : 20km
철원~춘천 : 45km
철원~서울 : 70km
철원~개성 :70km
철원~금강산 : 75km
철원~평양 : 165km
철원~수원 : 100km

한반도의 중심부에 있는 철원에서 주요 도시까지의 대략적인 거리.

한탄강과 임진강 주변에 축성된 연천의 은대리성, 호로고루성, 당포성 등은 고구려 때 쌓은 성이다. 또한 이곳은 한양과 한강 이북 지방의 문물이 활발하게 교류되었던 곳이다. 통일신라 후기, 901년에 송악(개성)에 후고구려를 세운 궁예는 905년 도읍지를 철원으로 옮기고, 한탄강 상류인 철원평야의 넓은 들판을 태봉국의 수도로 정한다. 그러나 918년 왕건은 궁예를 밀어내고 '고려'를 건국했다. 이듬해 수도를 철원에서 멀지 않은 송악으로 옮기면서 고려 왕조 500여 년 역사의 중심지가 되었다.

조선 시대에도 이곳은 임진왜란, 병자호란 등 외세의 침략을 피해

궁예가 철원평야에 세운 태봉국 성터 상상도.

한국전쟁의 상흔과 아픔을 보여주는 철원 노동당사.

갈 수 없었다. 구한말에서 일제 강점기를 거치면서, 1914년 경원선(서울-원산), 1924년 금강산선(철원-내금강) 철도가 놓이면서 이 지역은 한반도의 중심으로 교통의 요지가 된다. 그 후 이곳은 수도 서울의 정보와 문화가 빠르게 유입되는 곳이자, 북부 지방의 물자를 서울이나 일본으로 실어 나르는 통로가 되었다.

1945년 해방 후 국토가 분단되면서, 북위 38°(38°N) 선 이북에 속하는 강원도 철원, 경기도 포천, 연천 지역 중 일부는 남과 북의 경계선 위에 놓이게 되었다. 따라서 1950년 한국전쟁 때, 소위 철의 삼각지로 불리는 철원-평강-김화 지역은 남북 간 치열한 격전지가 되기도 했다. 백마고지, 아이스크림고지, 철원군 조선노동당 건물이었던 노동당사 등은 전쟁의 상흔을 고스란히 간직하고 있는 곳이다. 휴전 이후 수십 년간 민간인 출입이 통제되었던 곳들이 개방되고 이 지역에 담긴 역사와 이야기들이 발굴되면서 이곳은 분단의 현장을 보고, 체험하며, 통일을 염원하는 역사 교육장으로도 주목을 받고 있다.

이처럼 한탄강 유역은 지질학적·교육적 가치를 간직한 곳이며, 구석기 시대부터 면면히 이어온 우리 민족의 역사, 문학, 예술 등 인문학적 이야기도 만날 수 있는 곳이다.

이렇게 한탄강 유역은 역사적으로나, 지리, 지형, 지질학적인 면에서도 중요하고 의미 있는 곳이다.

4) 선조들을 부른 절경, 그 속에 담긴 이야기

한탄강 유역은 장구한 역사와 특색 있는 지형·지질을 보유했기 때문인지 전설과 지명 유래 등 많은 설화가 전해지는 곳이다. 한탄강이 만들어내는 자연의 비경과 관련된 전설, 이곳 출신 인물과 관련된 이야기, 동물 및 주변의 산과 자연물에 관한 설화 등 소재도 매우 다양하다. 특히 태봉국 궁예왕과 관련한 이야기는 아주 다양하며, 고려 태조 왕건, 김응하 장군(조선), 기왕후(고려) 등이 등장하는 전설도 많다.

동물로는 용龍이 가장 많이 등장하며, 자연물로는 명성산(울음산, 포천), 금학산(철원)이 궁예의 흥망과 관련되어 이야기의 배경이 된다.

조선 시대 겸재 정선이 화폭에 담았던 화적연.

슬프고도 아름다운 전설이 서려 있는 재인폭포.

또한 수려한 풍광을 자랑하는 삼부연폭포(철원), 고석정(철원), 화적연(포천), 재인폭포(연천) 등 지질명소에도 어김없이 설화가 등장한다. 선조들 역시 이러한 명소들을 찾아 시문을 짓고 산수를 화폭에 담으며 그 아름다움을 즐기고 감상했다. 한탄강 유역은 자연이 빚어내는 비경과 함께 숱한 이야기들을 쏟아내는 곳이다.

이러한 설화 속에는 지역의 자연과 어우러져 형성된 정서와 민속, 신앙, 관습 등이 서려 있다. 설화들을 따라가면 한탄강 유역의 자연과 어울려 살던 사람들의 삶을 이해하는 데 도움이 될 것이다. 관련 설화는 각 지질명소에서 자세히 소개했다.

2. 지형 및 지질의 야외박물관

1) 김정호가 대동여지도에 그린 한탄강

세계 문명이 중국을 통해서 우리나라에 들어오던 조선 후기, 1861년경에 김정호가 펴낸 '대동여지도'를 보면, 고석정, 삼부연, 연천, 차탄, 포천, 감악산 등 오늘날 우리에게 낯익은 지명이 많이 있다. 김정호가 이 지도를 제작할 때는 아직 현대적인 지형학 및 지질학이 알려지지 않은 시기여서 현무암, 화강암 같은 용어는 쓰이지 않았다. 그런데도 대동여지도에 그려진 한탄강 유역의 지형은 오늘날 위성사진을 토대로 만든 지형과 크게 다르지 않아 그저 놀라울 뿐이다.

대동여지도에서는 한탄강을 '대탄大灘'으로 표기하며 자세히 묘사했다. '한탄강'이라는 이름은 물의 흐름이 빠른 급류가 많아 '여울이 크다'라는 의미의 '대탄'이라 부르는 데서 시작되었다. 그 후 태봉국의 패망과 한국전쟁이 남긴 흔적 등이 서로 얽혀, 한탄강을 원통할 '한恨', 탄식할 '탄歎'으로 풀이하는 등 여러 의미로 불리기도 한다.

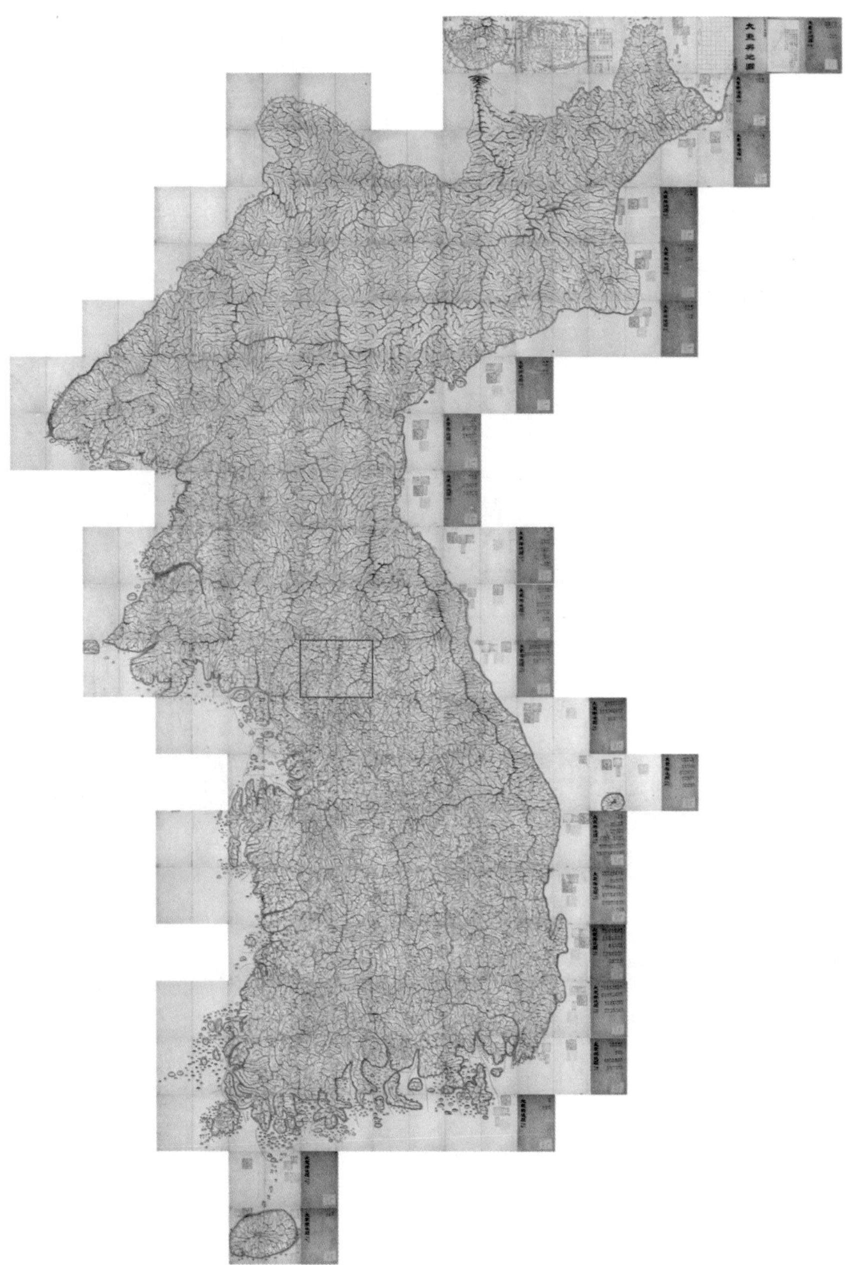

1861년경 김정호가 제작한 대동여지도 전도에서 볼 수 있는 한탄강 유역(붉은색 사각형).

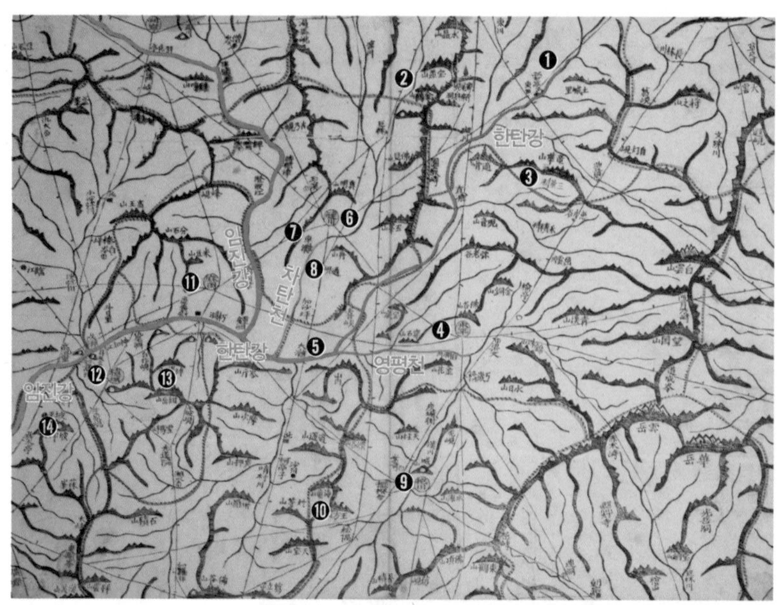

대동여지도의 붉은색 사각형 부분을 확대한 사진(파란색 물줄기는 각각 한탄강, 임진강, 차탄천, 영평천을 나타낸다).

번호	1	2	3	4	5	6	7
확대 사진							
지명	고석정	금학산	삼부연	영평(백호천)	대탄	연천	차탄
번호	8	9	10	11	12	13	14
확대 사진							
지명	통현	포천	왕방산	마전	적성	감악산	파평(파평산)

지도의 번호 지역을 확대한 사진.

한탄강은 임진강 유역 내에 있으며, 임진강의 가장 큰 지류에 속하는 강이다. 임진강보다 동쪽에 있는 한탄강은 휴전선 이북인 강원도 평강군, 세포군의 경계에 있는 장암산(백자산)에서 발원해서, 강원도 철원을 거쳐 경기도 포천과 전곡 등을 지나 연천군 군남면 남계리 도감포에서 본류인 임진강과 합류한다. 한탄강은 전체 길이가 약 140km이며, 지류로 차탄천, 영평천, 남대천 등이 있다.

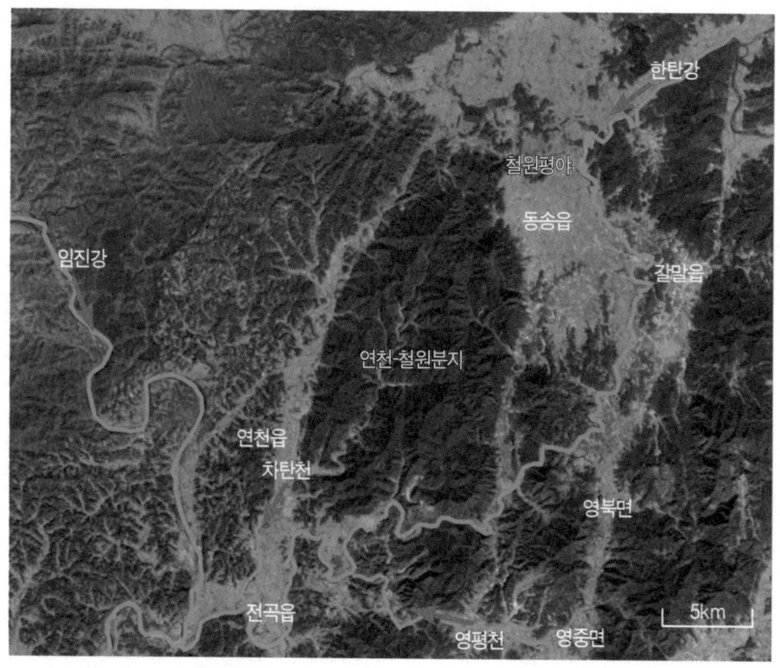

위성에서 본 한탄강과 임진강 유역.

2) 용암으로 물줄기가 바뀐 한탄강

한탄강의 물줄기는 언제부터 오늘날의 위치에 흐르기 시작했을까? 오늘날의 한탄강은 예전 한탄강과는 물줄기의 위치가 다르다. 즉, 오늘날의 한탄강은 원래 위치에서 바뀌었다는 것이다. 한탄강의 위치는 어떻게 바뀐 것인가? 약 54만 년전부터 12만 년 전까지 북한의 평강 부근 680m고지와 오리산에서 세 번 정도의 대규모의 화산활동이 있었다. 그 분화구에서 분출한 용암은 지구 내부 깊은 곳에서 올라온 마그마이고, 점성이 매우 낮은 현무암질 용암이다. 용암의 분출량이 매우 많아서, 그 용암의 일부는 북쪽으로 흐르고, 대부분의 용암은 남쪽으로 흘러 평강-철원 용암평야를 만들고 옛 한탄강을 메우며 임진강과 만나는 곳까지 흘러서 한탄강 유역의 지형을 완전히 바꾸어놓았다. 그러니까 옛 한탄강은 모두 메워진 것이다. 그 후 한탄강은 새롭게 태어나서 오늘에 이르고 있다. (75쪽 한탄강 유역의 단층계 참조)

옛 한탄강과 오늘날의 한탄강 물줄기를 비교하면서, 용암이 어떻게 한탄강 물줄기를 바꾸었는지 살펴보자. 옛 한탄강은 한탄강 상류에서 평강-철원 용암평야 가운데를 흐르고 있었다. 현재 철원평야 중심부를 남쪽으로 흐르는 대교천이 옛 한탄강의 물줄기와 거의 비슷한 위치에 있다. 즉, 평강 부근에 있었던 세 번의 화산활동은 옛 한탄강을 용암으로 메우고, 새 한탄강은 평강 지역의 동쪽으로 자리를 옮겨서 대체로 현무암과 기반암이 접하고 있는 경계면을 따라 흐르게 되었다. 오늘날 한탄강 계곡의 지질 단면을 보면, 강의 양 벽이 모두 현무암인 곳도 있지만, 많은 계곡이 한쪽은 현무암, 다른 한쪽은 기반암으로 되어 있다. 이렇게 한탄강 물줄기는 종류가 다른 지질 경계를 따라 다시 흐르는 경우가 많다. 그 이유는 서로 다른 암석이 접해 있는 지질 경계는 물에 의한 침식작용이 더 잘 일어나기 때문이다.

새로운 한탄강의 물줄기가 만든 지형은 지질시대로 보아 매우 젊다. 한탄강 계곡은 용암층에서 만들어지는 다양한 현무암 지형과 구조가 그대로 보존되어 있어, 마치 현무암질 용암이 만든 야외박물관과도 같은 곳이다.

3) 야외 지질박물관과 다름없는 한탄강 유역

한반도에는 약 25억 년 전의 선캄브리아시대 변성암에서부터 수천 년 에 이르는 현재의 백두산 화산암까지, 긴 지질시대와 다양한 암석 종

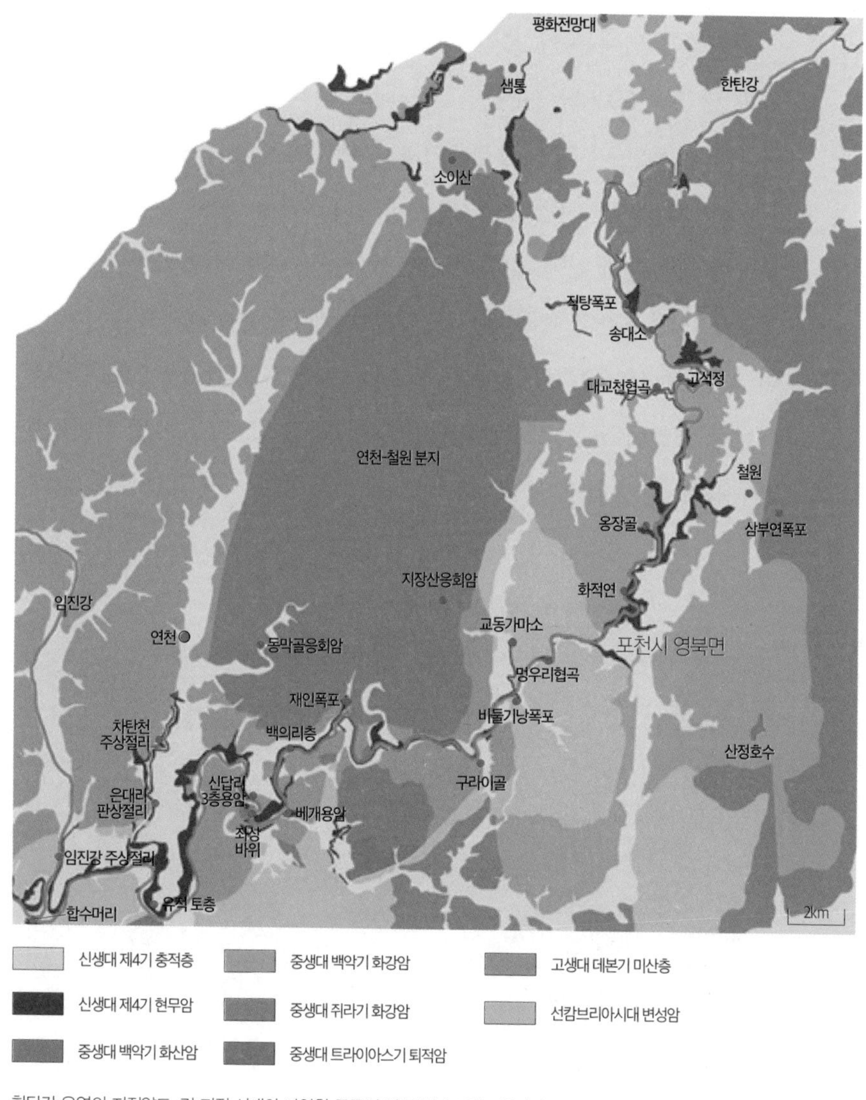

한탄강 유역의 지질약도. 긴 지질 시대와 다양한 종류의 암석이 분포하는 한탄강 유역.

류가 분포하고 있다. 그래서 흔히들 한반도 전체를 야외지질박물관이라 부르기도 한다. 한탄강 유역 역시 한탄강이라는 한정된 공간에서, 십수억 년에서 수십만 년에 이르는 지질시대의 지층을 직접 볼 수 있어 마치 야외박물관과도 같은 곳이다.

한탄강 유역에는 약 20억 년~7억 년 전인 선캄브리아시대의 변성암과 약 3억 5000만 년 전인 고생대의 퇴적 기원 변성암류, 그리고 약 1억 7000만 년 전인 중생대의 화강암류가 넓게 분포한다. 또한 약 7000~8000만 년 전인 중생대 말에 이곳 '연천-철원분지'에서 화산활동이 활발하게 일어나, 화산암과 화산재로 이루어진 화산암류가 병 모양으로 분포한다. 이곳에서는 신생대 제4기, 약 54만 년~약 12만 년 전에 북한의 평강 부근에서 세 번의 대규모 화산활동으로 분출한 한탄강 용암이 모든 기반암을 덮었다. 그리고 그 용암은 옛 한탄강을 메우며 평강-철원 용암평야를 만들고 낮은 평야 지대를 메웠다. 그 후

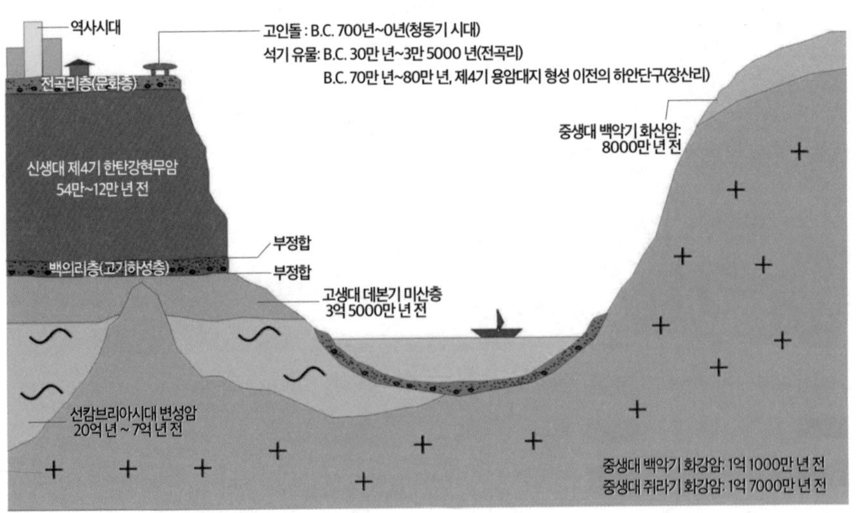

긴 지질 시간과 공간의 관계를 보여주는 한탄강 유역의 지질단면도.

오늘날의 한탄강이 다시 태어났다.

새로운 한탄강이 형성되는 과정에서 한탄강 유역에서는 풍화-침식 작용이 활발하게 일어나, 용암대지 위에 넓은 충적층이 쌓이게 되었다. 충적층 중 전곡 부근에 있는 것을 '전곡리층'이라 한다. 특히 전곡리층에서는 구석기-신석기-역사시대의 유물과 유적들이 많이 발굴되어, 한탄강 유역은 구석기 '전곡리인'에서 오늘날에 이르는 인류 역사를 연구하는 데 매우 중요한 곳이다.

전곡선사박물관에 소장된 주먹도끼.

3. 한탄강 현무암질 용암의 비밀을 간직한 곳

1) 지구 표면을 가장 넓게 덮고 있는 현무암

예전 인류는 지하에 있는 신이 분노하거나 싸움을 해서 불을 뿜어내 화산이 분출된다고 생각했다. 그러다가 그리스 시대부터 화산을 지구 내부의 열이 밖으로 뿜어 나오는 굴뚝과 같은 것으로 인식했던 것 같다. 지구의 내핵은 태양의 표면 온도와 비슷할 정도로 뜨겁다. 그래서 지구에서는 초기부터 화산활동이 끊임없이 이어져왔으며, 오늘날에도 800개 정도의 활화산이 있다.

오늘날 지구 표면의 모습은 고생대 말까지 초대륙 형태로 뭉쳐 있던 판게아Pangaea 대륙이 중생대에 들어 본격적으로 움직여서 오늘날과 같은 대륙과 해양의 분포가 만들어졌다. 오늘날의 지구 표면은 해양지각이 전체의 약 3분의 2를 차지하는데, 해양지각은 중생대 이후 분출한 용암이 굳어져 만들어진 현무암으로 되어 있다. 또한 대륙 위에도 중생대 이후에 분출한 현무암질 용암이 인도의 데칸고원, 북미의 콜로라도, 아프리카의 열곡지대, 중국 대륙, 한반도의 개마고원 등에 매우 넓은 면적으로 분포하고 있다.

따라서 지구 표면에서 가장 넓은 면적을 차지하는 암석은 중생대 이후에 생겨난 현무암이라고 할 수 있다. 대륙 지각 표면은 고생대부터 오늘에 이르는 지질시대의 지층이 가장 넓게 차지하고 있다.

한탄강 유역에는 신생대 제4기에 북한의 평강 부근 화산을 통해, 맨틀에서 나온 마그마가 식은 현무암이 넓게 분포한다. 우리는 한탄강 유역의 현무암을 볼 때 지구 내부의 깊은 곳, 맨틀의 물질을 만나는 셈이 된다.

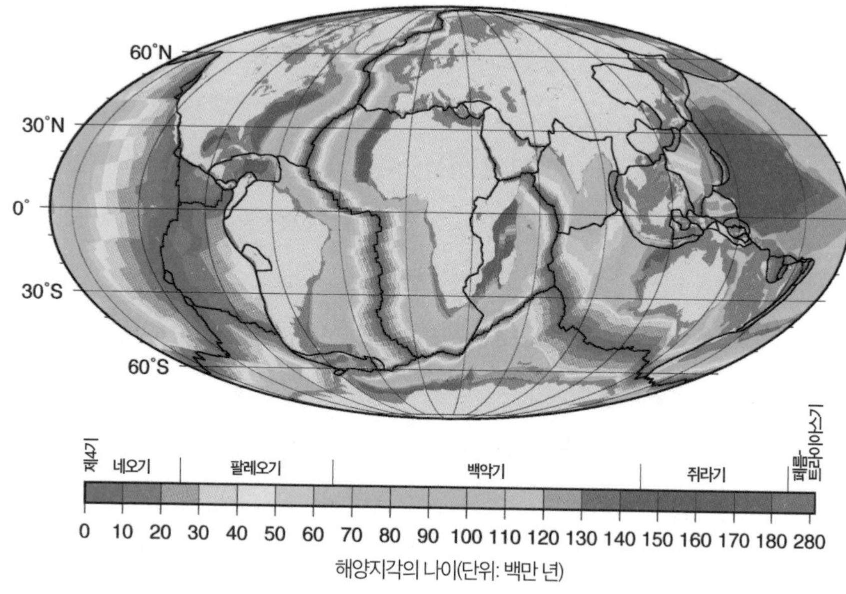

지구 표면의 3분의 2를 차지하는 해양 지각 분포. 해양 지각은 모두 연령이 약 2억 년보다 젊은 현무암이다.

2) 한탄강 용암의 마그마는 어떻게 만들어졌나?

한반도에서는 신생대 제4기에 들어와 평강, 백령도, 울릉도, 독도, 제주도, 길주-명천 지구대, 백두산 등에서 화산활동이 활발하게 일어났다. 항공 사진과 지형도를 보면, 한탄강 유역을 넓게 덮고 있는 현무암은 북한 평강 지역의 680m고지와 오리산(453m)에서 용암이 분출하여 흘러온 것을 확인할 수 있다. 이 두 지역에서는 약 54만~12만 년 전에 크게 세 번의 화산활동이 있었다. 그곳에서 분출한 용암은 점성이 매우 낮은 현무암질 용암이며, 분출량이 매우 많았다.

이 용암의 일부는 북쪽으로 흘렀으며, 대부분은 남쪽으로 방향을 잡아 옛 한탄강을 메우며 약 100km 이상을 흘러내렸다. 이 책에서는 680m고지와 오리산에서 분출한 용암을 '한탄강 용암'이라고, 그 용암이 식으면서 굳은 암석을 '한탄강 현무암'이라고 부르기로 한다.

마그마는 지구 내부의 암석이 녹은 뜨거운 물질을 말한다. 마그마는 화학 성분에 따라 크게 현무암이 만들어지는 현무암질 마그마, 안산암이 만들어지는 안산암질 마그마, 그리고 화강암이 만들어지는 화강암질 마그마 세 가지로 구분한다.

그중 현무암질 마그마는 모두 맨틀 물질이 녹아서 만들어진 것이며, 맨틀에서 생성되는 위치와 과정에 따라 크게 서너 가지로 설명하고 있다. 그중 하나는 지구의 핵이 있는 깊이에서 올라오는 열로, 맨틀의 한 부분이 조금씩 녹아서 위로 올라와 마그마 방에 모인 후 지표로 나오는 것이다. 하와이가 그 예이며, 이런 곳을 '열점Hot Spot'이라 한다.

다른 하나는 해양판이 대륙판 밑으로 밀려 들어가는 곳에서, 판이 맨틀 속으로 밀려 들어갈 때 판 위에서 마그마가 생성되는 것이다. 일본 열도가 그 예이며, 태평양 가장자리 '불의 고리'라고 불리는 곳에 있는 화산 대부분이 이 경우에 속한다.

또 다른 하나는 해양에 약 6만 km 이상 길게 대양저산맥(해령)을 만드는 경우이며, 이것은 대양저산맥 밑의 맨틀에서 마그마가 만들어져서 올라오는 것이다. 대서양중앙해령Mid Atlantic Ridge에 위치한 아이슬란드의 화산활동이 그 예이다.

이 세 가지 과정 중 한탄강 용암의 마그마는 어디에 해당할까? 한반도는 유라시아판과 태평양판이 충돌하는 곳에서 조금 대륙 쪽에 위치하기 때문에, 지리적인 위치를 보면 한탄강 용암은 앞의 세 가지 중 어느 것에도 해당하지 않는다.

한반도에는 백두산, 한라산, 울릉도 등 신생대에 활동하여 많은 양의 용암을 분출한 화산이 여러 곳에 있다. 지질학자들은 한반도 주변에서 신생대에 일어난 화산과 지진 등의 연구 자료를 종합하여 한탄강 유역을 메운 화산의 활동을 다음과 같이 설명하고 있다.

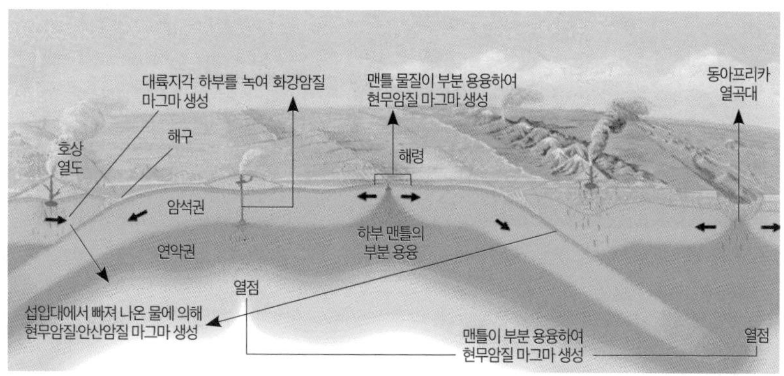

지구 내부에서 마그마가 생성되는 위치와 마그마가 지표로 나오는 위치.

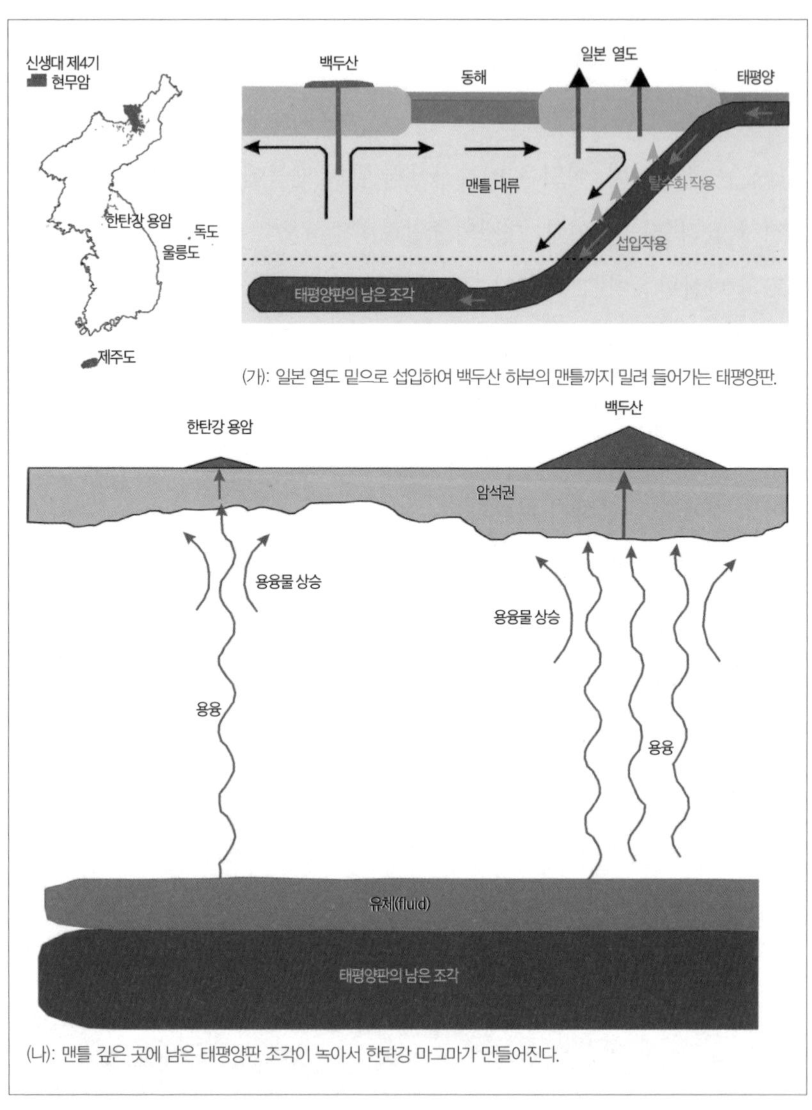

(가): 일본 열도 밑으로 섭입하여 백두산 하부의 맨틀까지 밀려 들어가는 태평양판.

(나): 맨틀 깊은 곳에 남은 태평양판 조각이 녹아서 한탄강 마그마가 만들어진다.

일본 열도 밑으로 섭입하는 태평양판과 관련한 '한탄강 용암과 백두산 화산의 마그마 생성 과정' 설명도.

'한탄강 용암의 생성 과정' 그림에서처럼 일본 열도 밑으로 태평양판이 밀려 들어갈 때, 일본 열도 밑에서 마그마가 생성되어 일본에서는 많은 화산활동과 지진이 일어나고 있다. 일본 열도 밑으로 섭입하는 태평양판은 맨틀 깊은 곳, 즉 한반도 아래 깊이 600~700km인 곳에 조각으로 남게 된다.

실제로 백두산 부근에서는 깊이 700km인 심발지진이 관측되고 있다. 과학자들은 북한 동해안 부근에서 관측되는 이 심발지진을 일본 열도 밑으로 섭입한 태평양판이 한반도 밑까지 밀려 들어가면서 일으키는 것으로 해석한다.

따라서 백두산을 만든 용암이나 한탄강 용암은 맨틀 깊은 곳에 남아 있는 태평양판 조각이 부분적으로 녹으면서 위로 올라와, 지구 내부 약 100km 깊이에 큰 마그마 방을 만든 후, 지표로 분출하는 것으로 설명한다.

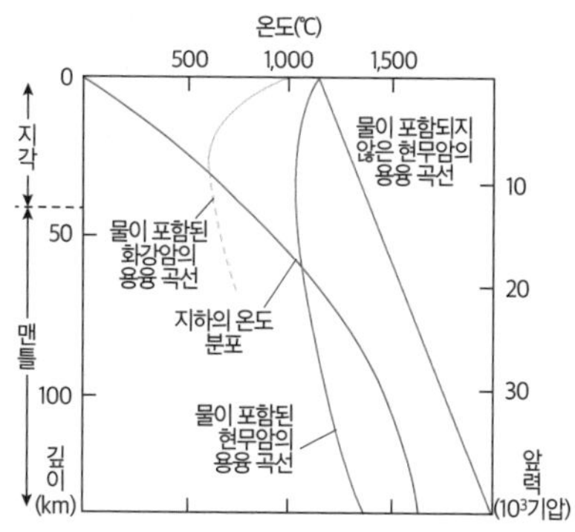

지각과 맨틀에서 물의 포함 여부에 따른 마그마의 생성 온도.

지각이나 맨틀 물질이 녹아서 마그마가 생성될 때, '마그마 생성 온도' 그림과 같이 암석 물질에 물이 있느냐에 따라서 암석의 녹는 온도가 달라진다. 물은 용융제로 작용하여 암석의 녹는점을 낮추는 역할을 하기 때문이다. 따라서 물이 포함된 암석은 물이 포함되지 않은 암석보다 더 낮은 온도에서 녹는다. 대륙지각과 해양지각을 이루는 암석에는 물을 구조수로 가진 운모류 및 각섬석류와 같은 함수 광물이 있다. 이러한 함수 광물은 지구 내부에서 녹을 때, 탈수화 작용이 일어나면서 지각이나 맨틀 물질의 녹는점을 낮추는 역할을 한다.

일본 열도에서 화산활동이 많은 것은 태평양판이 열도 밑으로 섭입할 때, 이 해양판에서 공급된 물이 섭입대 위에서 마그마를 만드는 데 작용했기 때문이다.

3) 한탄강 용암의 마그마는 어떤 형식으로 분출했나?

서울-원산을 잇는 서울-원산 구조대는 여러 개의 큰 단층으로 인해 만들어진 지질구조대이다. 이 지역의 화산활동은, 약 54만 년 전에 지하 약 100km 깊이의 맨틀에 모여 있던 마그마가 이곳 지질구조대에 형성된 지각 틈 사이로 흘러나오면서 시작되었다. 이같이 맨틀 내의 마그마가 지각에 만들어진 틈을 따라, 정해진 분화구 없이 분출하는 양식을 '열하분출裂罅噴出, fissure eruption'이라고 한다.

이곳의 화산활동은 긴 시간의 휴식기를 가진 후, 평강 주위 680m 고지를 중심으로 다시 화산활동이 일어나 많은 용암을 분출하면서 주변 지역을 넓게 덮었다. 이같이 한탄강 용암을 분출한 화산활동은 현무암질 용암이 지각의 틈 사이로 나오는 열하분출로 시작하여, 후반부에는 '중심분출中心噴出. central eruption'의 양식으로 바뀐 특징을 보인다.

680m고지를 만든 용암은 점성이 매우 작아 마치 물이 넘쳐흘러 내리듯이 분출하여 그 주변에 화산체가 만들어지지 않았다. 이러한 화산의 분화volcanic eruption 양상을 '분출형 화산effusive volcanoes'이라 한다. 그러나 긴 휴식기를 지난 후에 다시 활동한 화산은 중심분출을 하면서, 방

패 모양의 '순상화산楯狀火山체'로 이루어진 오리산을 남겼다. 그러나 오리산 분화구에서도 점성이 작은 현무암질 용암만을 분출했기 때문에, 분출물이 분화구 주위에 쌓이지 않아서, 백두산이나 한라산과 같이 높은 화산체를 만들지는 못했다. 분출형 화산과는 다르게 비교적 용암의 점성이 높고, 화산이 폭발하면서 많은 양의 가스와 화산재를 뿜어내는 분출을 '폭발형 화산explosive volcanoes'이라고 한다.

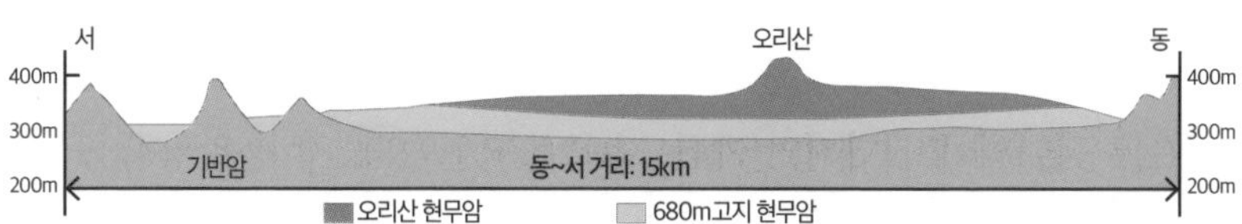

평강평야 일대의 지질단면도.

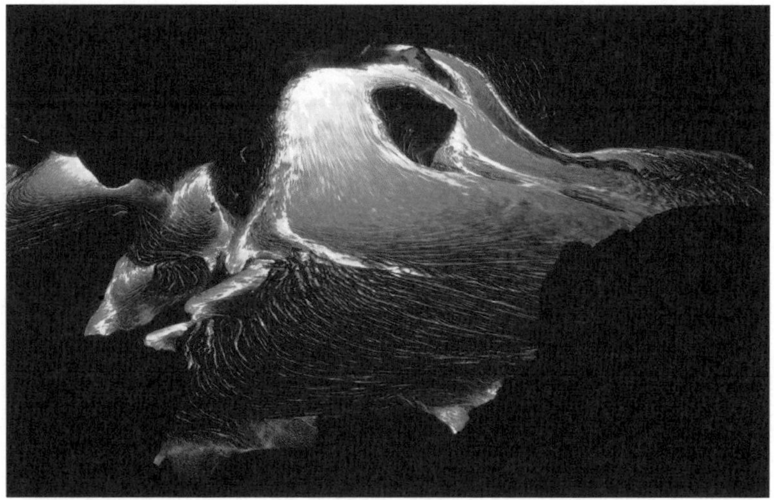

현무암질 용암의 분출과 흐름.

4) 한탄강 용암의 마그마는 몇 차례 분출했나?

지질학자들은 54만~12만 년 전 사이에 북한의 평강 지역 680m고지와 오리산에서 적어도 세 번 정도 큰 규모의 용암 분출이 있었을 것으로 추정한다. 그 첫 번째의 큰 흐름을 '용암단위 A'(줄여서 A층), 두 번째 흐름을 '용암단위 B'(B층), 세 번째 흐름을 '용암단위 C'(C층)라고 부르기로 한다. 각 용암단위별로 분출 시기, 분출한 양, 흘러간 거리가 다르다.

두 번째 분출한 용암은 파주시 율곡리까지, 세 번째 분출한 용암은 연천군 전곡읍 부근까지만 흐른 것으로 확인된다. 각 용암단위 두께 역시 용암이 흐를 당시의 지형 조건에 따라 차이는 있으나, A층은 대체로 10m 안팎의 두께로, B층은 8~20m 정도 덮였고, C층은 A층보다도 더 얇다.

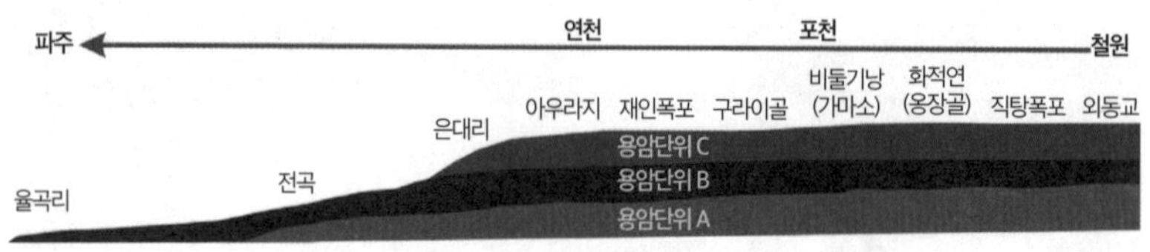

옛 한탄강을 메운 한탄강 용암-한탄강 아우라지 부근까지는 3매의 용암단위가 확인된다.

각 용암단위는 한탄강 계곡 수직 절벽에서 관찰할 수 있다. A, B, C층 모두 한 노두에서 볼 수 있는 곳은 연천 좌상바위 하류 600m 지점(신답리 3층 용암 노두)과 비둘기낭폭포 아래쪽 계곡 절벽 등이다. B층과 C층이 보이는 노두는 구라이골, 은대리 왕림교 아래 등 여러 곳에 있다.

B층은 다양한 주상절리가 발달했고 관찰할 수 있는 노두도 많으나, C층은 대체로 주상절리의 발달이 미약하거나 괴상(덩어리 모양)의 특징을 보인다. A층은 최하부에 있어 한 용암단위 전체를 관찰할 만한

노두를 찾기 어려우나, 연천 신답리 3층 용암과 임진강 주상절리 수직 절벽의 A층에서는 다양한 주상절리를 관찰할 수 있다.

5) 한탄강 용암은 어떻게 멀리까지 이동했나?

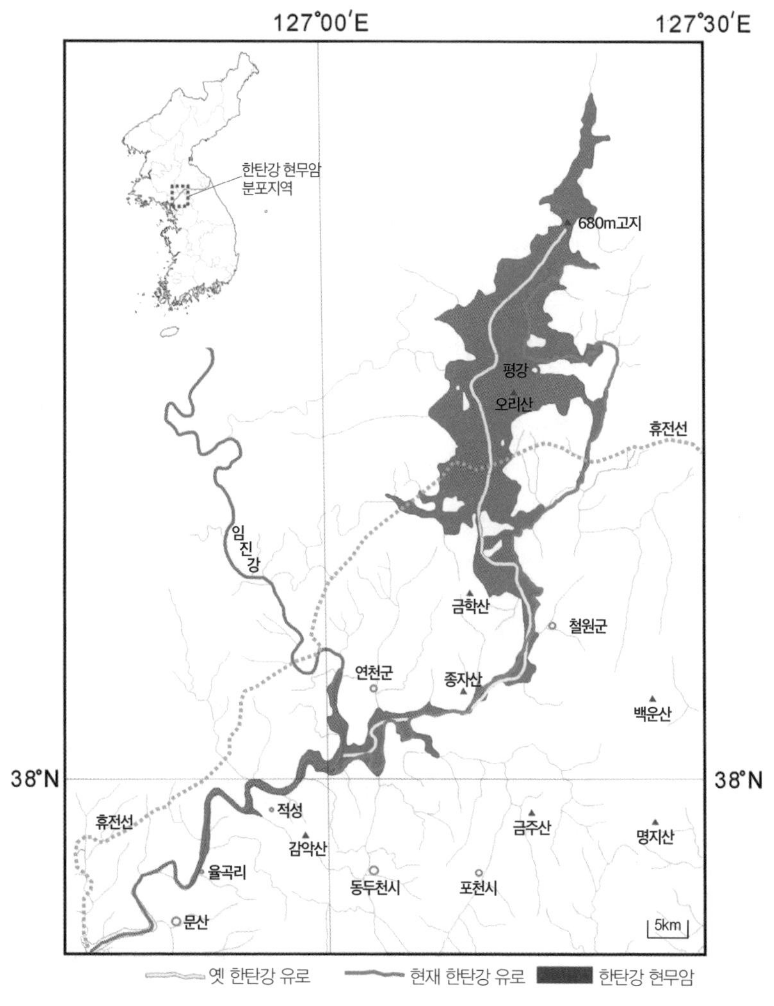

한탄강 유역의 현무암 분포

평강 지역의 680m고지와 오리산에서 분출된 한탄강 용암은 옛 한탄강 물길을 따라 약 100km 이상을 흘러 파주시 율곡리까지 도달했다. 율곡리에서 오리산까지는 약 95km, 680m고지까지는 약 120km 정도의 거리이다. 이처럼 한탄강 용암이 100km 이상의 먼 거리를 흐를 수 있었던 것은 다음과 같은 몇 가지 이유로 설명할 수 있다.

그중 하나는 한탄강 용암은 현무암질이며 온도가 1000℃ 이상으로 높고, 점성이 매우 낮아 유동성이 컸다는 것이다. 그리고 한탄강 용암은 현무암에서 흔히 볼 수 있는 감람석, 휘석 및 사장석 등의 반정斑晶(화성암에서 유리질, 세립질의 석기 속에 있는 큰 결정)이 거의 없는 것이 특징이다. 현무암에 섞여 있는 이러한 반정 광물은 용암의 점성을 높게 하여 흐름을 방해하는 요인으로 작용한다. 즉, 용암이 식으면서 반정 광물이 많이 형성될수록 용암이 걸쭉해져서 그 흐름을 느리고 더디게 하는 것이다.

또 다른 중요한 이유는, 한탄강 유역의 지형이 평균 0.15° 정도의 기울기로 경사져 용암이 잘 흐를 수 있는 지형적 조건을 가지고 있었다는 것이다. 또한 한 번에 평균 십수 미터의 두께로 옛 한탄강을 메우며, 한탄강 유역에 거대한 용암 평원을 만들 정도로 화산활동이 활발했다는 것이다.

6) 두꺼운 현무암층에서 용암단위는 어떻게 구분할까?

한탄강 유역의 여러 지질명소에서는 높이가 수십 미터인 수직의 현무암 절벽을 흔히 볼 수 있다. 지질학자들은 두꺼운 현무암층은 몇 번의 용암이 흘러 쌓인 층으로 설명한다. 두꺼운 현무암층에서 '용암단위'란 무엇이고, 또 어떻게 구분하며, 어떤 의미가 있는지 알아보자.

화산에서 분출된 용암이 흘러 굳은 하나의 용암층을 '용암단위熔岩單位, lava flow unit; lava unit'라고 한다. 실제로 흐르는 용암의 두께는 용암의 성분과 화구에서 멀어지는 거리에 따라 다르다. 현무암질 용암은 화구 가까운 곳에서는 두께가 상대적으로 두꺼우며, 화구에서 멀어질수록 두께가 얇아진다. 또한 점성이 낮은 현무암질 용암은 멀리까지 흐를 수 있으며, 보통 한 용암층의 두께는 수 미터 정도이고, 수십 미터를 넘는 경우는 많지 않다. 따라서 수십 미터 두께를 보이는 용암 절벽은 몇 번의 용암이 흘러 쌓인 것임을 짐작할 수 있다. 실제로 두꺼운 현무암층 절벽을 자세히 보면, 몇 개의 얇은 현무암층이 쌓여 있는 것을 볼 수 있다. 이처럼 여러 번의 화산활동으로 쌓인 두꺼운 현무암층에서 분출 시기가 서로 다른 용암단위를 구분하고, 그 특징을 설명하는 것은 화산 연구에서 매우 중요한 활동이다.

세 개의 용암단위로 구분되는 재인폭포

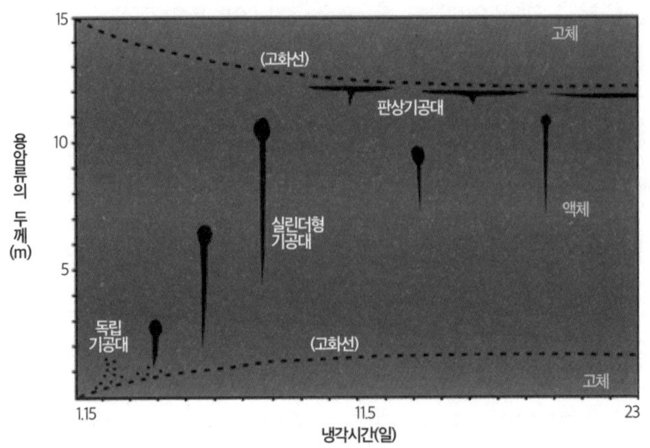

용암이 식을 때 부위에 따른 여러 모양의 기공 형태.

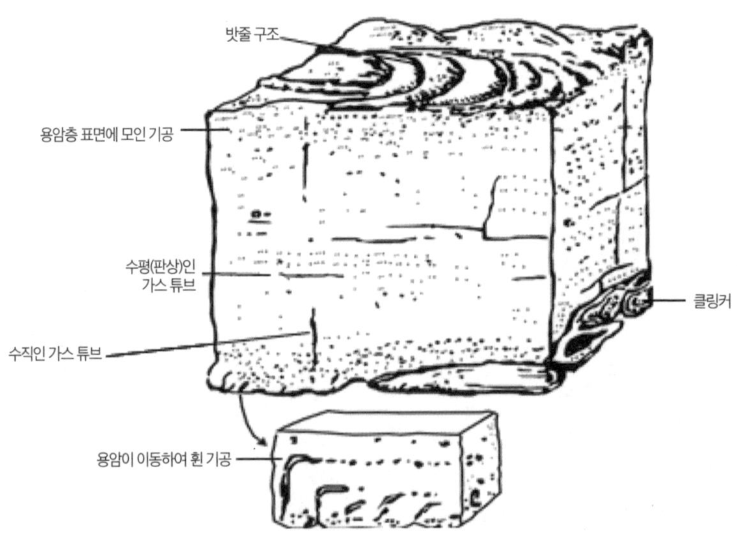

한 용암층이 식을 때, 용암층에서 가스가 빠져나가며 만든 여러 형태의 가스 튜브.

두꺼운 현무암층에서 분출 시기가 다른 용암단위를 어떻게 구분하는지 알아보자. 용암이 식을 때, 용암층에는 기체 성분이 빠져나가면서 남은 여러 모양의 흔적이 있다. 그중 대표적인 것이 기공이다. 용암

용암층 내부에서 가스가 수직으로 나간 흔적. 가스 튜브의 수직단면. (은대리 차탄천)

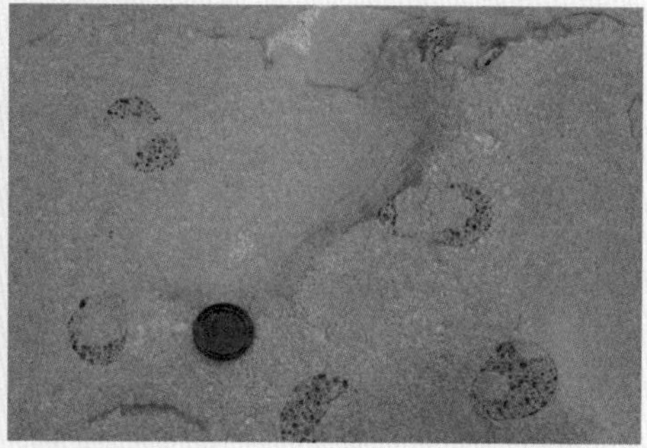

용암층 내부에서 가스가 수직으로 나간 흔적인 가스 튜브의 수평 단면. (교동 가마소)

한 용암단위의 상부에 형성된 판상 기공대. (차탄천 용소)

아래 현무암층 상부에 수평 방향으로 발달한 판상 기공대. 이곳을 경계로 두 개의 용암단위로 구분한다. (차탄천 용소)

층 내부에서는 가스가 실린더 모양으로 빠져나가는데, 이것을 '가스 튜브gas tube'라고 한다. 한편 용암의 표층에서는 내부에서 올라온 가스가 모여서, 옆으로 퍼지는 판상 기공대板狀 氣孔帶가 만들어진다. 판상 기공대는 상부에 만들어지며, 용암단위를 구분하는 좋은 증거가 된다.

또한 뜨거운 용암이 흐를 때, 기존의 기반암 바닥과 접촉하는 용암층 하부는 용암이 빨리 식으면서 흘러서, 유리질 조직을 가진 껍질이 만들어진다. 이 껍질은 거칠고 불에 탄 것 같은 검붉은 색이며 많은 기공이 있어, 이 부분을 클링커clinker라고 한다. 클링커 역시 용암층의 경계를 찾는 데 도움을 주는 구조이다.

현무암층 위를 새로운 용암이 덮으면서 새로운 용암층 아래에 클링커가 형성되었다. 클링커를 경계로 두 개의 용암층으로 구분한다. (포천 구라이골 현무암 절벽)

이같이 용암에서 가스가 빠져나간 흔적인 기공, 클링커 등은 두꺼운 용암층에서 용암단위를 구분하는 데 좋은 증거가 된다. 또 용암이 흐른 시기가 크게 다를 때, 용암단위 사이에 토양층이 끼어 있는 경우도 있다. 이것을 고토양층이라 하며, 고토양층도 용암단위를 구분하는 데 중요한 자료가 된다.

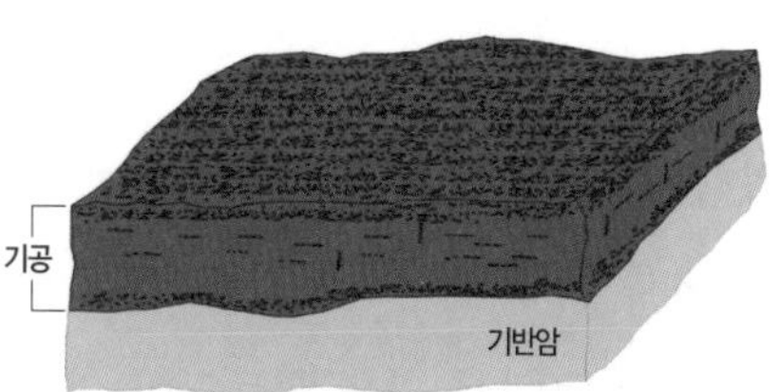

기반암 위를 덮고 있는 용암이 식을 때, 용암 표면에는 가스가 모여 기공이 생기고, 기반암과 접하는 아래 부분에는 기공과 클링커가 만들어진다(한 개의 용암단위).

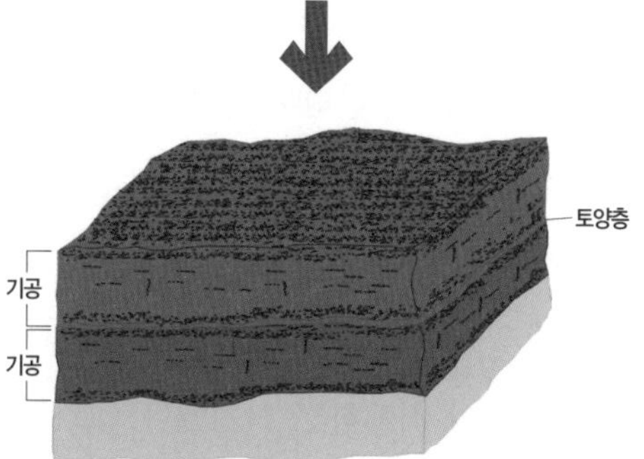

용암층 위의 다른 용암이 식을 때, 용암층의 표면에 기공이 많이 모인다. 두 용암층 사이에 토양층이 낄 때도 있다. 이것을 고토양이라고 한다(기공, 클링커, 고토양층 등을 경계로 두 개의 용암 단위로 구분한다).

두꺼운 용암층에서 용암단위를 구분하는 방법.

용암단위의 경계에 있는 고토양층. 위에 덮인 용암의 열로 토양이 구워지면서 산화되어 붉은색을 띤다. (구라이골)

7) 한탄강 현무암 계곡의 주상절리는 어떻게 만들어졌나?

현무암이 분포하는 지대에서는 마치 기둥 모양의 조각품과 같은 주상절리를 볼 수 있다. 바닷속에서는 화산에서 분출한 용암이 물과 곧바로 만나면서 식어서 기둥 모양의 주상절리가 발달하지 않으나, 대륙 위에서는 세계 여러 곳에서 검은 현무암이 만든 주상절리를 볼 수 있다.

16세기에 주변에서 볼 수 있는 주상절리를 스케치한 기록이 있다. 그들은 주상절리를 사각형이나 오각형, 육각형의 기둥 모양으로 표현하고, 끝부분을 연필처럼 뾰족하게 묘사했다. 그 당시는 지구상의 모든 암석을 물에 의해 퇴적되어 만들어진 퇴적암으로 생각한 수성론水成論이 지배하던 시기였다. 그래서 그들은 검은색의 현무암에 발달한 주상절리들을 퇴적물이 쌓여서 자란 것으로 인식했을 것이다.

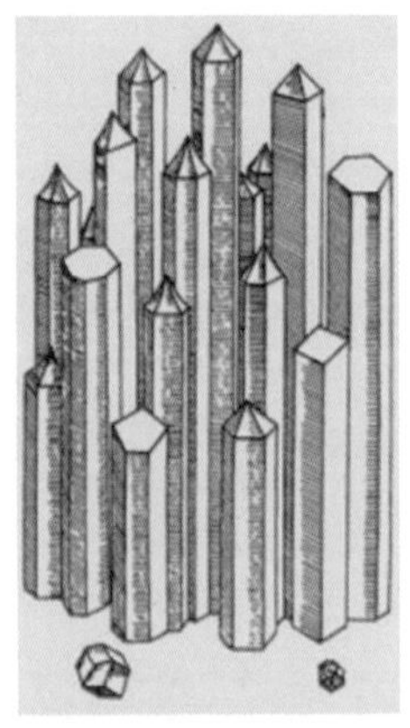

16세기에 그려진, 독일 드레드덴 마을의 주상절리.

현대 지질학은 지각의 암석 중에는 뜨거운 마그마가 식어서 만들어진 화성암이 많이 있다는 화성

북유럽 아이슬란드 해안가 현무암 주상절리.

론火成論을 근거로, 현무암으로 이루어진 주상절리는 마그마가 지표로 나와 식을 때 만들어진 것으로 설명하고 있다.

우리나라의 제주도, 백두산, 울릉도, 경주 양남, 무등산 등 여러 곳에 주상절리가 분포한다. 이들의 대부분은 현무암이고, 드물게 유문암질 암석도 있다. 기둥 모양은 단면이 오각형에서 칠각형까지 다양하며, 그중 육각형이 가장 많다. 그렇다면 주상절리는 어떻게 만들어질까?

제주도 남부 해안가의 주상절리 펜화

경주 양남의 주상절리 펜화.

그림 가. 용암이 식을 때 수축하면서 표층부터 한 방향에서 여러 방향으로 절리가 만들어지기 시작한다. 절리가 연속적으로 형성되면서 육각형 모양이 된다.

c: 수축의 중심점/ 화살표: 수축 방향

그림 나. 다각형의 중심부로 용암의 수축이 진행되면서 절리가 더욱 발달한다.

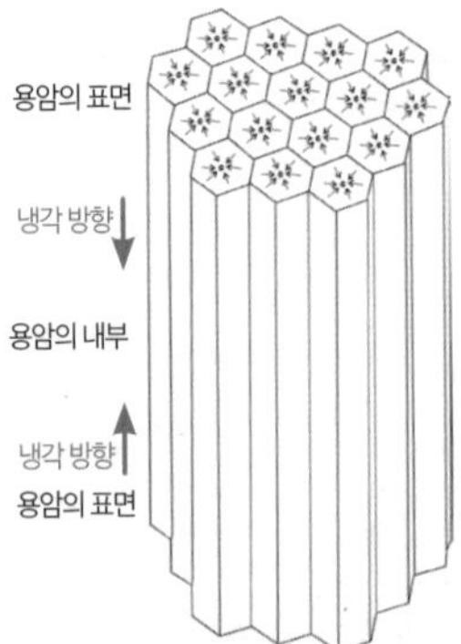

그림 다. 용암이 표면에서 내부로 수축되면서 절리가 내부로 진행되어 주상절리가 형성된다.

용암이 식을 때 부피가 줄어들면서 주상절리가 형성되는 과정.

두꺼운 용암층이 지표에 흐르면서 식을 때 열이 전도되면서 식기 때문에, 공기와 접하는 표면 부분과 내부는 각각 식는 속도가 다르다. 그래서 용암층에서 등온선이 그리는 폭은 표면에서 내부로 가면서 매우 달라진다. 그리고 용암이 식을 때 부피가 줄어드는 정도는 온도에 따라 다르다. 하나의 용암층 내에서는 각 수축점을 중심으로 부피가 줄어들며, 대체로 수직 방향으로 틈이 생긴다. 용암층 전체가 완전히 식은 후에 용암층은 기둥 모양으로 분리되는데, 이것이 주상절리이다.

주상절리는 두꺼운 용암층에서 잘 발달하며, 두께가 수십 미터 되는 두꺼운 용암층에는 수직, 수평, 꽃 모양, 공작 꼬리 날개 모양, 부채꼴 모양 등 크고 작은 다양한 모양의 절리가 발달한다. 두께가 두꺼운 용암층에는 발달하는 절리 모양에 따라 크게 세 구간으로 구분한다.

대체로 두꺼운 한 용암층(용암단위)에서 맨 위와 아랫부분에는 주상절리가 규칙적이고 굵은 기둥 모양이 형성되는데, 이 구간을 '콜로네이드colonnade'라 한다. 하부 콜로네이드는 기반암과 만나는 조건에 따라, 베개용암, 클링커 등을 수반할 때도 있다.

그리고 한 용암층의 가운데 부위에는 절리가 상대적으로 가늘고, 여러 방향으로 휘어지고 겹치는 등 다양한 모양을 보이는 경우가 있다. 이 구간을 '엔타블러처entablature'라고 부른다. 이처럼 두꺼운 용암층에는 용암층이 식는 조건에 따라 제각각 다양한 모양의 절리가 발달하는 것을 알 수 있다.

예를 들면 한 층의 두꺼운 용암이 지표 위를 흐를 때, 용암층이 지표면과 공기에 접촉하면서 하부와 상부는 더 빨리 식는다. 그러나 용

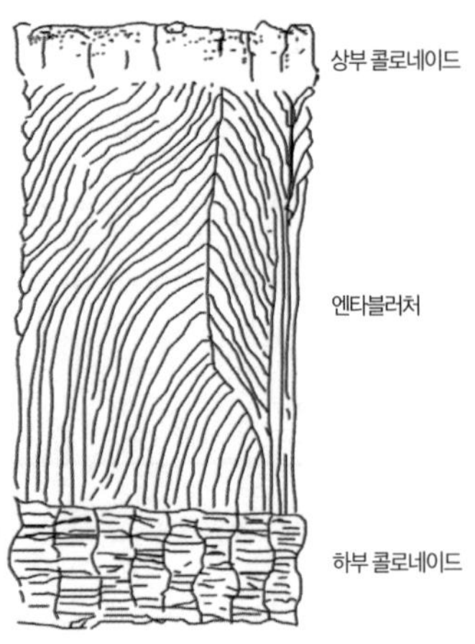

두꺼운 한 개의 용암 단위에서 부분에 따라 여러 형태로 발달하는 절리의 명칭.

암층의 중심부는 상대적으로 더디 식는다. 따라서 두꺼운 용암층에는 상부와 하부에 '콜로네이드'와 같은 구조가 만들어진다.

반면 용암층의 중앙 부분은 아직 덜 굳은 유체 상태에서, 용암의 두께, 용암이 흐르는 속도, 또는 다른 용암 덩어리가 미는 힘 등이 작용해 다양한 형태와 기울기를 가진 절리가 만들어진다. 이 부위가 바로 엔타블러처이다.

또한 콜로네이드 부분은 하천수와의 접촉 등으로 풍화되어 수평절리가 형성되기도 한다. 한탄강 유역의 현무암 절벽에서는 하부 콜로네이드에 수평절리가 발달한 곳이 있다.

지질학에서 사용하는 '엔타블러처'와 '콜로네이드'는 어디에서 유래된 용어일까?

고대 그리스 신전 양식으로 건축된 덕수궁 석조전.

지질학에서 규칙적이고 굵은 기둥 형태의 주상절리를 이르는 '콜로네이드'와 비교적 가늘고 이리저리 많이 휘어진 형태를 보이는 부위를 일컫는 '엔타블러처'는 고대 그리스·로마 시대의 건축물 양식에서 나오는 용어를 빌려와 붙인 이름이다.

엔타블러처는 기둥에 의해 떠받쳐지는 부분들을 총칭하는 것으로 기둥의 윗부분에 수평으로 연결된 장식 부분이며, 콜로네이드는 엔타블러처를 지탱하기 위하여 일정한 간격을 두고 세워진 기둥, 혹은 이들에 의해 구성된 긴 공간을 말한다.

지질학에서는 두께가 두껍고 기둥 형태가 발달한 아랫부분을 콜로네이드로, 이 기둥에 의해 떠받쳐지는 두께가 상대적으로 얇고 기둥의 발달이 덜 규칙적인 윗부분을 엔타블러처라고 하는데, 고대 그리스·로마 건축 양식에는 이 엔타블러처 부분에 다양한 장식을 했다.

한탄강 현무암 주상절리 절벽의 엔타블러처에는 콜로네이드보다는 기둥 형태가 덜 규칙적이지만, 다양한 모양의 절리 유형을 볼 수 있다. 여기서 엔타블러처의 두께가 상대적으로 얇다는 것은 이 부분 전체의 두께가 얇다는 것이 아니라, 여러 형태의 주상절리 하나하나의 두께가 콜로네이드에 비하여 얇다는 의미이다.

고대 그리스·로마 건축 양식으로 지은 스페인 마드리드 레티로 공원의 회랑. 콜로네이드 위의 엔타블러처에 다양한 장식을 했다.

8) 한탄강 계곡의 현무암에는 어떤 유형의 주상절리가 발달했을까?

철원에서 연천에 이르는 한탄강 계곡의 수직 절벽에는 여러 모양의 주상절리가 다양하게 발달해 있다. 다양한 주상절리를 모양에 따라 몇 가지 유형으로 분류해보았다. 현무암질 용암은 식으면서 위아래로 곧게 절리가 만들어지는 예가 가장 일반적인데, 이런 유형을 '수직기둥형'이라고 이름 붙였다. (그림 참조)

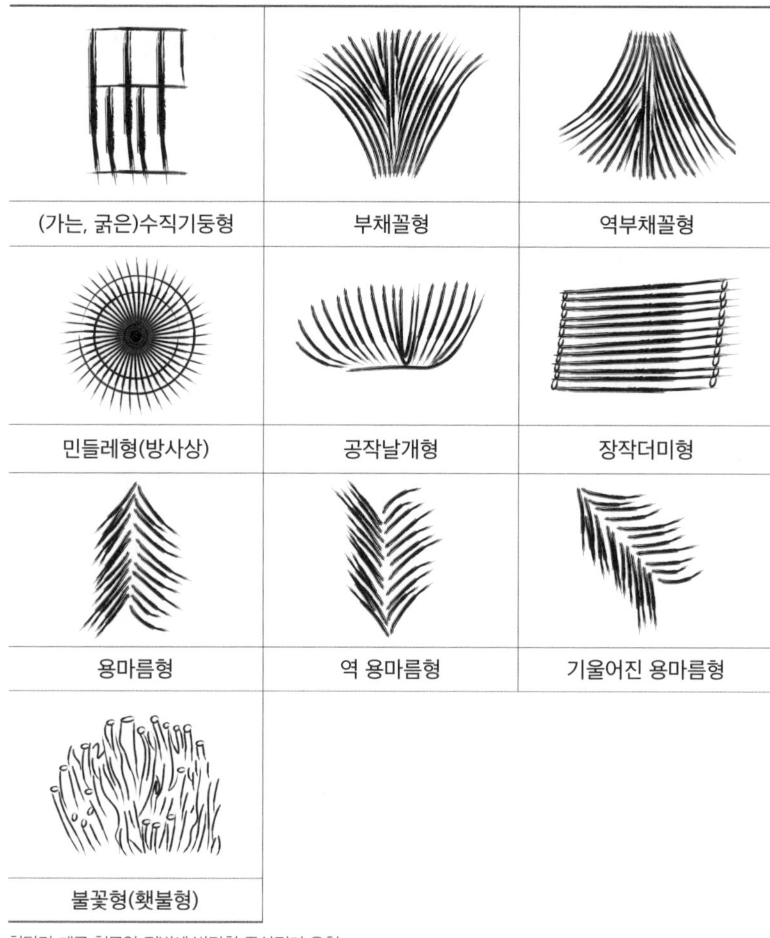

한탄강 계곡 현무암 절벽에 발달한 주상절리 유형.

연천 한탄강 계곡의 현무암 절벽에 발달한 주상절리. 상부 콜로네이드는 굵은 기둥형이고, 하부 콜로네이드는 판상절리이다. 중앙부의 엔타블러처에는 가는 수직기둥형과 용마름형의 절리가 보인다.

그 외에도 부채꼴 모양은 부채꼴형, 공작이 꼬리 날개를 활짝 편 모양은 '공작날개형', 방사상으로 펼쳐져 마치 민들레꽃처럼 생긴 것은 '민들레형', 가는 기둥을 장작더미 형태로 쌓아 놓은 모양은 '장작더미형', 초가집의 지붕이나 담의 맨 꼭대기에 얹는 이엉 모양은 '용마름형', 횃불이나 성화처럼 크게 타오르는 불꽃모양은 '불꽃형' 등 10여 가지 유형으로 분류하고 명명했다.

'가는 수직기둥형'은 대략 그 지름이나 폭이 20~30cm 정도인 것으로, '굵은 수직기둥형'은 40cm 정도 이상의 것으로 그 기준을 정했다. 모양이 거꾸로 된 것은 '역逆' 자를 붙여서 구분했다. 각 지질명소에서는 이러한 주상절리가 있는 위치와 절리 유형을 자세히 설명했다.

한탄강 유역에 있는 지질명소 중, 재인폭포, 대교천 협곡 등, 16곳 이상에서는 높이가 수십 미터인 수직 용암 절벽으로 이루어진 계곡에서 다양한 유형의 주상절리를 볼 수 있다.

한탄강 상류의 송대소 현무암 절벽의 주상절리. 부채꼴형, 수직기둥형 주상절리가 보인다.

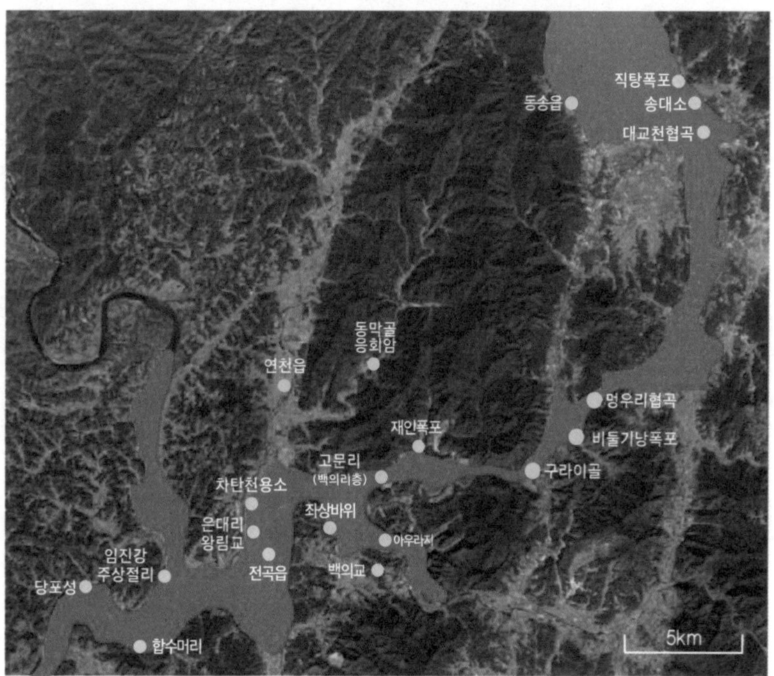

한탄강 유역의 용암 분포와 주상절리를 관찰할 수 있는 지질명소 위치.

송대소(좌: 민들레형, 중앙: 부채꼴형)

대교천협곡(좌: 공작날개형, 우: 역부채꼴형)

차탄천 용소(수면 중앙 좌측: 불꽃형)

송대소(좌: 부채꼴형, 우: 기울어진 용마름형)

합수머리(장작더미형)

임진강 주상절리(중앙: 역부채꼴형)

한탄강 계곡 근처에서 관찰할 수 있는 주상절리의 유형들.

9) 한탄강 계곡의 다양한 모양은 어떻게 만들어졌나?

우리나라에는 서울을 동서로 가로질러 흐르는 한강을 비롯하여, 낙동강, 섬진강, 영산강, 금강, 임진강, 한탄강 등 크고 작은 강이 17개 있다. 그중 한탄강은 어느 강에서도 볼 수 없는, 깊은 계곡과 협곡으로

하천 양 벽이 모두 현무암으로 이루어진 대교천 협곡.

한탄강 절벽 상부층은 현무암, 바닥은 편마암인 멍우리협곡.

된 지형이 발달했다. 한탄강에서 특이한 지형을 볼 수 있는 이유는 몇 가지로 설명할 수 있다.

첫 번째 이유는 오늘날의 한탄강은 옛 한탄강이 북한의 평강 부근에서 분출한 용암으로 메워진 후 다시 태어난 가장 젊은 지형이라는 것이다. 다른 이유는 절리를 따라 큰 덩어리로 떨어져 나가는, 현무암층만이 가진 특이한 물리적 특징이 있기 때문이다. 100km 이상을 굽이굽이 흐르는 한탄강에서는 곳곳마다 여러 다른 형태의 계곡 지형

한탄강 계곡의 한쪽 벽과 바닥은 기반암(화강암)이고 다른 쪽 벽(오른쪽)의 상부층은 한탄강 현무암인 고석정.

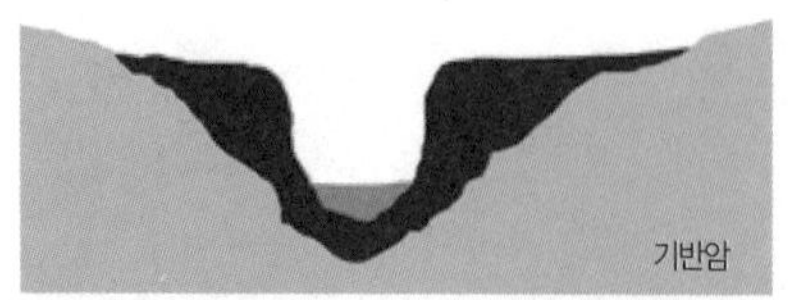

A. 하천 바닥과 계곡 양쪽 벽이 모두 현무암으로 이루어짐.
예 대교천 협곡, 차탄천 중류, 구라이골, 비둘기낭폭포, 직탕폭포, 교동가마소

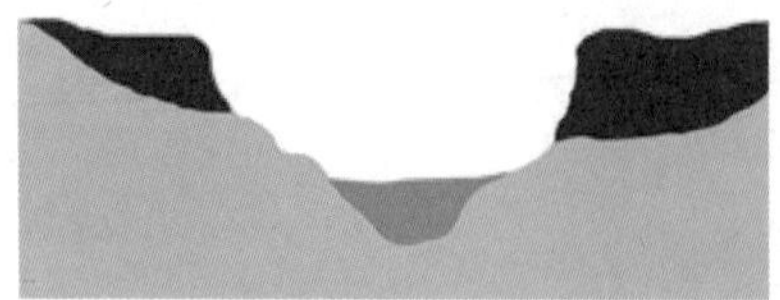

B. 하천 바닥은 기반암이고 계곡 양쪽 벽이 현무암으로 이루어짐.
예 아우라지 베개용암, 송대소, 재인폭포, 멍우리협곡 일부, 고문리 백의리층

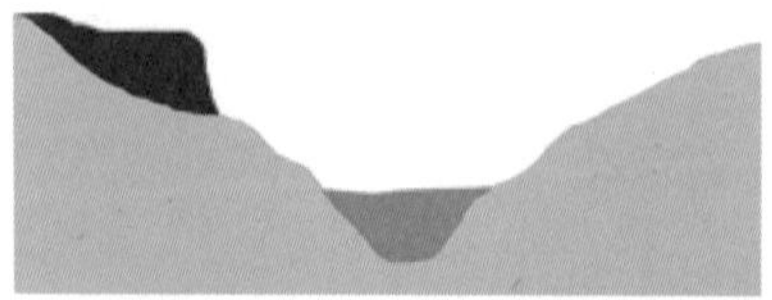

C. 하천 바닥과 한쪽 계곡 벽은 기반암이고 한쪽 벽은 현무암으로 이루어짐.
예 고석정, 멍우리협곡 일부, 임진강 주상절리, 은대리 판상절리, 좌상바위

D. 하천 바닥과 계곡 양쪽 벽이 모두 기반암으로 이루어짐.
예 고석정 부근 한탄대교 일대

E. 계곡의 양쪽 상부층이 현무암이고 강바닥은 기반암과 현무암이 있는 경우.
예 화적연

하천 단면의 지형과 지질로 구분한 한탄강 계곡의 여러 유형.

을 만날 수 있다. 어느 곳은 검은색을 띠는 수직인 현무암 절벽으로 이루어진 계곡과 협곡이고, 또 어느 계곡은 화강암이나 변성암의 기반암이 노출되어 현무암으로 이루어진 계곡과는 매우 다른 계곡 지형이 보인다. 한탄강에서 볼 수 있는 여러 형태의 계곡 지형은 마치 지형학 교과서를 보는 듯하다. 이렇게 다양한 계곡 지형은 어떻게 만들어졌는지 살펴보자.

'한탄강 세계지질공원'에는 26개 지질명소가 있으며, 이들 대부분은 한탄강 내에 위치한다. 이 강 내에 지질명소로 지정된 곳의 계곡을 지형-지질별로 구분하면 다섯 가지 유형으로 분류할 수 있다.

한탄강에서 여러 형태의 계곡 지형이 만들어지는 과정은 다음과 같이 설명할 수 있다. 기반암 위에는 옛 한탄강이 흐르고 있었다. 그 위치는 오늘날의 한탄

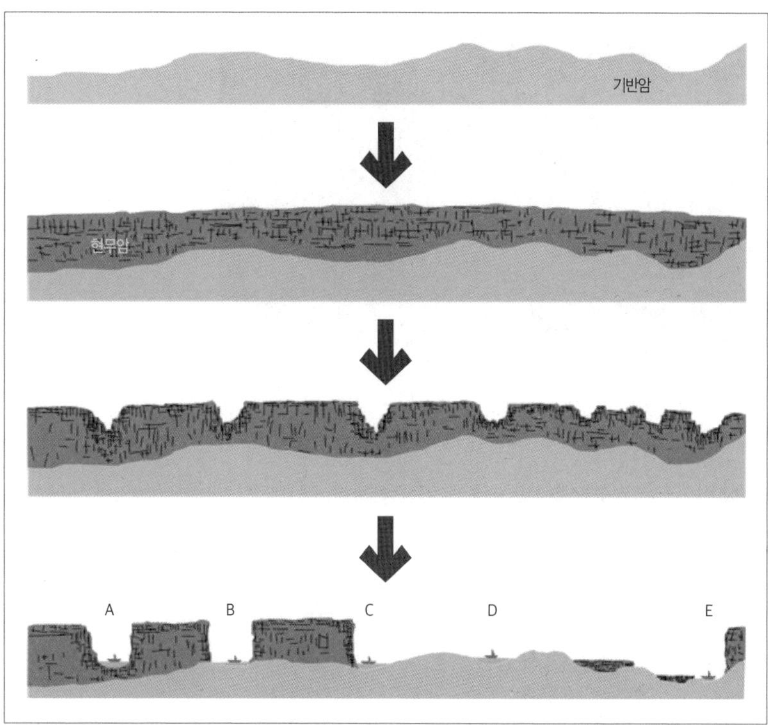

한탄강에서 여러 형태의 계곡 지형이 만들어지는 과정. 기반암 위에는 옛 한탄강이 흐르고 있었다. (A, B, C, D, E는 앞에서 설명한 각각의 계곡 지형이 만들어지는 예이다)

강과는 달랐다. 그 후, 북한의 평강 부근에서 흘러온 한탄강 용암이 옛 한탄강을 메우면서, 오늘날의 한탄강 계곡 지형의 역사는 시작되었다. 기반암 위를 덮은 용암층의 두께는 기반암의 지형에 따라 달랐다. 기반암의 높이가 낮은 곳을 덮은 용암층은 그 두께가 상대적으로 더 두꺼웠을 것이다.

즉, 한탄강 유역에서 수십 미터의 두꺼운 현무암 절벽을 보이는 곳은 기반암의 원래 지형이 상대적으로 낮은 곳이었다. 기반암의 지형에 따라 다양한 두께로 덮고 있는 현무암층 위에는 새로운 하천이 흐르기 시작했다. 그리고 현무암층의 절리를 따라 침식작용이 활발하게

한탄강 현무암의 절리를 따라 스며든 물의 침식작용으로 용암층이 큰 덩어리로 떨어지는 노두(고문리의 현무암층).

일어나면서, 한탄강은 더 넓어지고 더 깊어지게 된다. 새로 태어난 한탄강의 물줄기는 흐르는 지면의 지질에 따라 크게 두 곳으로 구분된다. 그중 하나는 용암대지 위를 흐르는 곳이고, 다른 하나는 현무암층과 기반암이 만나는 지질 경계를 따라 흐르는 곳이다.

이때 넓은 용암대지 위를 흐르는 물줄기가 있는 곳에서는, 현무암층이 절리를 따라 큰 덩어리로 떨어져 나가면서 수직 절벽의 계곡이

현무암의 절리를 따라 물이 스며들거나 얼면서 풍화와 침식이 촉진되어 수직 절벽이 형성된다(겨울의 구라이골).

차탄천의 용암절벽이 유수의 침식작용으로 하식동굴이 형성되는 과정을 보여주는 차탄천 용소.

재인폭포 아래의 포트홀. 웅덩이 안에 모래, 자갈 등이 보인다.

형성된다. 현무암층과 기반암이 접하는 곳에서는, 지하수가 현무암층의 절리를 따라 더 잘 스며들어 현무암층이 먼저 떨어져 나가면서 다른 형태의 계곡을 만들게 된다. 그리고 기반암의 원래 지형으로 인하여 현무암층이 두껍게 형성되었던 곳과 그렇지 않고 얇게 형성되어 있던 곳에는 서로 다른 계곡 지형이 만들어진다.

한탄강의 계곡 지형을 바라볼 때, 현무암층이 두꺼웠던 지역에서는 양쪽 벽이 수직인 현무암 절벽이 형성된다. 반면 기반암의 지형이 높아 용암이 얇게 덮인 곳에서는 기반암이 하상에 노출되어 한쪽 벽만 수직인 현무암 절벽을 이루거나, 계곡 전체가 기반암으로 이루어진 지형을 만든다. 또한 화적연의 경우처럼 현무암층이 하상에 남아 있는 예도 있다.

주상절리가 발달한 한탄강 계곡에서는 하식동굴을 쉽게 찾을 수 있다. 이들 대부분은 수직으로 된 현무암 절벽이 강물과 접하는 곳에 발달해 있다. 이러한 하식동굴은 강물의 침식작용으로 형성된 것이며, 특히 물줄기의 흐름 방향이 심하게 바뀌는 곳에서 잘 만들어진다.

10) 폭포 아래 포트홀은 어떻게 만들어지나?

한탄강 유역의 재인폭포 아래나 교동가마소가 있는 건지천 등에서, 원형으로 깊게 움푹 파인 웅덩이를 볼 수 있다. 그 모양이 마치 둥근 솥이나 항아리 모양이어서 '포트홀[pot hole]'(돌개구멍)이라고 한다. 포트홀은 전국의 여러 하천이나 계곡에서 많이 발견되는 지형물이다. 이것은 변성암이나, 화강암 등 암석의 종류와 관계없이 물이 흐르는 하천이나 계곡에서 잘 발달한다.

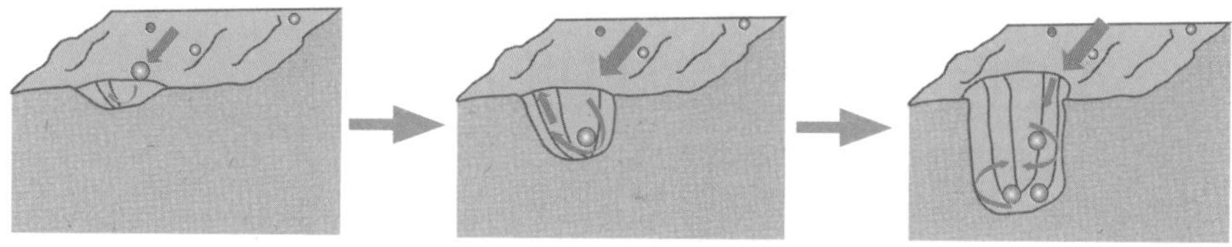
포트홀이 만들어지는 과정

포트홀 안에는 둥근 자갈과 모래가 있는 것을 어느 곳에서나 확인할 수 있다. 이 자갈들은 작게 파인 구덩이에 들어간 후, 물의 흐름에 따라 심하게 뒹글면서 구덩이의 측면과 바닥을 깎아내는 역할을 한다. 물이 계속 흐르면서 자갈과 모래에 의한 침식작용으로 구덩이는 점점 더 커지고 깊어진다.

특히 폭포에서 만들어진 포트홀을 '폭호瀑湖'라고 부르기도 한다.

하천에서 유수에 의해 운반된 돌이 깎아 만든 돌개구멍.

4. 한탄강 유역에서 만나는 지질시대의 사건들

1) 중생대 '연천-철원분지'와 화산활동

한반도의 중생대는 '불의 시대'라고 부르기도 한다. 중생대 쥐라기는 오늘날의 일본처럼 한반도에서도 화산과 지진 활동이 많이 일어났던 시기이다. 왜냐하면 중생대 때는 동해가 아직 열리지 않았고, 일본 열도가 한반도에 거의 붙어 있었다. 그래서 일본 열도 밑으로 밀려 들어가는 태평양판이 한반도 밑으로도 밀려 들어가는 시기였다. 중생대 쥐라기 때 한반도 중부와 남부에서는 화성활동이 활발하게 일어나, 화성암이 여러 곳에 넓게 분포한다. 특히 백악기에는 지각변동으로 지반이 함몰되면서 한반도 중부와 남부의 여러 곳에 분지가 형성되고, 그곳에서 화산활동이 매우 활발하게 일어났다.

중생대 백악기에 한탄강 유역에 연천-철원분지가 형성되면서, 그곳에서 화산활동이 일어나 동막골 부근, 지장산 및 좌상바위 등에 여러 종류의 화산암류가 쌓이게 되었다.

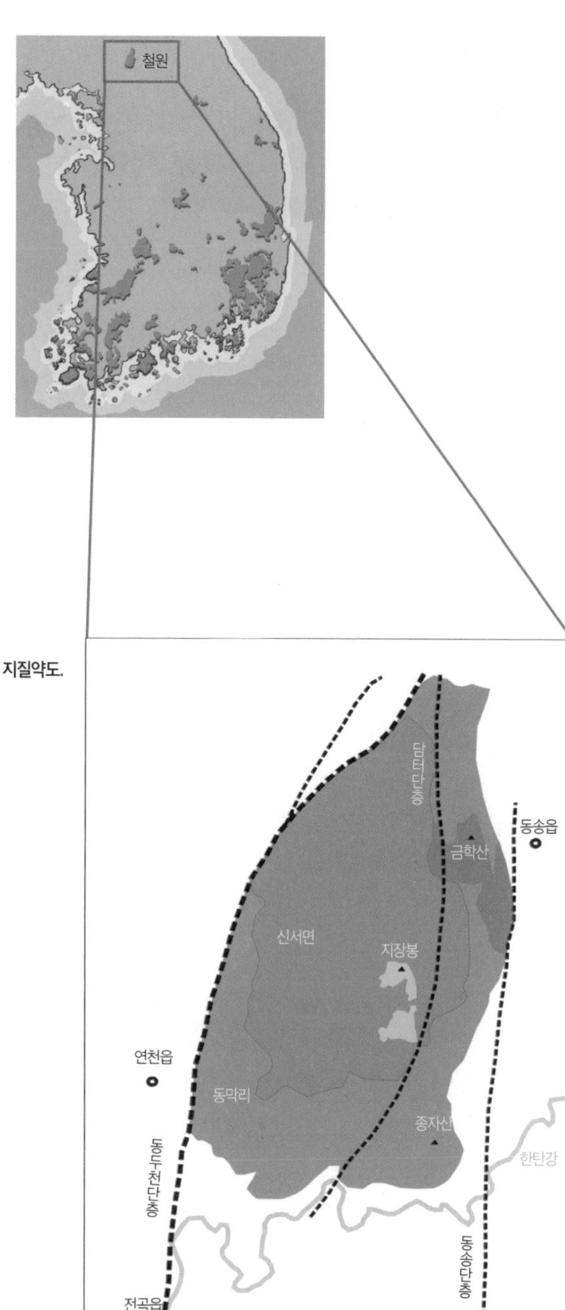

한반도 중부와 남부에 중생대 백악기 화산활동이 있었던 분지의 분포.

연천-철원 분지 지질약도.

중생대 백악기 연천–철원 일대에 주향이동단층이 일어난다.

일부 휘어진 단층선이 이동하여 마름모형 분지가 형성된다. 분지 내에서 화산활동이 일어난다.

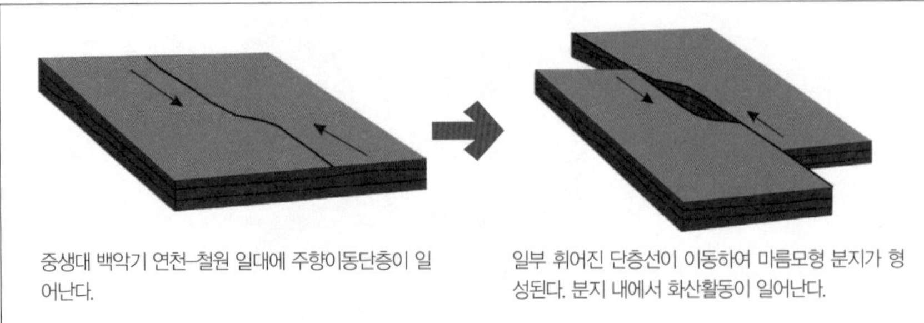

주향이동단층에 의해 연천–철원분지가 형성되는 과정의 모식도.

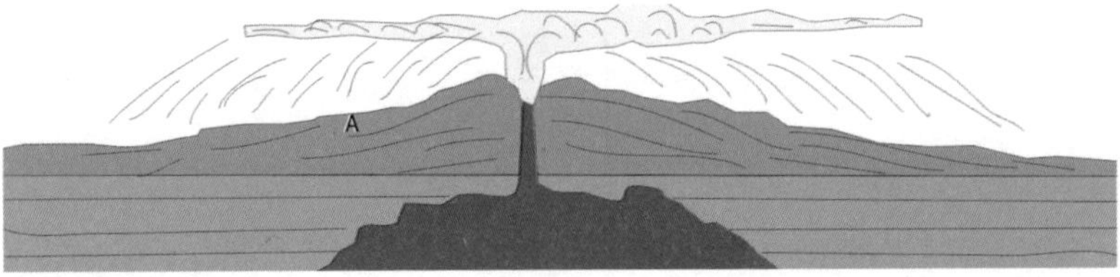

가. 화산이 폭발하면서 분출된 화산재가 쌓여 **동막골응회암층(A)**이 형성되었다.

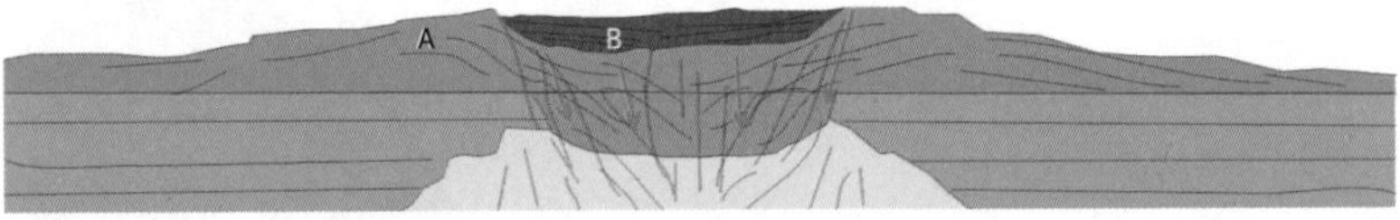

나. 마그마가 빠져나간 공간이 무너지면서 칼데라가 만들어지고, 화산 주위에 쌓였던 동막골응회암이 무너져 내리면서 쌓여 **신서각력암층(B)**이 형성되었다.

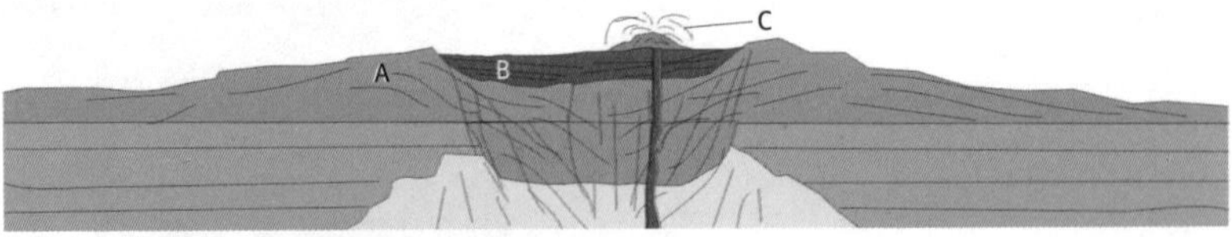

다. 칼데라에 폭발형 화산이 일어나 **지장봉응회암층(C)**이 형성되었다.

중생대 '연천–철원분지'에서 화산이 폭발하여 여러 화산암층(동막골응회암, 신서각력암, 지장봉응회암)이 형성되는 과정.

2) 중생대 심성활동과 화강암

중생대 쥐라기에 일어난 한반도의 활발한 화성활동으로 한반도 중부와 남부의 약 4분의 1은 심성암이 분포한다. 지하 10~15km에서 발생한 마그마는 서서히 상승하여 지하 수 킬로미터 깊이에서 큰 암체로 자리 잡는다. 이것이 식으면서 반려암, 섬록암 또는 화강섬록암, 흑운모 화강암, 복운모 화강암 및 페그마타이트 같은 다양한 심성암으로 분화한다.

한탄강 유역에는 중생대 화강암류가 북동 방향으로 금강산까지 광주산맥을 이루며 분포한다. 한탄강 지질공원의 명소 중, 포천아트밸리, 삼부연폭포, 백운계곡 등에 분포하는 화강암류가 바로 그것이다. 이 화강암류는 주 구성 광물이 석영, 사장석, 미사장석, 흑운모, 백운모이며, 부 구성 광물은 인회석, 저어콘, 석류석, 티탄철석 등이다. 이 화강암류의 조직은 대부분 등립상[等粒狀]의 중립질 내지 조립질이며, 엽리[葉理](가는 줄무늬 구조)가 없다. 지하 깊은 곳에 있던 화강암체는 지각 변동과 함께 서서히 지표까지 융기하여, 서울 주위에 있는 북한산 줄

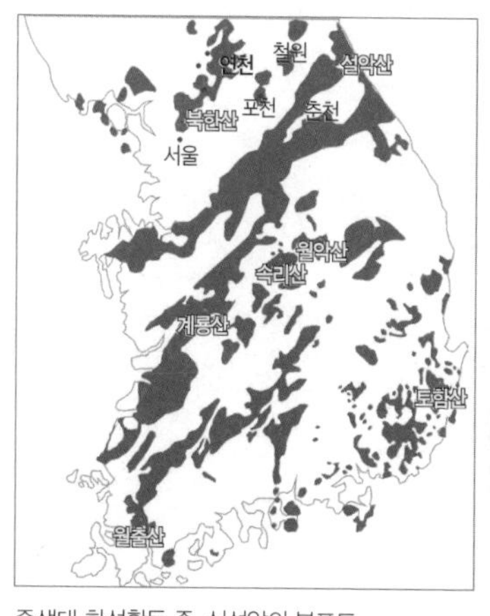

중생대 화성활동 중, 심성암의 분포도.

북한산 오봉. 중생대 화강암이 산릉을 이루고 있다.

기를 비롯해 포천, 철원 일대에서 높은 산릉을 이루고 있다.

3) 두 대륙이 충돌한 흔적이 있는 '임진강대'

한반도의 지질도 편찬이 거의 완성된 1960년대 이후, 지질학자들은 서울-원산 구조대를 경계로 남쪽과 북쪽에서 지형과 지질의 분포가 매우 다르다는 점을 알게 되었다. 그 후, 1960년대 중반에 들어와 북한의 낭림육괴와 남한의 경기육괴 사이에 고생대 데본기로 동정되는 지층(후에 임진계로 명명됨)이 분포하는 것이 알려졌다. 그리고 임진강 일대는 두 지판 사이에 형성된 퇴적분지가 있었던 곳이며 이곳에 분포하는 퇴적 기원의 변성암층인 미산층이 두 판이 충돌한 증거라는 안이 제기되었다.

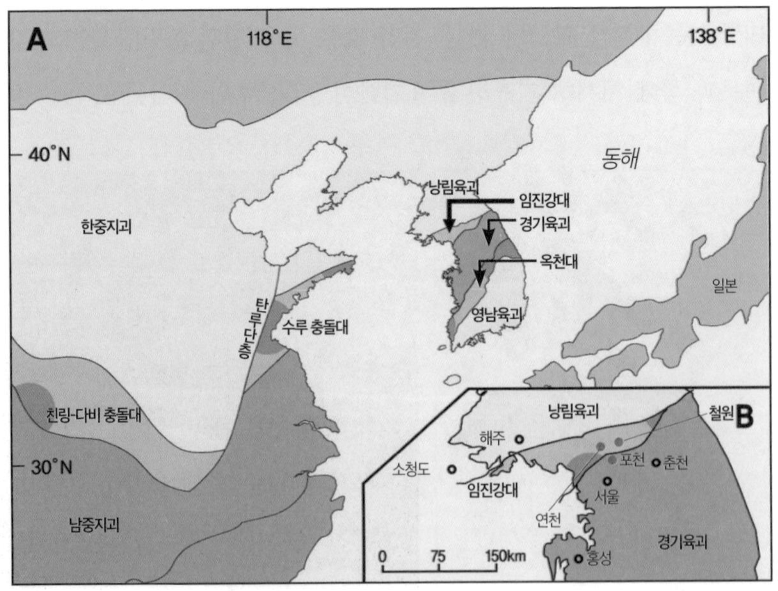

다비-친링-수루 충돌대의 연장선에 있는 임진강대.

1980년대 후반에, 중국대륙의 친링-다비Qinling-Dabie와 수루Sulu 지역에서 초고압 광물인 다이아몬드와 고압 암석인 에크로자이트eclogite가 발견되었다. 이 두 지역을 잇는 선상에서 초고압 및 고압 광물이 발견되면서, 중국대륙은 '남중지괴South China craton'와 '한중지괴Sino-Korean craton'가 충돌하여 하나의 큰 대륙이 된 것이라는 '다비-친링-수루 충돌대'라는 가설이 제안되었다. 국내 지질학자들은 중국의 다비-친링-수루 충돌대가 산둥반도 근처를 지나, 위도가 비슷한 임진강 유역으로 연장될 것으로 가정하고, 이 지역이 남과 북의 두 대륙이 충돌하여 한반도가 이루어진 경계선이 될 수 있다고 제안했다.

그 후 1990년대 중반에 연천 일대에서 고압에서 생성되는 석류석과 각섬암이 발견되면서, 연천 일대를 남과 북, 두 대륙이 충돌한 경계선이 지나는 지역으로 보고, 임진강 유역을 '임진강대' 또는 '임진강 충돌대'라고 명명하게 되었다. 연천 일대에서 산출되는 고압 광물을 동위원소 연대측정법으로 측정한 값으로부터 남과 북의 두 대륙이 충돌한 시기는 약 2억 2500만 년 전으로 밝혀지고 있다. 이 연대값은 중국의 다비-친링-수루 충돌대에서 발견되는 초고압 광물의 생성 연대(2억 800만~2억 4500만 년 전)와 거의 일치한다.

임진강대는 지층군의 층서가 지역에 따라 편차가 있으며, 국지적으로 두꺼운 층이 보이기도 한다. 이곳은 퇴적 기원의 변성암으로 이루어진 연천층군이 넓게 분포하나, 연천 북부로 가면 고변성대에서 저변성대로 점진적으로 바뀐다. 여러 지질학적 사실은 임진강대가 다비-친링-수루 충돌대의 연장선 위에 있으며, 임진계는 남중지괴의 연장선이 만나는 경기육괴(한반도 지도에서 파란색 부분)에 발달한 퇴적층이라는 것이다. 다시 말해 남중지괴(남중국 땅덩어리)와 한중지괴가 충돌, 봉합accretion되면서 임진강 지역도 같은 원리로 암석이 변성되었음을 뒷받침하고 있다.

지질학자들은 지각이 4억~6억 년 주기로 판게아 같은 하나의 대륙으로 합쳐졌다가 다시 분열하기를 거듭하는 것으로 해석한다. 임진강대는 지질시대 동안 일어난 여러 대륙의 움직임을 한반도에서 직접 확인할 수 있는 좋은 지질학적 사건이 된다.

4) 충돌하는 판들 사이에서 변성을 받은 미산층

임진강 유역은 중국대륙의 남중지괴와 한중지괴가 충돌한 다비-친링-수루 충돌대가 지나는 곳으로, 한반도 북부와 남부 사이의 두 판이 충돌한 증거가 되는 지층이 분포하는 소위 임진강 충돌대가 있는 곳이다. 임진강 유역 연천층군의 하부층인 미산층은 이곳이 충돌대였음을 지시하는 특징을 보이는 지층이다.

고문리 한탄강 바닥의 고생대 미산층 노두.

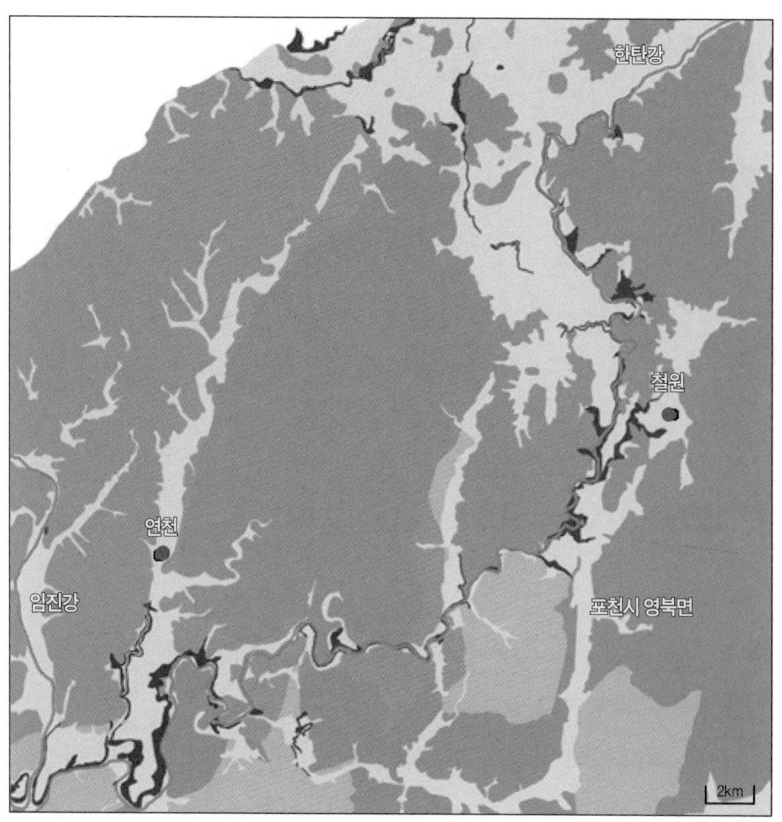

한탄강 유역의 선캄브리아시대, 고생대 암석 분포도. (노란색: 선캄브리아시대 변성암, 연한 갈색: 고생대 데본기 미산층)

연천층군은 고생대 중기~후기 데본기 지층으로 각섬암이 관입하기도 했다. 미산층(대리암 협재), 대광리층 등 임진강 및 한탄강 유역에 넓게 분포한다. 그중 미산층은 고생대 데본기에 임진강 충돌대 사이의 분지에 형성되었던 퇴적암이, 한반도 북부와 남부의 두 판이 충돌하면서 생긴 변성작용에 의하여 만들어진 변성암이다.

따라서 미산층은 퇴적 기원의 변성암이다. 미산층은 연천군 신서면 와초리, 미산면 동이리, 군남면 황지리, 연천읍 통현리-고문리, 청산면 장탄리-궁평리-백의리, 포천시 창수면 신흥리-운산리, 관인면 중

두 대륙의 충돌대에 위치하는 고생대 미산층 노두(은대리). 심하게 습곡된 층리가 보인다.

리 등에 넓게 분포하고, 퇴적 시기는 적어도 약 3억 9000만 년 전 이후인 것으로 밝혀지고 있다.

미산층은 암상에 따라 크게 석회질규산염암, 석회질사암 및 변성이질암으로 분류된다. 이들의 호층대 내에는 각섬암, 대리암, 규암, 천매암, 흑운모편암 등이 협재하며 각 층의 두께와 반복되는 빈도는 일정하지 않다.

미산층에 변성암인 각섬암과 변성광물인 석류석이 분포하는 것은 한탄강 유역이 두 판이 충돌할 때 생긴 큰 압력을 받았던 지역임을 암시하는 매우 중요한 지질학적 증거가 된다. 지구 내부는 깊은 곳으로 들어갈수록 온도와 압력이 증가하며, 지하 10km 정도에서는 온도가 약 300℃이며, 3000~4000기압이 된다. 그런데 미산층에 분포하는 각섬암과 석류석은 훨씬 더 높은 온도와 압력이 작용하는 환경에서 만들어질 수 있다. 즉, 각섬암과 석류석의 존재는 미산층이 매우 높은 온도

은대리 차탄천의 임진강대에 분포하는 고생대 미산층 내 석류석. 심하게 습곡된 각섬암 내에 석류석 광물이 들어 있다. 석류석은 고압 변성작용이 있었음을 지시한다.

와 압력이 작용하는 환경에서 만들어진 지층임을 알려 주는 것이다.

1990년대에 다비-친링-수루 충돌대에서 남중국과 북중국이라는 커다란 두 땅덩어리가 충돌했다는 증거로 금강석(다이아몬드), 코에사이트[coesite]와 같은 광물이 발견되었다. 그 후 우리나라에서도 임진강 일대에서 초고압 광물을 찾으려는 연구가 매우 활발하게 이루어졌다. 우리나라에서는 두 땅덩어리의 충돌을 증명해주는 금강석이나 코에사이트와 같은 광물은 아직 발견하지 못했다. 그러나 임진강과 한탄강 유역에 넓게 분포하는 미산층에서 고압 환경에서 만들어지는 각섬암과 석류석과 같은 광물을 찾아냄으로써, 연천층군을 이루는 미산층이 남과 북의 두 판이 충돌한 증거가 되는 지층임이 밝혀졌다. 지질학자들은 임진강대가 두 판의 충돌대임을 더 확실하게 증명하기 위해 금강석이나 코에사이트 같은 초고압 광물을 찾으려는 노력을 계속하고 있다.

5) 서울-원산 구조대

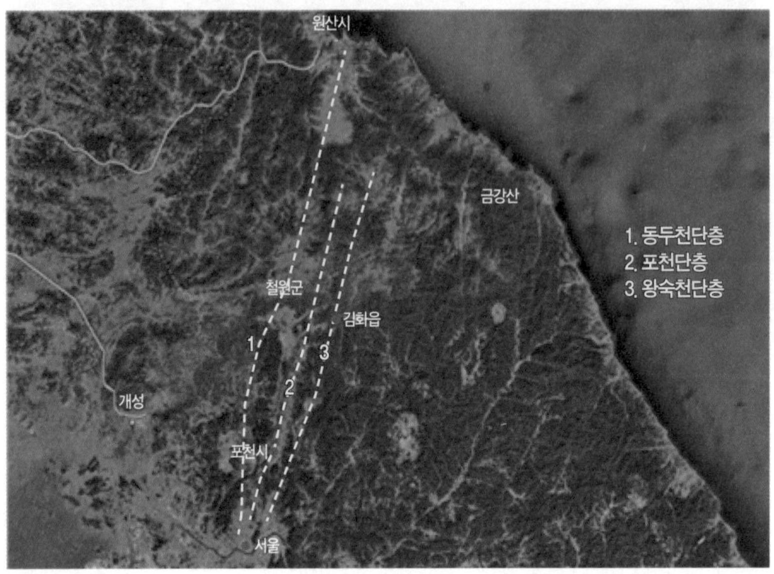

위성사진에서 본 서울-원산 구조대. 구조대를 따라서 침식작용이 활발하게 작용하여 서울에서 원산 방향으로 여러 개의 계곡이 발달해 있다.

인공위성 사진에서 한반도를 보면, 서울에서 원산 방향으로 몇 개의 깊은 계곡 지형이 나란하게 발달해 있는데 이것들을 이어보면 몇 개의 선들이 만들어진다. 이 선들은 지층의 단층선이며, 서울과 원산 사이에 평탄하고 넓은 계곡으로 연결되어 있다. 이 구간에는 몇 개의 큰 단층이 무리 지어 나란하게 발달해 있고, 그중 대표적인 것이 원산과 서울을 잇는 '동두천단층'이다. 이 구간은 여러 큰 단층을 따라 침식작용이 활발하게 일어나면서 침식곡이 발달한 지대로서, 지질학적으로는 '서울-원산 구조대構造帶'라고 한다. 이 구조대를 경계로 한반도의 북부와 남부의 지형·지질은 서로 큰 차이를 보인다.

서울-원산 구조대는 '동두천단층'을 따라 형성된 침식곡이며, 마식

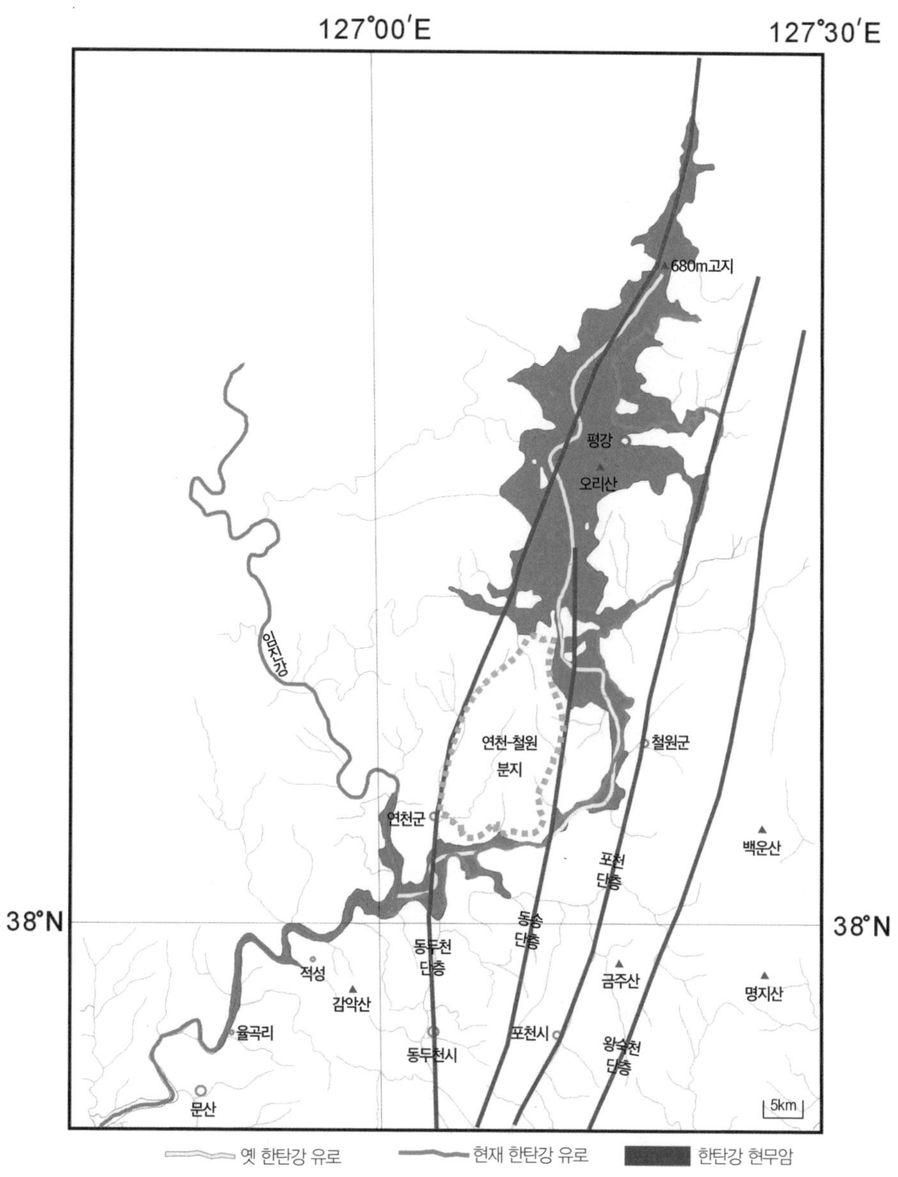

한탄강 유역의 단층계. 서울 – 원산을 잇는 선상에 발달한 여러 단층.

령산맥, 광주산맥과 나란하게 서울-원산 방향으로 이어진다. 그리고 동두천단층과 주변의 여러 단층 사이에는 중생대 한반도의 화성활동과 관련이 있는 '연천-철원분지'가 있다. 중생대 때 이곳 분지에서는 화산활동이 활발했으며, 그때 분출한 화산암류가 한탄강 유역의 지장산, 종자산 등에 넓게 분포한다.

오늘날 한탄강 물줄기는 신생대에 평강 부근에서 분출한 용암으로 옛 한탄강이 메워진 후 다시 태어난 강이다. 옛 한탄강은 큰 단층선으로 이루어진 침식곡을 따라 흐르며, 곳곳에서 곡류하고 있었다. 오늘날 한탄강의 물줄기는 큰 범위에서 보면 서울-원산 구조대 방향과 나란하게 흐른다. 그리고 강 물줄기는 기반암과 현무암이 접해 있는 지질 경계 또는 용암 평원 내에서 크고 작은 곡류를 이루며 흐르고 있다. 따라서 한탄강 유역에는 여러 모양의 계곡 지형이 발달해 있다.

1914년에 서울-원산 구조대를 따라 직선형으로 발달한 계곡 위에

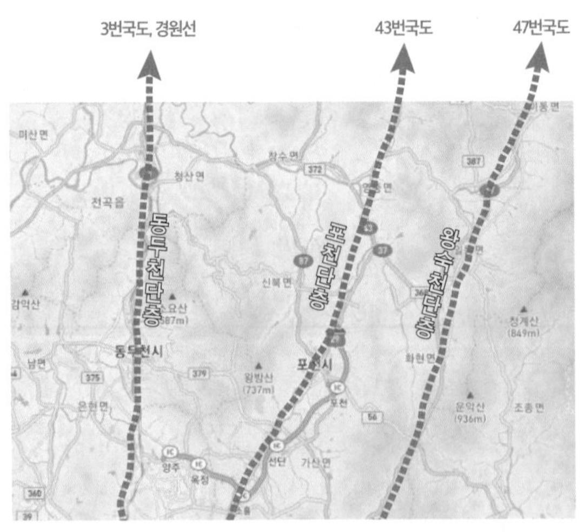

한탄강 유역 단층과 나란하게 건설된 도로. 단층을 따라 침식작용이 일어나 남북 방향의 계곡이 여러 개 만들어졌고 이곳에 도로나 철도가 건설되었다.

서울-원산을 잇는 '경원선'이 건설되었다. 오늘도 철원평야에 자리한 '월정역'에는 경원선 화물열차가 다시 달릴 수 있는 날을 고대하며 서 있다.

II.

한탄강 세계지질공원으로 떠나는 여행

지질명소 탐방 안내

한탄강 세계지질공원에서 지질명소는 총 26곳이며, 삼부연폭포, 동막골응회암 및 지장산 응회암, 포천아트밸리, 백운계곡을 제외하고는 모두 한탄강 유역에 위치한다. 따라서 지질공원의 각 명소는 행정구역을 고려하여 포천과 연천, 철원으로 나누었다. 여기에 더하여, 연천 지역에는 필자들이 답사하면서 추천한 '합수머리 하식동굴'과 '신답리 3층 용암' 두 곳을 추가하여 총 28곳이다.

지질공원의 각 지질명소가 지닌 지형, 지질의 특징 및 각 명소와 관련된 인문적인 내용(지리, 역사, 고고학, 사회, 경제, 문학, 예술, 문화 등)을 이해하고 설명하는 데 도움이 될 수 있도록 다음과 같은 자료를 넣었다.

① 지역 교통도: 지질명소별로, 찾아가는 방법과 노두의 위치를 안내하는 간략한 지도(위성지도)이다.

② 지질약도: 지질명소 주변의 지층 및 암석 종류를 파악하는 데 도움을 준다.

③ 지형 및 지질 노두 사진: 지질명소에서 특징적인 지형이나 대표적인 지층의 노두 사진으로 지질명소의 전체적인 특징을 이해하는 데 도움을 준다.

④ 기타: 지질명소와 관련된 인문적인 내용을 정리했다.

지질명소를 탐방할 때는 일단 위성사진, 지질약도, 그곳의 대표적인 지형 및 지층의 사진을 확인하고 그곳에 관해 기술한 내용을 함께 음미하면서 전체적인 정보를 파악하는 것이 좋다. 그리고 지질명소 주위의 넓은 범위를 살펴본 다음, 작은 노두를 들여다보면서 전체적인 자연현상을 심미적으로 감상하고, 또 설명해보는 것도 좋은 방법이다.

책에 소개된 여러 자료를 주의 깊게 읽고 특정한 지질명소를 탐방한 후에 다른 명소로 이동하면 좀 더 여유롭게 지형을 관찰할 수 있을 것이다. 왜냐하면 한탄강 지질공원의 명소는 대부분이 현무암으로 이루어진 지형 및 지질이기 때문에, 현무암에서 볼 수 있는 여러 지형 및 지질의 특징을 이해하는 원리와 과정은 같기 때문이다.

지질공원에서 보는 다양한 풍광은 지구 표면에서 오랜 시간을 거치면서 만들어진 자연 변화의 모습이다. 따라서 지질공원을 탐방할 때는, 수십만 년 또는 그보다 더 긴 시간 동안에 일어날 수 있는 자연의 변화와 그 결과로 만들어진 자연 풍광을 심미적으로 즐기려는 자세를 갖추는 것이 무엇보다도 중요하다.

포천 비둘기낭폭포 계곡의 가을 풍경

지역별 지질명소

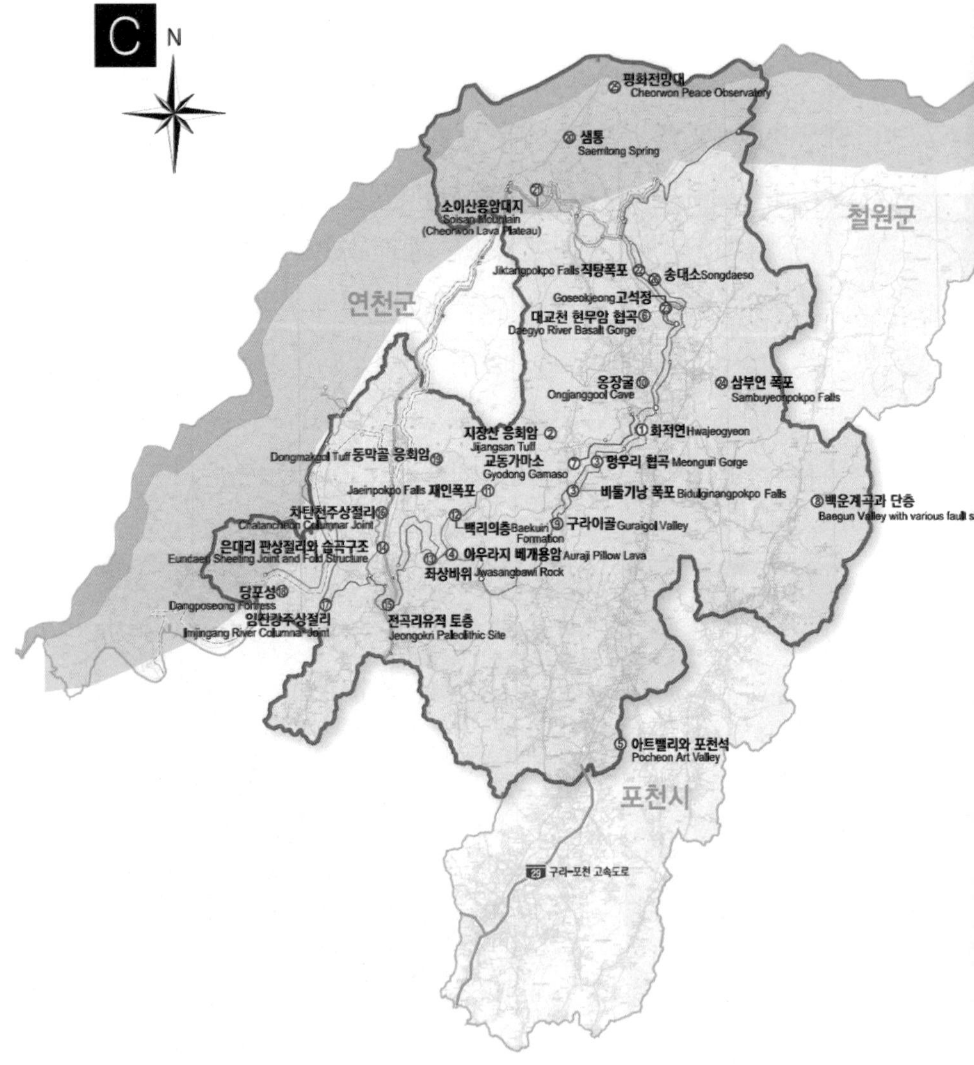
C
N
평화전망대
Cheorwon Peace Observatory
샘통
Saemtong Spring
소이산용암대지
Soisan Mountain
(Cheorwon Lava Plateau)
철원군
연천군
Jiktangpokpo Falls 직탕폭포
송대소 Songdaeso
Goseokjeong 고석정
대교천 현무암 협곡 ⑥
Daegyo River Basalt Gorge
옹장굴 ⑩
Ongjanggool Cave
삼부연 폭포
Sambuyeonpokpo Falls
① 화적연 Hwajeogyeon
지장산 응회암 ②
Jijangsan Tuff
Dongmakgol Tuff 동막골 응회암 ⑲
교동가마소 ⑦
Gyodong Gamaso
③ 멍우리 협곡 Meonguri Gorge
Jaeinpokpo Falls 재인폭포 ⑪
③ 비둘기낭 폭포 Bidulginangpokpo Falls
⑧ 백운계곡과 단층
Baegun Valley with various fault s
차탄천주상절리 ⑯
Chatancheon Columnar Joint
⑫ 백리의층 Baekuin Formation
⑨ 구라이골 Guraigol Valley
은대리 판상절리와 습곡구조 ⑭
Eundaeri Sheeting Joint and Fold Structure
⑬ ④ 아우라지 베개용암 Auraji Pillow Lava
좌상바위 Jwasangbawi Rock
당포성 ⑱
Dangposeong Fortress
⑰ 임진강주상절리
Imjingang River Columnar Joint
⑮ 전곡리유적 토층
Jeongokri Paleolithic Site
⑤ 아트밸리와 포천석
Pocheon Art Valley
포천시
29 구리-포천 고속도로

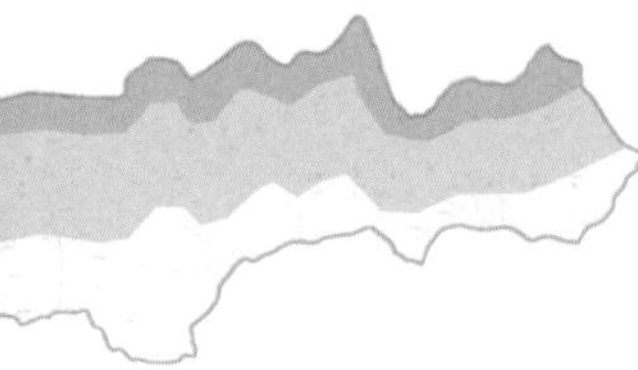

범　례

- 한탄강 지질공원 범위
- 한탄강
- 지질명소
- 지질트레일
- 지질트레일
- 자전거길
- 비무장지대(DMZ), 민통선
- 구리-포천 고속도로, 경원선 철도

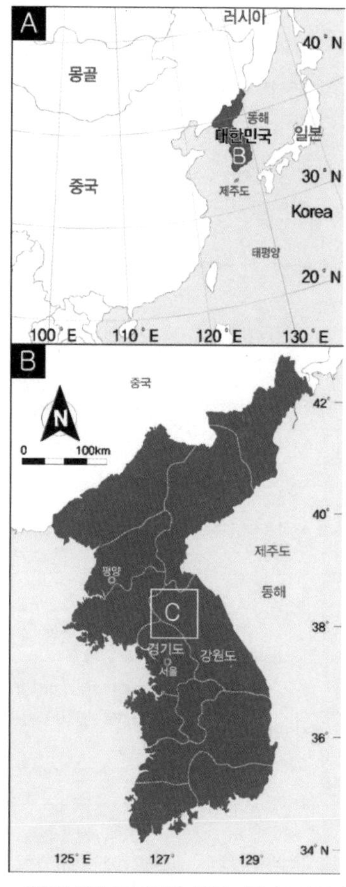

한탄강 세계지질공원의 지역별 지질명소의 위치

지질명소에서 관찰할 수 있는 내용

지역	지질명소	지질시대와 암석	지형 및 지질 관찰 내용
포천 (9)	1. 비둘기낭폭포와 멍우리협곡	– 신생대 제4기: 현무암 – 고생대 데본기 미산층 – 선캄브리아시대: 편암	– 주상절리, 용암단위, 하식동굴, – 분기공, 밧줄구조 – 돌개구멍(포트홀) – 변성작용과 편암, 편마암, 습곡구조
	2. 화적연	– 신생대 제4기 현무암 – 중생대 백악기 화강암	– 용암의 흐름과 침식(자연의 변화율) – 기반암과 현무암의 관계 – 주상절리 수평 단면, 화강암 풍화 침식 – 관입암과 암석의 생성순서
	3. 아우라지 베개용암	– 신생대 제4기 현무암 – 고생대 데본기 미산층	– 베개용암의 생성 환경, 과정, 특징 – 주상절리, 용암단위 – 미산층, 자연의 변화율
	4. 지장산 응회암	– 중생대 백악기 응회암, 각력암	– 응회암 생성과정, 분류 – 연천–철원분지의 화산활동 – 신서각력암의 형성과정
	5. 아트밸리와 포천석	– 중생대 쥐라기 화강암	– 지구계, 포천석(화강암) 탄생의 비밀 – 토양형성과정, 화강암의 풍화와 산물 – 단층, 관입암, 암석의 이용
	6. 교동가마소	– 신생대 제4기 현무암	– 유수에 의한 침식지형, 돌개구멍 – 용암단위, 단층 지형, 가스 튜브, 밧줄구조
	7.옹장굴	– 신생대 제4기 현무암 – 중생대 백악기 화강암	– 침식동굴 형성 과정, 동굴생태 환경 – 용암호, 현무암 주상절리
	8. 구라이골	– 신생대 제4기 현무암	– 용암단위, 용암의 열로 구워진 고토양
	9. 백운계곡과 단층	– 중생대 쥐라기 화강암	– 복운모화강암, 페그마타이트의 생성 – 조암광물(석영,장석,운모)의 생성과 성장 – 화강암 지형(절리, 단층, 폭포와 연못)
연천 (11)	1. 재인폭포	– 신생대 제4기 현무암 – 중생대 백악기 산성암맥	– 주상절리, 수평절리, 하식동굴, 돌개구멍 – 용암단위 – 폭포 형성과정
	2. 백의리층	– 신생대 제4기 현무암 – 중생대 백악기 역암, 응회암 – 고생대 데본기 미산층	– 굳지 않은 퇴적층, 유수에 의한 퇴적구조 – 현무암(판상,주상절리, 베개구조, 클링커) – 용암단위, 주상절리 유형 – 고생대 미산층을 부정합으로 덮는 중생대 백악기 퇴적층
	3. 좌상바위	– 신생대 제4기 현무암 – 중생대 백악기 현무암 – 고생대 데본기 미산층	– 중생대 화산활동, 분화구 흔적 – 행인상 구조 – 지층의 순서, 하상 퇴적물, 하안단구 – 미산층, 응회암.
	4. 신답리 3층 용암	– 신생대 제4기 현무암	– 한탄강 용암단위 3매(A, B, C층)구분 – 주상절리 유형

연천 (11)	5. 은대리 판상절리와 습곡구조	- 신생대 제4기 현무암 - 고생대 데본기 미산층	- 임진강 충돌대와 미산층(습곡구조, 풍화와 차별침식) - 주상, 수평절리, 베개용암, 클링커, 하식동굴, 용암단위 - 고압변성작용과 석류석, 백의리층
	6.전곡리 유적 토층	- 신생대 제4기 충적층	- 전곡리 문화층, 유적 토층 - 주먹도끼의 고고학적 의의
	7. 차탄천 주상절리(용소)	- 신생대 제4기 현무암	- 주상절리 유형, 클링커, 하식동굴 - 용암단위, 용암의 역류 증거
	8. 임진강 주상절리	- 신생대 제4기 현무암	- 용암호, 용암의 역류, 용암단위 - 주상절리 유형
	9. 합수머리 하식동굴	- 신생대 제4기 현무암	- 하식동굴, 주상절리 유형, 하안단구 - 자연의 변화율, 침식과 퇴적작용
	10. 당포성	- 신생대 제4기 현무암	- 현무암 수직 절벽의 군사적 이용
	11. 동막골응회암	- 중생대 백악기 응회암	- 용결응회암, 화산력응회암 - 중생대 화산활동, 응회암의 주상절리
철원 (8)	1. 소이산	- 신생대 제4기 현무암 - 중생대 백악기 응회암	- 용암대지, 스텝토, 철원평야
	2. 직탕폭포	- 신생대 제4기 현무암	- 폭포의 형성과정, 주상절리, 하식동굴
	3. 고석정	- 신생대 제4기 현무암 - 중생대 백악기 화강암	- 한탄강 계곡의 여러 형태, 고석정 계곡의 형성 과정 - 화강암의 풍화(박리, 풍화혈), 침식과 퇴적
	4. 삼부연폭포	- 중생대 쥐라기 화강암	- 폭포의 형성과 폭포 위치 변화, 돌개구멍 - 화강암 조직, 자연의 변화율
	5. 샘통	- 신생대 제4기 현무암	- 샘통의 형성 과정, 샘통수(용천수)의 이용
	6. 송대소	- 신생대 제4기 현무암 - 중생대 백악기 화강암	- 주상절리 유형, 하식동굴, 화강암 조직 - 용암단위, 한탄강 계곡의 유형
	7.대교천 협곡	- 신생대 제4기 현무암 - 중생대 백악기 화강암	- 주상절리 유형 및 수평단면, 용암단위 - 현무암 협곡의 형성과정.
	8. 평화전망대	- 신생대 제4기 현무암	- 한탄강 용암 발원지, 한탄강 용암의 특성 - 서울-원산 구조대, 용암대지

1. 포천 지역

이 지역은 북한의 평강 부근에서 발원한 한탄강이 강원도 철원군을 지나, 경기도 포천시를 거쳐 남서 방향으로 흐르는 곳이다. 이 지역에는 옹장굴, 화적연, 교동가마소, 비둘기낭폭포와 멍우리협곡, 구라이골 등이 있다. 지질명소는 대부분 한탄강 계곡 및 유역에 있고, 지장산 응회암과 백운계곡, 아트밸리와 포천석 등은 한탄강 유역에서 얼마간 떨어져 있다.

이 지역에는 지질약도에서 보는 것처럼, 편암, 각섬암 및 변성섬장암으로 구성된 선캄브리아시대의 지층과 한탄강 유역이 임진강 충돌대임을 지시하는 고생대의 미산층이 분포한다. 그리고 중생대 쥐라기 화강암과 백악기 화산암류 및 신생대의 한탄강 현무암이 한탄강 계곡을 이루며 분포한다. 특히 남북 방향으로 발달한 동송단층과 포천단층은 이 지역의 지형을 만드는 데 큰 역할을 한 지질구조이다. 이 지역은 한정된 공간에서 여러 지질시대의 지층과 지형을 체계적으로 만나볼 수 있어, 지형학적·지질학적으로 매우 중요한 곳이다.

한탄강에 있는 높이 13m의 화강암 바위인 화적연.

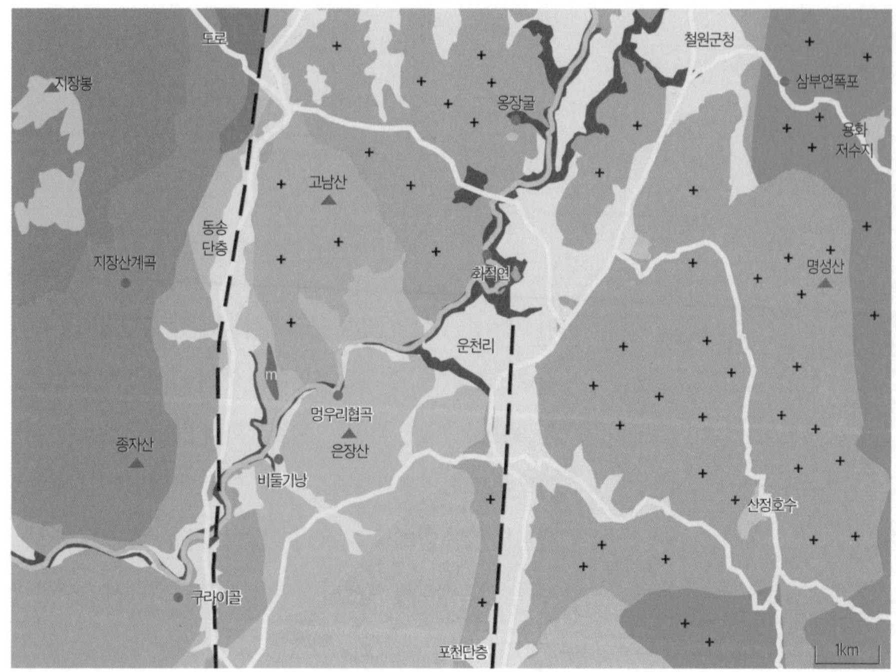
도로
지장봉
지장산계곡
종자산
구라이골
동송
단층
고남산
옹장굴
철원군청
삼부연폭포
용화
저수지
화적연
운천리
멍우리협곡
은장산
비둘기낭
명성산
산정호수
포천단층
m
1km

포천 지역의 지질약도.

신생대 제4기 충적층
신생대 제4기 현무암
중생대 백악기 지장봉응회암
중생대 백악기 신서각력암
중생대 백악기 동막골응회암
중생대 백악기 금학산안산암
중생대 백악기 명성산화강암
중생대 쥐라기 화강암
고생대 데본기 미산층
선캄브리아시대 변성섬장암
선캄브리아시대 각섬암
선캄브리아시대 편암(m : 대리암)

포천 지역의 지질명소

1. **비둘기낭폭포와 멍우리협곡**: 비둘기들도 시샘하는 아름다운 풍경

2. **화적연**: 선조들도 즐겨 찾은 아름다운 풍광

3. **아우라지 베개용암**: 용암과 물이 만나서 만든 자연의 작품

4. **지장산 응회암**: 중생대 화산활동의 생생한 현장

5. **아트밸리와 포천석**: 화강암 채석장의 아름다운 변신

6. **교동가마소**: 풍화와 침식이 빚어낸 작은 연못

7. **옹장굴**: 기반암과 현무암층 사이에 숨겨진 천연동굴

8. **구라이골**: 한탄강 현무암 협곡의 축소판

9. **백운계곡과 단층**: 작은 연못과 폭포가 어우러진 화강암 골짜기▲

지질명소 1. 비둘기들도 시샘하는 아름다운 풍경

비둘기낭폭포

비둘기낭폭포. 하얀 물거품을 내는 폭포수가 에메랄드빛 물 위로 떨어진다.

1. 찾아가는 길

···› 위치: 포천시 영북면 대회산리 415-2 (내비게이션: 비둘기낭폭포)

비둘기낭폭포 위치(A), 하늘다리(B)

포천에서 신철원으로 이어지는 43번 국도를 가다가, 운천 제2교차로에서 좌회전하여 78번 지방도 약 7km 정도에서, 좌측으로 진입로가 나온다. '한탄강 지질공원센터'가 진입로 직전 500m 전방에 있다. 주차장(화장실)이 넓고 '한탄강 하늘다리' 전망대는 주차장이 따로 있다.

2. 비둘기낭폭포 이야기

예로부터 이곳은 겨울이면 현무암층에 있는 작은 동굴과 틈 사이에 수백 마리의 멧비둘기가 서식해 비둘기낭囊(주머니 낭)이라 부르면서 '비둘기낭폭포'가 되었다. 수직 절벽을 따라 쏟아져 내리는 물줄기와 그 아래의 에메랄드빛 소沼가 조화를 이루어 멋진 풍경을 자아낸다. 이 폭포에서 한탄강으로 이어지는 현무암 협곡은 천연기념물 제537호로 지정되었다.

비둘기낭폭포 지질탐사에 앞서 활동 안내를 받는 학생들.

폭포 주변에는 한탄강 지질공원센터와 캠핑장, 오토캠핑장 등이 있다. 지질공원센터에서는 학생과 일반인을 위한 전시(한탄강의 지질, 역사, 고고, 생태, 문화자원), 지질·생태 관련 교육과 체험 프로그램을 운영하고 있다.

한탄강을 가로질러 놓여 있는 '하늘다리' 위에서는 한탄강 계곡의 여러 지형을 두루 조망할 수 있다. 이 다리를 건너가면 현무암 주상절리 협곡인 멍우리길로 이어진다.

3. 비둘기낭폭포 주변의 지형 및 지질

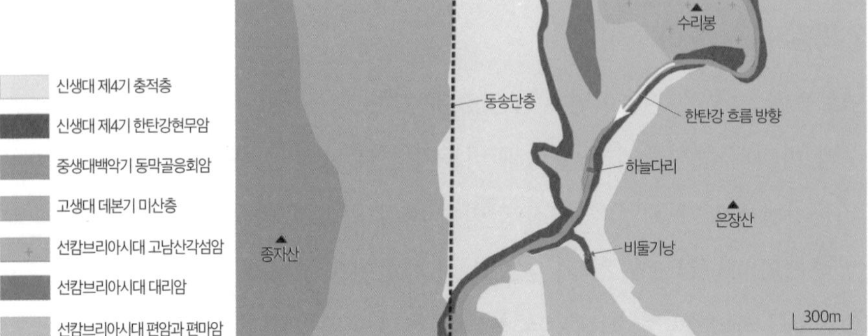

비둘기낭폭포 주변의 지질약도.

1) 여러 지질시대의 지층을 볼 수 있는 천연 지질박물관

지질시대는 생물의 발생, 번성, 멸종이나 큰 지각변동 등에 따라 선캄브리아시대, 고생대, 중생대, 신생대로 구분한다. 이곳 비둘기낭폭포 주변에는 마치 지질박물관과도 같이 선캄브리아시대, 고생대, 중생대 및 신생대 등 모든 지질시대의 지층과 암석이 주위의 산과 계곡 및 벌판에 분포하고 있다.

하늘다리 위에서는 선캄브리아시대에서 신생대까지 각 지질시대의 지층으로 이루어진 산과 지형을 한눈에 볼 수 있다. 동쪽으로는 약 19억 년 전 선캄브리아시대의 편암과 편마암으로 이루어진 은장산이 있다. 서쪽으로는 약 8000만 년 전 중생대 백악기의 응회암이 분포하는 지장산과 종자산이 있다.

하늘다리 서쪽 풍경. 중생대 지층이 분포한 종자산이 저 멀리 뒤편에 보인다.

하늘다리 동쪽 은장산을 바라본 모습.

남쪽과 북쪽으로는 한탄강의 물줄기가 눈에 들어오고, 한탄강 양벽에서 한탄강 현무암으로 이루어진 수직 절벽을 볼 수 있다. 한탄강 현무암의 하부에는 약 19억 년 전 선캄브리아시대 변성암인 편암 및 편마암과 3억 9000만 년에서 3억 4000만 년 전 고생대 데본기 미산층이 분포한다. 이곳 하늘다리 아래를 흐르는 한탄강은 선캄브리아시대 지층과 고생대 지층 사이의 지질 경계를 따라 흐르고 있다.

이같이 하늘다리의 중간에 서서, 동쪽의 은장산과 서쪽의 종자산, 그리고 북쪽과 남쪽으로는 한탄강 현무암이 만든 한탄강 계곡을 볼 때, 우리는 한 장소에서 약 18억~19억 년 전, 3억 9000~3억 4000만 년 전, 약 8000만 년 전, 그리고 50만 년 전 등, 긴 지질시대 여행을 한 셈이 된다.

한탄강 하늘다리. 멀리 지장산이 보인다.

비둘기낭폭포 주변의 하늘다리에서 북쪽을 바라봤을 때 한탄강 계곡의 풍광. 한탄강의 왼쪽에는 고생대 데본기 미산층이, 오른쪽에는 선캄브리아시대 편마암이 분포하고 있다. 미산층과 편마암에는 모두 습곡구조가 발달해 있다.

비둘기낭폭포 부근의 하늘다리에서 남쪽으로 본 한탄강 계곡 풍광. 약 50만 년 전에 이곳에 흐른 용암이 만든 현무암 절벽과 약 3억 9000만~3억 4000만 년 전 고생대 데본기 미산층이 강 건너편 하부에 보인다.

비둘기낭폭포 입구에는 한탄강 유역에 분포하는 여러 종류의 암석 표본을 전시하고 있다. 현무암은 기공이 있는 것과 없는 것이 전시되어 있다. 현무암은 기공이 많은 것이 흔한데, 실제로는 기공이 없는 현무암이 더 많이 분포한다. 또 쇠붙이가 잘 붙는 자철석, 미산층에 보이는 석류석, 각섬암, 그리고 선캄브리아시대 바다에 쌓인 탄산칼슘 성분으로 된 대리암, 포천의 대표적인 암석인 중생대 화강암 등 여러 시대의 암석을 관찰할 수 있다.

비둘기낭폭포 입구에 있는 암석 전시장. 한탄강 유역에 있는 대표적인 암석 표본들을 전시하고 있다.

2) 비둘기낭폭포는 어떻게 만들어졌나?

비둘기낭폭포는 세 개의 용암단위로 이루어진 현무암 절벽이다.

대회산리(야미리) 불무산에서 발원한 하천은 한탄강을 향해 흐르면서 계곡을 형성한다. 비둘기낭폭포는 여기서 두께 20m 정도 되는 현무암 절벽을 타고 떨어지는 물줄기이다. 이 현무암 절벽을 만든 용암은 언제, 어디서, 어떻게 이곳까지 흘러온 것일까? 강원도 철원의 북쪽 평강 부근에 있는 680m고지와 오리산에서 약 54만 년 전에서 12만 년 전 사이에 크게 세 번 정도의 화산활동이 있었다. 이들 화산에서 뿜어 나온 용암은 온도가 1000℃ 정도로 점성이 매우 낮았다. 용암의 일부는 평강의 북쪽으로 흐르고 대부분은 남쪽으로 흐르면서 '평강-철원평야'를 만들었고, 옛 한탄강을 메우면서 남쪽으로 흘러내려 임진강과 만났다.

그 후에도 용암은 더 흘러내려 경기도 파주시 율곡리 부근에서 멈추었다. 용암이 흐른 끝부분이 있는 파주 율곡리에서 오리산 분화구까지는 약 95km이고, 680m고지까지는 약 120km가 된다. 그리고 오리산 분화구에서 이곳까지는 약 40km이다.

비둘기낭폭포는 한탄강 본류에서 150m 정도 떨어져 있다. 이 폭포수의 양은 계절에 따라 차이가 크나, 여름 홍수 때에는 한탄강 본류에서 강물이 역류하여 협곡을 채우기도 한다. 비둘기낭폭포는 높이 약 17m이며, 이 폭포와 한탄강 본류 사이에는 길이 150m 정도의 현무암 협곡이 있다. 현무암 협곡의 양쪽 절벽은 높이가 13~25m 정도이며, 세 개의 용암단위(용암층)를 확인할 수 있다.

즉, 비둘기낭폭포가 있는 계곡으로 용암이 적어도 세 번은 흘러 들어온 것이다. 현무암 절벽의 맨 아래, A층 용암이 제일 먼저 계곡을 따라 흘러 들어왔고, 시간 차이를 두고 B층과 C층이 계곡을 따라 흘러 들어왔다. 그 후 계곡을 흐르는 불무천의 침식 작용으로, 현무암의 절리를 따라 쉽게 침식작용이 일어나 폭포가 있는 곳까지 깊은 협곡이 만들어진 것이다.

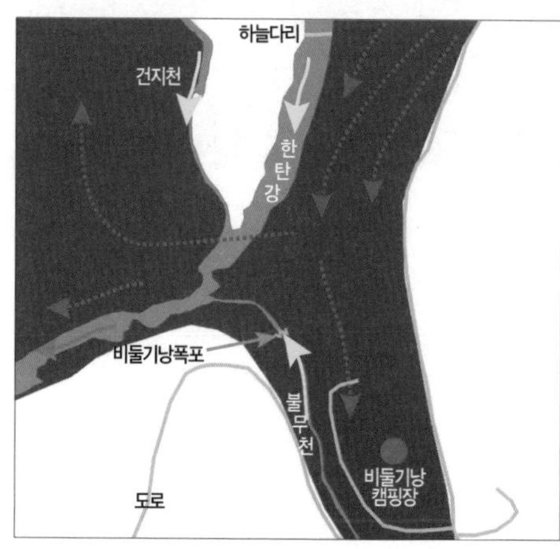

: 한탄강과 하천의 흐름 방향
: 현무암
: 용암의 흐름 방향

비둘기낭폭포 일대 현무암 분포도. 용암이 계곡을 따라 흘러 들어가, 한탄강 본류에서 150m 떨어진 곳에 비둘기낭폭포를 만들었다.

현무암 절벽에서는 용암단위를 구분할 수 있는 여러 소규모 지형(미지형)을 볼 수 있다. 그중 하나가 현무암층의 하부에 형성되는 클링커를 비롯한 다공질 조직인데, 폭포 아래쪽 절벽에서 보인다. 폭포 바로 아래에는 폭포수가 만든 큰 돌개구멍과 절리를 따라 떨어져 나간 검은색의 큰 현무암 덩어리가 뒹굴고 있다. 폭포 아래 돌개구멍에 고인 물이 에메랄드색을 띠면서 주변의 풍경과 어울려 신비감을 느끼게 한다. 계곡 밖 높은 곳에 설치된 전망대에서는 한탄강의 계곡 지형을 한눈에 조망할 수 있다.

비둘기낭폭포 아래 협곡. 왼쪽 절벽에 세 개의 용암단위(층)가 보인다.

비둘기낭폭포 주변에서 관찰한 여러 지질학적 특징을 근거로 이 폭포가 만들어지는 과정을 몇 단계로 설명할 수 있다.

세 개의 용암단위가 보이는 폭포 계곡 아래 왼쪽 절벽 노두. 현무암층 사이에 클링커가 발달해 있다.

① 한탄강 용암이 옛 한탄강을 메우며 흘러와 3회 정도 대회산리 불무산 계곡으로 흘러 들어왔다.

② 불무산에서 발원한 하천이 한탄강과 만나는 부근에 작은 폭포를 만들었다.

③ 계곡물의 침식작용으로 한탄강과 비둘기낭폭포 사이에 현무암 협곡이 만들어지고, 폭포의 위치는 점점 계곡 안쪽으로 옮겨졌다.

④ 앞으로 비둘기낭폭포의 위치는 더 계곡의 상류 쪽으로 이동할 것이다.

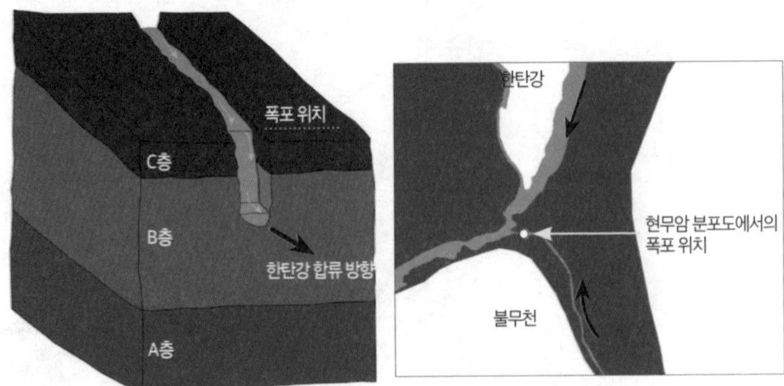

(1) 계곡으로 흘러 들어간 용암층에 계곡물의 침식작용으로 작은 협곡이 만들어지고, 계곡이 한탄강과 만나는 곳에 작은 폭포가 만들어졌다.

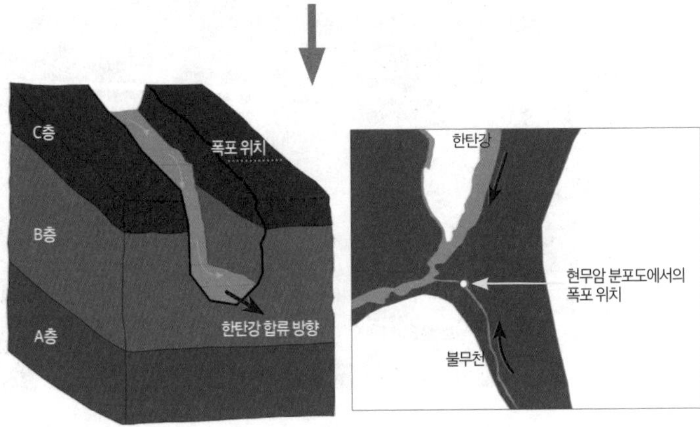

(2) 계곡 물의 침식작용으로 계곡은 규모가 커지고, 폭포의 위치는 계곡 안쪽으로 옮겨진다.

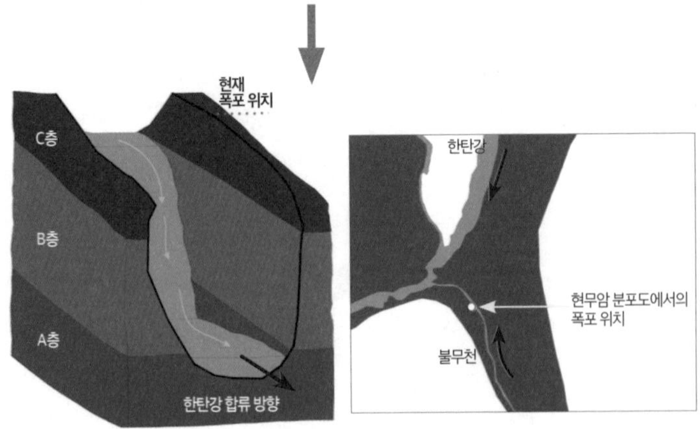

(3) 한탄강과 폭포 사이의 현무암 협곡이 더 커지고 돌개구멍의 크기도 더 커져서, 앞으로 폭포의 모양, 크기, 위치가 계속 바뀔 것이다.

비둘기낭폭포의 형성과 위치 변화.

3) 폭포 주변의 현무암 절벽에 발달한 다양한 미지형

폭포가 있는 현무암 절벽에는 동굴처럼 움푹 팬 공간이 있다. 강수량이 많을 때는 동굴의 천장에서 작은 물줄기가 떨어질 때도 있다. 이것은 현무암층에 발달한 절리를 따라 스며든 지표수가 떨어지는 것이다.

비둘기낭폭포 아래 만들어진 하식동굴과 절리를 따라 떨어지는 작은 물줄기.

현무암층에는 용암이 식을 때 수직으로 만들어진 절리가 많은 것이 특징이다. 현무암층은 이 절리들을 따라 큰 덩어리로 쉽게 떨어지는 성질이 있다. 이 현무암층의 절리를 따라 물이 쉽게 스며들 수 있는 곳에는 커다란 동굴과 같은 지형이 만들어지는데, 이것을 하식동굴河蝕洞窟, corrasional cave이라고 한다.

또한 현무암 절벽에는 한 사람이 들어갈 정도로 큰 공간이 만들어지는 경우도 있다. 이것은 용암이 식을 때 용암 안의 가스가 한곳에 모여, 마치 고무풍선과 같이 부풀며 만들어진 공간으로 분기공噴氣空이라고 한다. 특히 이 분기공에 고온의 가스가 가득 차 있을 때는 분기공 내부의 온도가 높아지고, 분기공 안쪽이 녹으면서 용암이 흘러나오는 때도 있다. 이런 경우 용암 표면에 밧줄 모양의 구조가 생긴다. 이것을 밧줄구조ropy structure라고 한다.

비둘기낭폭포의 현무암 절벽에 있는 분기공과 분기공에서 용암이 흘러나와 발달한 밧줄구조.

하식동굴 천장의 주상절리 단면. 다각형의 주상절리 단면이 잘 관찰되며, 주상절리의 틈 사이로 흘러내리는 물에 섞여 있던 흙과 같은 물질이 천장에 달라붙어 군데군데 황토색을 띤다.

A. 하식동굴 형성 과정

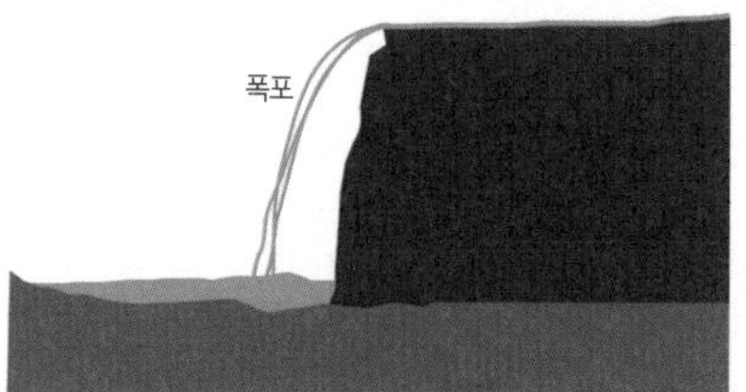
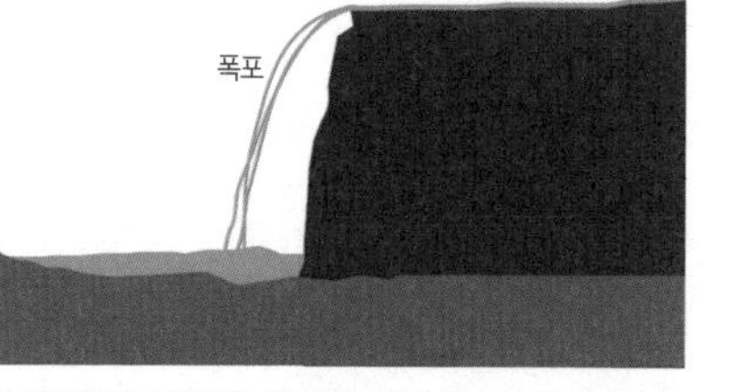

(1) 주상절리가 발달한 현무암 절벽에 폭포가 만들어진다.

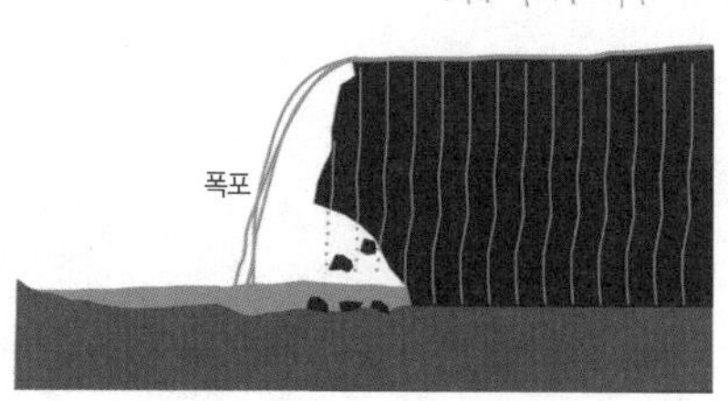

(2) 현무암의 절리를 따라 물이 흐르고 현무암이 덩어리로 떨어져 나가면서 작은 동굴이 만들어진다.

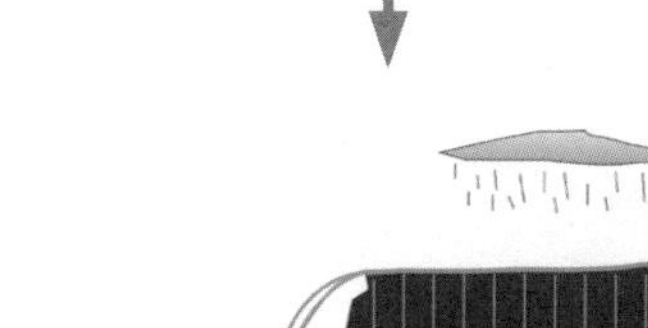

(3) 폭포수와 만나는 폭포의 아랫부분은 절리를 따라 더 활발하게 떨어져 나가면서 동굴은 점점 커진다.

B. 분기공 형성 과정

(1) 먼저 흐른 용암층 위에 새로운 용암이 덮으며 두꺼운 용암층이 만들어진다.

(2) 용암층의 내부에 있던 가스가 모여 공간이 만들어진다.

(3) 뜨거운 가스로 가득 찬 공간은 가스의 압력으로 터지면서, 가스와 녹아 있는 용암이 분기공을 따라 흘러나온다. 분기공 앞에는 그 흔적으로 밧줄구조가 만들어진다.

하식동굴과 분기공 형성 과정.

지질명소 1.

멍우리협곡

멍우리협곡 주차장 앞 전망대에서 바라본 늦가을의 협곡 풍경.

1. 찾아가는 길

··· 노두 위치: 경기도 포천시 영북면 운천리 일대

··· 전망 위치: 경기도 포천시 영북면 운천리 783-1

멍우리협곡 위치.

멍우리협곡을 둘러보는 길은 비둘기낭폭포에서 한탄강 벼룻길을 따라 6km(편도 1시간 30분 소요), 또는 한탄강 하늘다리를 건너 '멍우리길'을 따라 5km(편도 1시간 15분) 정도 걸으면서 협곡 내의 여러 지질구조나 풍광을 조망하는 코스이다.

반환점인 멍우리협곡 주차장으로 직접 가는 길은 포천에서 철원 방면으로 43번 국도를 따라가다가, 운천 문암교 지나 900m 정도에서 우측으로 빠져나와 좌회전, 지하도를 통과한다. 멍우리협곡 표지판을 따라 농로(호국로 4091번길)로 2km 정도 가면 주차장(화장실)과 전망대가 있다.

2. '멍우리협곡' 이야기

'멍우리'는 '멍'과 '을리'가 합쳐진 지명이다. '멍'이란 '온몸이 황금빛 털로 덮힌 수달'을 의미하고, '을리'는 이 일대의 지형이 한자의 '을乙' 자처럼 크게 곡류한다는 데에서 붙은 이름이다. 즉, 멍우리는 '황금빛 털을 가진 수달이 사는, 강물이 크게 굽이치며 흐르는 곳'이란 뜻이다. 또 한탄강 강변의 절벽을 끼고 입구가 나 있어 예로부터 "술 먹고 가지 마라, 넘어지면 몸에 멍우리가 진다"라는 이야기가 전해지면서 조심하지 않고 넘어지면 몸에 멍울이 져서 이런 이름이 붙었다는 속설이 있다.

한탄강 멍우리협곡은 명승 제94호로, 포천시가 지정한 한탄강 8경에 속할 만큼 비경을 자랑하는 곳이다. 하지만 협곡으로 되어 있어 가까이 접근하기는 어렵고, 한탄강 주상절리 길을 따라 호젓하게 걸으면서 멍우리협곡을 조망할 수 있다.

멍우리협곡을 따라 호젓하게 걷는 벼룻길(사진의 우측이 한탄강 멍우리협곡이다).

3. 멍우리협곡 주변의 지형 및 지질

멍우리 현무암 협곡은 비둘기낭폭포가 있는 곳에서 한탄강을 따라 동북 방향으로 약 5.5km 떨어진 곳까지이며, 한탄강 상류로 더 올라가면 화적연이 나온다. 북한 평강에서 출발한 용암이 강원도 철원군을 지나 이곳까지 흘러왔다. 이곳의 주변 지질은 선캄브리아시대의 변성암인 편암과 편마암이 기반암으로 분포한다. 그리고 그 위에 신생대의 한탄강 현무암이 부정합으로 덮고 있다. 기반암인 변성암에는 운모류, 각섬석류와 같은 유색광물과 석영, 장석과 같은 무색광물이 띠 모양을 이룬 편마구조가 잘 발달해 있는 곳도 있다.

오늘날의 한탄강은 옛 한탄강이 용암으로 메워진 후, 새롭게 형성된 물줄기이다. 따라서 이곳의 한탄강 계곡은 현무암 절벽이 길이 약 5.5km, 높이 30~40m의 규모로 매우 젊은 지형으로서, 마치 자연 병

한탄강 지류 위에 설치된 벼룻교전망대에서 본 멍우리협곡 상류 풍경. 한탄강 왼쪽 강가에는 선캄브리아시대의 편마암 노두가 있다.

멍우리협곡 상류 지점에서 한탄강과 합류하는 부소천. 현무암 절벽에 하식동굴과 주상절리가 발달해 있다.

풍을 펴놓은 것과 같이 수려한 경관을 자랑하는 곳이다. 이 협곡에는 한탄강 본류로 들어오는 몇 개의 지천이 있으며, 그중 하나가 부소천이다. 부소천이 한탄강과 합류하는 곳에는 '부소천교'가 있으며, 또 다른 지천에는 벼룻교가 놓여 있다. 멍우리협곡의 지천과 한탄강 본류 사이에 만들어진 계곡 지형은 또 다른 볼거리를 제공하고 있다.

멍우리협곡 강가의 편마암 노두. 선캄브리아시대의 변성암이며, 호상구조를 보인다. 수평면에 대하여 약 70° 이상의 경사를 가진다.

부소천교에서 촬영한 부소천과 한탄강이 합류하는 지점의 현무암 절벽.

지질명소 2. 선조들도 즐겨 찾은 아름다운 풍광

화적연

화적연 풍경.

1. 찾아가는 길

- 전망 위치: 경기도 포천시 관인면 사정리 67(내비게이션: 화적연)
- 노두 위치: 경기도 포천시 영북면 자일리 산 115번지

화적연 위치.

경기도 운천에서 43번 국도를 타고 북쪽으로 가다 송정검문소에서 철원, 관인 방면 387번 지방도로 좌회전한다, 근홍교 건너면서 좌회전하여 1.0km 정도 가면 화적연 캠핑장, 주차장(화장실)이 나온다.

2. 화적연 이야기

북한의 평강에서 발원한 한탄강은 철원평야를 적시며 굽이굽이 흘러 직탕폭포를 지난다. 그러고 나서 고석정을 돌아 약 11km 정도 내려온 후 화적연에 이른다. 화적연은 강물 위에 우뚝 솟아오른 높이 13m 화강암 바위가 마치 볏단禾積을 쌓아 놓은 모습 같다고 하여 붙여진 이

름이다. 이 바위를 휘돌며 흐르는 한탄강은 커다란 소沼를 만들어, 주변의 아름다운 풍광에 걸맞게 화적연禾積淵이라는 자연의 작품을 만들었다.

조선 후기 진경산수화의 대가인 겸재 정선鄭敾도 금강산 유람차 이곳을 지나면서 한 폭의 산수화를 남겼다. 삼연 김창흡을 비롯해 여러 문인과 묵객들이 화적연의 멋진 비경을 글과 그림에 담아 지금까지 전해오고 있다. 조선 시대에는 이곳에서 기우제를 지냈으며, 오늘날도 전통 기우제를 재현하며 풍년 기원제를 지내고 있다. 명승 제93호로 지정되었으며, 경기도 포천 '영평팔경'의 으뜸이라 불린다.

3. 화적연 주변의 지형 및 지질

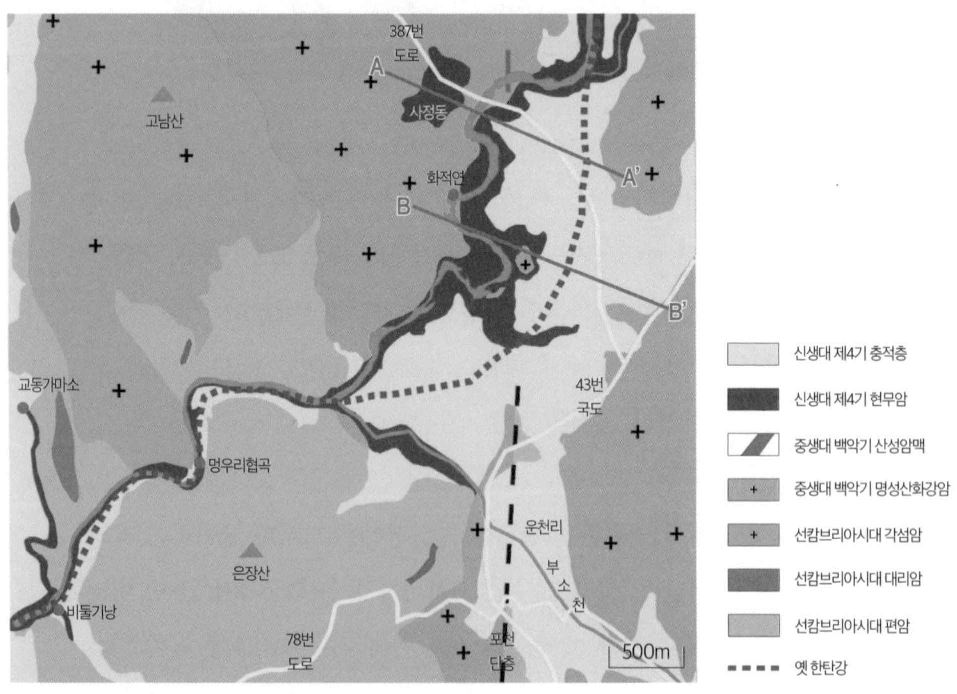

화적연 주변의 지질약도.

화적연 주변은 한탄강의 유로가 심하게 바뀌는 곳이다. 기반암은 선캄브리아시대의 편암, 대리암, 각섬암과 중생대 백악기 화강암이다. 그리고 그 위를 신생대 한탄강 용암이 덮고 있다. 원래 이곳 옛 한탄강은 오늘날 한탄강보다 더 동쪽에 있었다. 오늘날 한탄강은 옛 한탄강이 용암에 덮인 후, 기반암과 현무암이 접하고 있는 경계를 따라 침식작용이 더 활발하게 일어나면서 새로운 물길이 만들어져 태어난 강이다. 이같이 한탄강의 여러 곳에는 기반암과 현무암이 만나는 경계에 새롭게 물길이 만들어진 곳이 많다. 또 그러한 곳에서 기반암과 현무암이 서로 잘 어울리는 자연풍광을 볼 수 있다. 한탄강의 여러 지질명소를 탐방할 때, 그곳의 지질을 함께 고려하면서 계곡 풍광을 감상하면 그 재미가 한층 더 높아진다.

1) 외톨이가 된 사정동 현무암

화적연 주변의 현무암 분포를 보면, 다른 지점에서는 보기 어려운 특징이 하나 있다. 지질약도를 보면 화적연에서 북서쪽으로 약 1km 거리인 사정리 사정동에 사람 머리 모양으로 생긴 현무암이 마치 섬처럼 분포한다. 그리고 화적연 앞 하상에는 흰색의 화강암 위를 검은 현무암이 이불처럼 얇게 덮고 있다. 이 두 곳의 현무암 분포는 한탄강의 물줄기가 시간에 따라 이곳 지형을 어떻게 변하게 했는지를 설명할 수 있는 좋은 단서가 된다.

사정동 주위의 지형을 살펴보면, 사정동에 머리 모양의 현무암 덩어리가 덜렁 남아 있는 이유를 이해할 수 있다. 사정동 마을은 한탄강 쪽으로 열려 있는 계곡에 있다. 용암이 옛 한탄강을 메우며 흐를 때, 이 계곡을 따라 흘러들어와 용암호를 만들었다. 그리고 그 용암은 화적연 앞 하상을 약 30m 두께로 덮었다. 물론 그때는 화적연의 화강암 덩어리도 용암에 완전히 덮이고, 머리 부분만 조금 내밀었을 것이다.

오늘날 화적연 주변의 현무암 절벽 높이를 기준으로 한탄강 용암이 화적연 부근을 덮은 용암 분포를 복원해보면, 화적연의 화강암을 비롯하여 주위의 하안 단구를 이루는 부분이 모두 용암으로 덮였던 때가 있었다. 그 후 새로운 한탄강이 화강암과 현무암이 접하는 경계를 따라 새로 형성되면서, 사정동 계곡 입구에 있던 현무암이 빠르게 침식되어 사정동 현무암은 섬처럼 남게 되었다. 그리고 화적연을 덮었던 한탄강 현무암도 함께 깎여 나가, 오늘날 하상에는 얇은 현무암층만 남게 되었다. 즉, 화적연 앞 하상에 얇게 분포한 현무암은, 이곳이 두꺼운 용암층이 쌓여 있었던 곳임을 알려주는 지질학적 증거이다.

화적연 주변에서 현무암과 화강암이 만나는 지질 경계(노란선). 현무암의 높이는 용암이 한탄강을 메운 규모를 짐작케 한다.

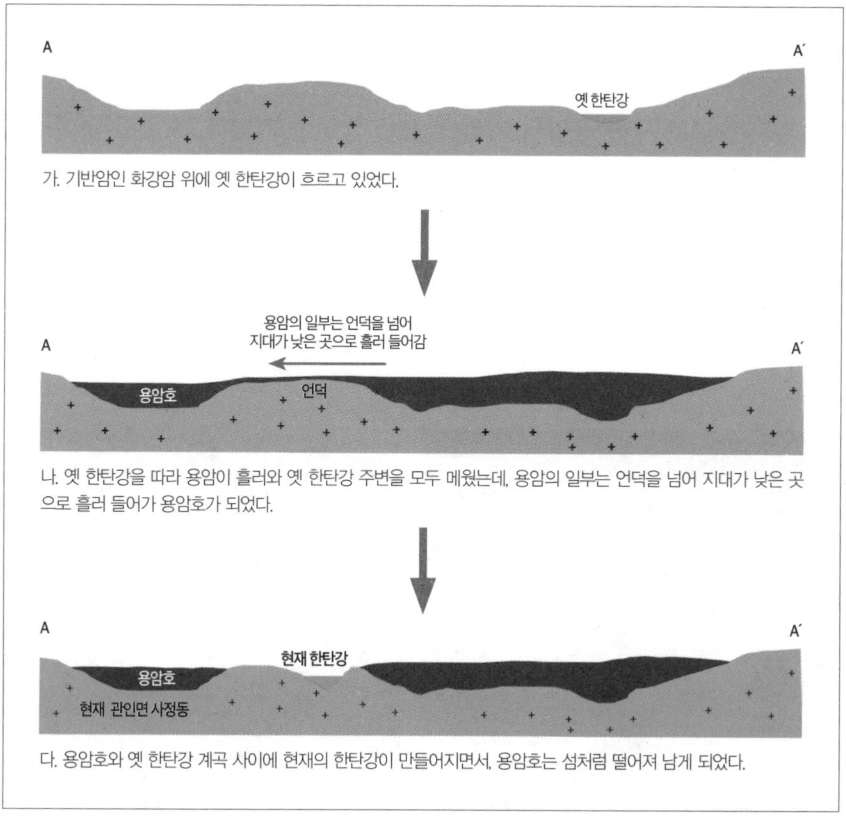

A

A′

옛 한탄강

가. 기반암인 화강암 위에 옛 한탄강이 흐르고 있었다.

용암의 일부는 언덕을 넘어
지대가 낮은 곳으로 흘러 들어감

A

A′

용암호

언덕

나. 옛 한탄강을 따라 용암이 흘러와 옛 한탄강 주변을 모두 메웠는데, 용암의 일부는 언덕을 넘어 지대가 낮은 곳으로 흘러 들어가 용암호가 되었다.

A

A′

현재 한탄강

용암호

현재 관인면 사정동

다. 용암호와 옛 한탄강 계곡 사이에 현재의 한탄강이 만들어지면서, 용암호는 섬처럼 떨어져 남게 되었다.

화적연 주변의 용암호 형성 과정(화적연 주변 지질약도의 A–A′ 단면 그림).

물에 잠긴 화적연. 용암이 이런 모습으로 이곳에 용암호를 만들었을 것이다.

2) 한탄강 하상에 남아 있는 현무암

화적연 앞 강바닥에 있는 비늘 모양의 얇은 현무암층은 주상절리의 단면이며, 그 당시 용암의 흐름 방향을 알려주고 있다. 또한 얇은 현무암층 앞부분은 용암이 물과 만나서 급랭하면서 생성된 유리질 조직을 보인다. 이처럼 화적연 부근은 용암지대에서 한탄강의 유로가 바뀔 때, 시간에 따른 지형 변화를 체계적으로 설명할 수 있는 좋은 연구 대상이 되는 곳이다.

화적연 앞 하상에서 화강암을 덮고 있는 비늘 모양의 현무암 표면. 두꺼운 현무암층에 발달한 주상절리가 잘려 나가고 남은 흔적이며, 주상절리의 기울기를 살펴볼 때 당시 용암의 흐름이 한탄강의 흐름과 같은 방향이었음을 알 수 있다.

화적연 강바닥의 현무암 주상절리 수평 단면.

3) 화강암과 산성 암맥과의 관계

화적연 강바닥에서는 기반암인 화강암의 틈을 뚫고 올라온 폭이 1m 정도 되는 밝은 색의 산성 암맥을 볼 수 있다. 이 암맥을 이루는 광물은 화강암의 구성 광물과 같은 석영과 장석이다. 그런데 그 광물 입자의 크기는 화강암과 비교해 아주 작다.

그러면 이 산성 암맥은 어떻게 만들어진 것일까?

먼저 중생대 백악기에 땅속 10km 정도의 깊이에 있던 화강암질 마그마로부터 큰 덩어리의 화강암체가 만들어졌다. 그 후 화강암을 만들고 남은 마그마가 먼저 만들어진 화강암체의 틈을 뚫고 올라오면서 굳어져 산성 암맥이 만들어졌다. 즉, 마그마가 좁은 틈을 따라 올라와 빨리 냉각되면서, 큰 결정을 만들지 못한 것이다. 이에 따라 산성 암맥을 구성하는 석영과 장석 입자들의 크기가 작아 세립질 조직이 되었다.

같은 마그마에서 만들어졌어도 두 암석은 만들어진 시기나 깊이가 다르다. 이같이 한 암석이 다른 암석을 뚫고 있는 관계를 '관입貫入'이라고 하며, 관입한 암석(산성암맥)이 관입당한 암석(화강암)보다 더 젊다고 판단한다. 지질학에서 이러한 관계는 암석 또는 지층 생성의 선후 관계를 결정하는 데 중요한 증거가 된다.

기반암인 중생대 화강암을 관입한 산성 암맥(유문암).

한탄강 계곡에서 화적연이 형성되는 과정은 다음과 같이 정리할 수 있다.

① 옛 한탄강이 중생대 화강암(기반암) 위를 흐르고 있었다.

② 54만 년에서 12만 년 전에 북한의 평강에서 분출한 용암이 옛 한탄강을 메우며 기반암인 화강암을 덮었다.

③ 새로운 한탄강이 화강암과 현무암이 접하는 경계를 따라 흐르면서 주변을 깎아내, 화적연(화강암 덩어리) 모양이 만들어지기 시작했다.

④ 한탄강 물줄기가 화적연 주위를 휘돌면서, 강폭은 점점 커지고, 오늘날의 화적연과 주변의 강 모양이 만들어졌다.▲

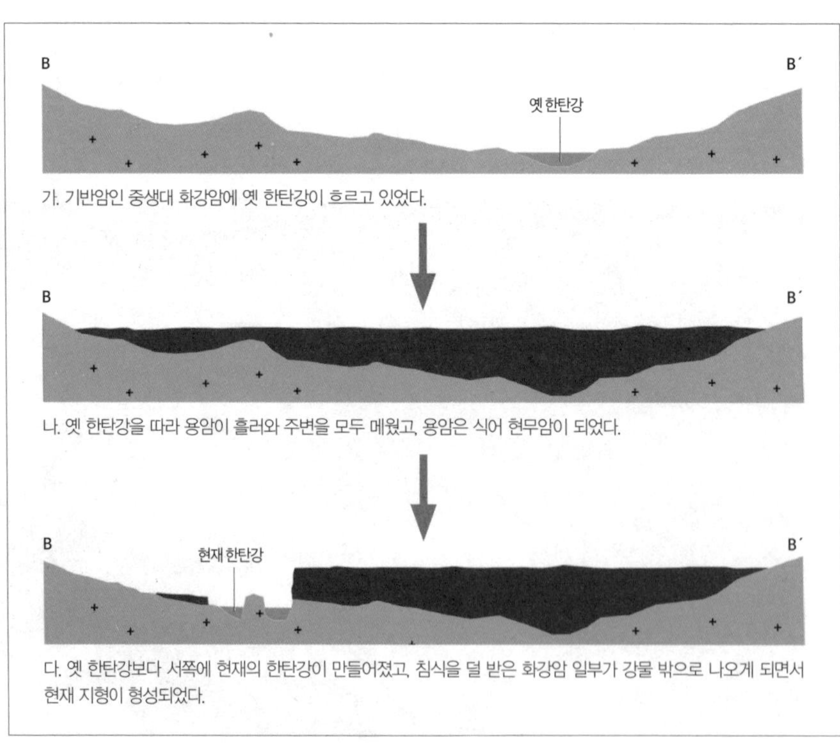

화적연 주변의 지형 형성 과정(화적연 주변 지질약도의 B–B′ 단면 그림).

4. 화적연과 겸재 정선의 예술 세계

조선 후기에는 문인들이 자연을 찾아서, 심신을 수련하고 학문을 연마했다. 그 가운데 화적연을 찾은 겸재 정선謙齋 鄭敾(1676~1759년)이란 인물이 있다. 겸재 정선의 화첩인 〈해악전신첩海嶽傳神帖〉 속 화적연을 보면서 정선이 갖고 있던 자연 세계의 표현법을 살펴보자.

그는 강물 위로 치솟아 오르듯 밝은색의 화강암 바위, 소용돌이치는 강물과 함께 강가의 검은색 현무암 절벽을 아주 대담하고 힘 있게, 마치 살아 움직이는 듯 거침없이 그려냈다. 진경산수화眞景山水畫는 실제의 경치를 그린 산수화라고 하지만, 정선은 자연을 있는 그대로 그리지 않고, 그 핵심만 잡아 그만의 개성 있는 화풍으로 산수를 묘사했다. 그렇다 하더라도, '볏가리' 같다는 화강암 바위를 그린 모습은 화적연 사진과는 너무 다르다. 마치 고개를 치켜든 용의 머리만 그리고 몸통은 생략한 것 같다.

정선의 해악전신첩 속 화적연(보물 제1949호, 간송미술관 소장). 왼쪽의 현무암 절벽과 가운데 화강암 바위의 특징을 잘 표현했다.

정말 그럴까? 만약 우뚝 솟은 바위의 정면에 초점을 맞추고 사진을 찍는다면 어떻게 나올까? 이곳에 들러 여러 위치에서 이 바위를 바라본다면 이 의문은 쉽게 풀린다. 그림 속 두 선비와 동자의 모습이 정감을 자아낸다.

정선의 화적연 그림을 보고 그의 스승인 삼연三淵 김창흡은 다음과 같은 제시題詩를 붙여 그 감흥을 더하고 있다.

여기서 보면 정선의 화적연 그림이 보인다.

높은 바위 거기 솟구치니, 매가 깃드는 절벽이요
휘도는 물굽이 그리 검으니, 용이 엎드린 못이로다
위대하구나 조화여, 감돌고 솟구치는 데 힘을 다했구나
가뭄에 기도하면 응하고, 구름은 문득 바위를 감싼다
동주(東州) 벌판에 가을 곡식 산처럼 쌓였네.

마치 자연이 살아서 꿈틀거리는 듯한 장면이 그려진다. 게다가 삼연 선생은 자연에 영혼을 불어넣으면서, 그것에 영험함까지 보태고 있다. 이렇게 화적연은 검은색(현무암)과 흰색(화강암), 은빛 모래와 푸른 물결이 어우러져 천지자연의 질서와 조화를 이루는 한탄강 명소 중의 명소이다.

이 시는 삼연 김창흡의 시문집인 『삼연집』에 담겨 있다.

5. 화적연의 전설과 기우제

화적연은 국가가 기우제를 지내던 곳이다. 이곳에서 전하는 전설은 다음과 같다. 옛날 3년 동안 가뭄이 들어 비 한 방울 내리지 않자, 한 농부가 하늘을 원망하면서 이 연못가에 앉아 탄식하고 있었다. 늙은 농부는 "이 많은 물을 두고서 곡식을 말려 죽여야만 한단 말인가? 하늘도 무심하거늘 용龍도 3년을 두고 잠만 자는가 보다" 하고 하소연을 하고 있었다. 그때 화적연 물이 왈칵 뒤집히면서 용의 머리가 쑥 나왔다. 농부는 기절할 듯 놀랐는데 용이 꼬리를 치며 하늘로 올라가더니 그날 밤부터 비가 내려 풍년이 들었다.

화적연에서 국가가 행한 기우제 재현 장면.

지질명소 3. 용암과 물이 만나서 만든 자연의 작품

아우라지 베개용암

한탄강(왼쪽)과 영평천(가운데 골짜기)이 만나는 아우라지 전경. 왼쪽의 현무암 절벽 아래에 베개용암이 있다.

1. 찾아가는 길

⋯› 전망 위치: 경기도 연천군 전곡읍 신답리 17-1

⋯› 노두 위치: 경기도 포천시 창수면 신흥리 산 209-1

아우라지 베개용암 위치.

경기도 연천군 전곡읍 전곡대교에서 37번 국도를 따라 포천 쪽으로 1.7km 이동한 후 오른쪽으로 나와 전영로로 진입한다. 궁평삼거리에서 재인폭포 유원지 방면으로 궁신교를 건너 1.3km 정도 가면 우측에 아우라지 베개용암 주차장(버스, 화장실)이 있다. 여기서 300m 정도 강가로 내려가면 한탄강 강가에 쌍안경이 설치된 전망대가 있다. 베개용암 노두는 한탄강 건너편 하안(포천시 창수면 신흥리)에 있으며 영평천 강가에도 있다. 그러나 영평천 쪽 베개용암은 전망대나 주차장이 따로 없어 노두 건너편 길가에서 조망해야 한다.

2. 아우라지 베개용암 이야기

'아우라지'는 어우러진다는 의미의 우리말로 두 갈래 이상의 물이 한

곳에 모이는 물목이란 뜻이다. 이곳은 한탄강과 영평천이 합류하는 곳으로 '아우라지'라는 지명은 우리나라의 여러 곳에 있다. 한탄강은 임진강과 만난 후, 서남쪽으로 흘러 다시 한강과 합류하여 서해로 흘러 들어간다. 아우라지 베개용암은 학술적으로 가치가 커 천연기념물 제542호로 지정되었다.

3. 아우라지 주변의 지형 및 지질

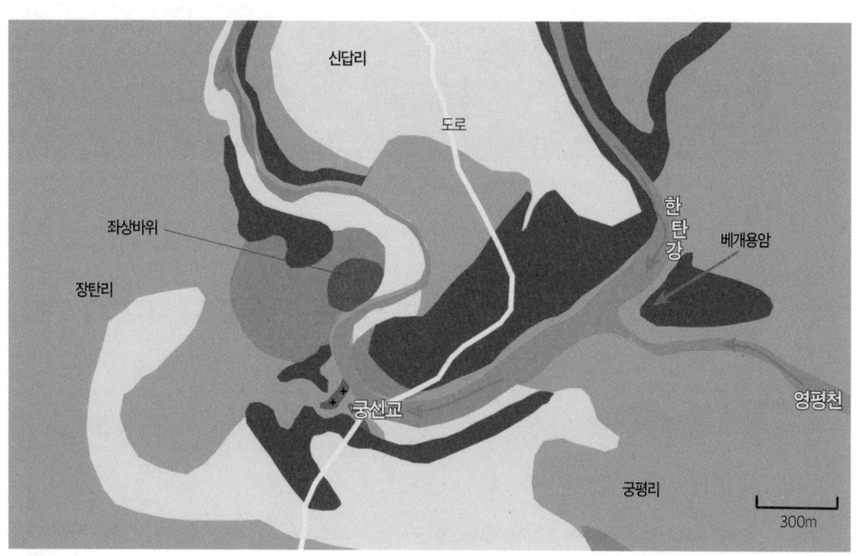

아우라지 베개용암 일대의 지질약도.

한탄강 아우라지 부근, 베개용암이 있는 현무암 절벽. 하부로부터 고생대 미산층, 베개용암층, 주상절리층으로 구분된다.

아우라지는 한탄강과 그 지류인 영평천이 만나는 곳이다. 이곳에는 15m 정도 두께의 현무암 절벽이 있다. 이곳의 지질단면을 보면, 하부에 고생대 미산층이 있고 그 위를 두꺼운 현무암층이 부정합으로 덮고 있다.

베개용암은 아우라지에서 한탄강 상류 방향으로 약 100m 정도 연장되며 영평천에도 노두가 있다. 두꺼운 현무암층과 기반암인 미산층이 접하는 부위에는 얇은 클링커층과 약 2~3m 정도의 베개용암이 있다. 그리고 베개용암이 끝나면서, 절벽의 중앙 부위에는 가는 수직기둥형 주상절리가 보이는 엔타블러처가 있고, 상부는 콜로네이드 층이 있다. 그리고 맨 위층에는 기공이 많은 현무암이 얇게 덮여 있다.

일반적으로 베개용암은 해저의 해령 같은 곳에서 뜨거운 용암이

한탄강 아우라지 베개용암 노두(중간 부분). 고생대 미산층(하부)과 신생대 현무암 주상절리(상부) 사이에 있다.

바닷물과 만나면서 형성된다. 그런데 육상에서도 용암이 호수나 강, 하천과 같이 물이 있는 곳을 흐를 때 만들어진다. 따라서 베개용암은 용암이 물과 만난 환경을 지시하는 지질구조로 활용되고 있다.

아우라지의 베개용암은 지름이 30~100cm 정도이며, 방사상의 균열을 보인다. 표면은 급랭할 때 만들어진 두께 수 센티미터의 유리질 껍질로 둘러싸여 있다. 이곳 현무암 절벽에서 베개용암이 분포하는 위치는 이 용암이 한탄강을 메우면서 흐를 때, 당시의 한탄강의 수위를 짐작하게 한다.

베개용암Pillow lava은 모양이 베개와 같은 데서 붙여진 이

한탄강 아우라지 현무암층 하부에 형성된 베개용암.

한탄강 아우라지의 베개용암의 단면. 용암이 물과 만나 급랭하면서 형성된 껍질과 방사상의 균열이 보인다.

베개용암 조각 단면.

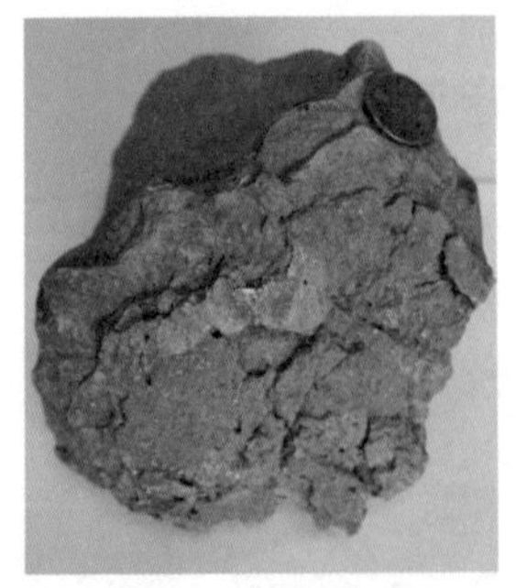
베개용암 표면.

름이다. 다음의 그림은 베개용암의 한 조각이며, 세로 길이는 18cm이다. 이 베개용암을 자세히 들여다보면, 표면은 불에 탄 것같이 매우 거칠고 안쪽에 2~3cm 두께의 검은색을 띠는 '유리질 껍질glassy rind'로 둘러싸여 있다. 이러한 유리질 껍질은 뜨거운 용암이 물과 만나면서 갑자기 식을 때 만들어진 것이다. 실제로 검은 껍질 부분에 힘을 가하면 패각상으로 깨지며, 표면이 유리처럼 반짝거리는 것을 관찰할 수 있다.

베개용암의 표면이 붉은색을 띠는 것은 용암을 이루고 있는 철 성분이 물과 만나 산화되었기 때문이다. 베개용암의 내부는 베개용암 단면 그림처럼 절리가 방사상으로 발달해서 마치 사람의 어금니 같은 모양이다.

영평천 아우라지 강가의 베개용암 노두(하부 기반암은 고생대 미산층).

이 지역에서 한탄강 계곡은 U자 모양으로 양 벽이 높이가 20m 정도인 현무암 절벽이며, 하상에는 고생대 미산층이 분포한다.

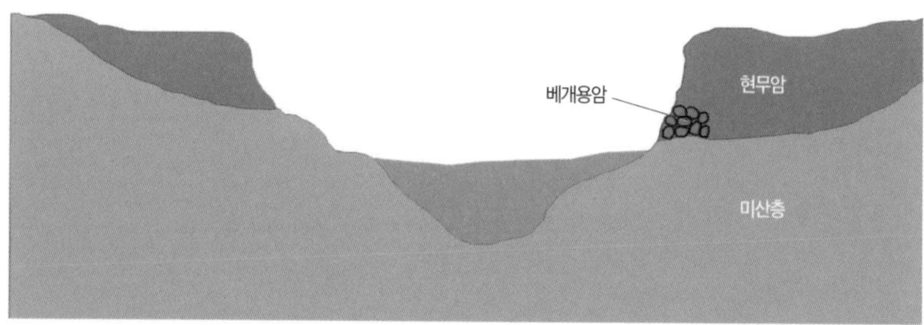

아우라지 부근 한탄강 계곡의 지질 단면.

아우라지 베개용암이 분포하는 한탄강 계곡이 형성되는 과정은 다음과 같이 설명할 수 있다.

① 옛 한탄강은 고생대 미산층 위를 흐르고 있었다.

② 약 54만~12만 년 전, 북한의 평강 부근에서 분출한 한탄강 용암이 이곳까지 흘러 내려와 원래 지형을 덮었다.

③ 용암이 고생대층 위를 덮을 때, 당시의 한탄강 수위까지 베개용암이 만들어졌다.

④ 용암층 높이가 한탄강 수위를 넘으면서 베개용암의 생성은 멈췄다. 그리고 용암 높이는 현재 현무암 절벽 두께로 높아졌다. 용암은 영평천을 따라 백의리 마을까지 올라갔다.

⑤ 그 후 한탄강이 새롭게 태어나고 강폭은 점점 넓어졌다. 이곳을 덮고 있던 현무암은 깎여서 임진강을 지나 서해로 운반되었다.

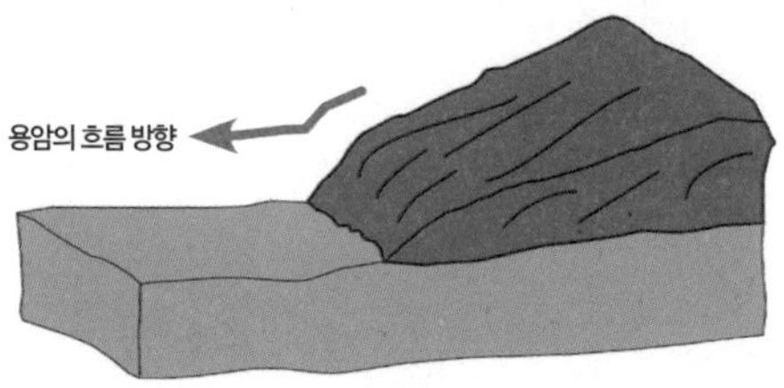

(1) 약 54만 년~12만 년 전에 북한의 평강 부근에서 분출한 용암이 한탄강 바닥의 고생대 미산층을 덮는다.

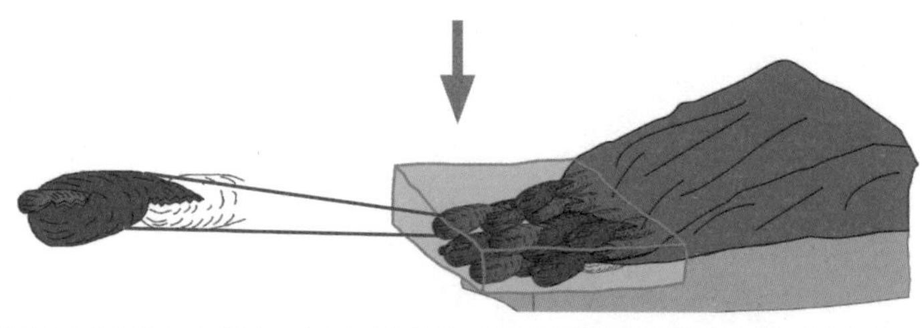

(2) 용암이 물속에서 빨리 식으면서 표면이 단단하게 굳는다. 뜨거운 용암이 단단한 껍데기를 깨면서 베개 모양으로 삐져나온다.

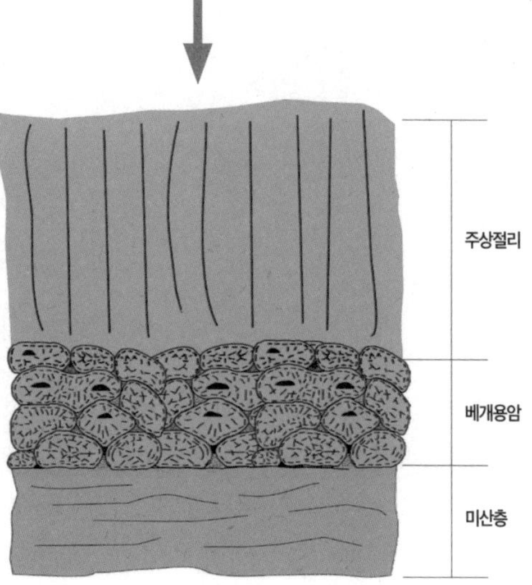

(3) 용암이 물과 만난 높이까지 베개용암이 형성된다. 그 위는 주상절리가 발달한다.

한탄강 아우라지 베개용암이 형성되는 과정.

지질명소 4. 중생대 화산활동의 생생한 현장

지장산 응회암

'연천-철원분지'에서 중생대 화산활동으로 이루어진 지장산의 겨울 풍경. 정상부에 응회암의 절리가 보인다.

1. 찾아가는 길

⋯› 위치: 경기도 포천시 관인면 중리 885

지장산 응회암을 살펴볼 수 있는 지장산 계곡 위치.

포천시 창수면 오가리 37번 지방도에서 87번 지방도로 진입하여 철원 방향으로 약 10.5km 정도 운행한 다음, 중리 지장산 계곡 방향으로 좌회전, 1.5km 정도 더 가면 지장산 계곡 입구가 나온다. 계곡 입구 위쪽 공터에 주차할 수 있다. 입구 바로 오른쪽 계곡은 지장산 응회암, 신서각력암 등 크고 작은 전석이 많고 종류도 다양해 지장산 응회암의 전시장이라 할 수 있는 곳이다.

2. 지장산과 보가산성지 이야기

지장산 자락에는 일명 '보개산성'이라 부르는 '보가산성지保架山城址(포천시 향토유적 제 36호)'가 있다. 이 성지는 동서남북 네 방향으로 각각 고남산, 향로봉, 종자산, 관인봉 등 높은 봉우리들로 둘러싸여 있다. 동남쪽은 지형이 천혜의 요새와 같이 매우 가파르다.

지장산은 중생대 백악기 때 화산에서 분출한 중성 또는 산성암질 응회암이 쌓여 만들어진 산이다. 한편 이곳은 후삼국 시대에 태봉국 왕인 궁예가 고려 초대 왕인 왕건에게 왕위를 빼앗기고 쫓기면서, 항전했던 곳으로 전해지고 있다. 지장산 일대는 경치가 좋고 공기도 맑으며, 지장봉에서는 철원평야를 조망할 수 있어 사람들이 즐겨 찾는 곳이기도 하다.

3. 지장산 주변의 지형 및 지질

이 지역은 중생대 백악기~신생대 제3기 초에 형성된 연천-철원분지가 있는 곳이다. 지장산(877m)은 중생대 때 만들어진 분지에서 활동한 여러 화산 중 하나이다. 지장산 주위에는 연천-철원분지가 형성되

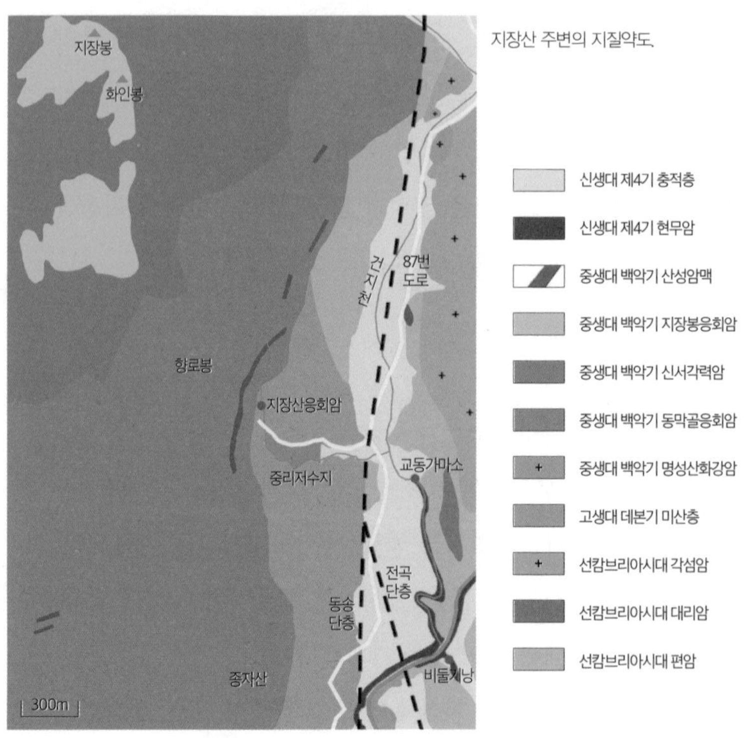

지장산 주변의 지질약도.

는 데 작용한 여러 지질구조가 남아 있는데, '동송단층', '포천단층'이 그 예이다. 이 큰 단층들이 활동하면서, 이곳에서 화산활동이 활발하게 일어난 것이다.

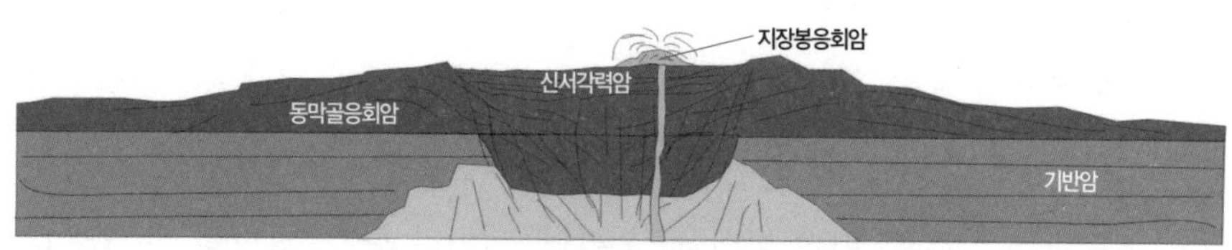

지장산 주변에 분포하고 있는 동막골응회암, 신서각력암, 지장봉응회암을 나타낸 단면도.

지장산 주변에는 동막골응회암, 지장봉응회암 등 여러 종류의 화산암과 신서각력암이 분포하고 있다. 첫 번째 화산폭발에 의해 동막골응회암이 화구 주변에 넓게 쌓였다. 그후 동막골응회암이 화구로 무너져 내리면서 굳어져 신서각력암이 만들어졌다. 다시 화산폭발이 일어나 마지막으로 지장봉응회암이 만들어졌다.(66쪽 그림 '연천-철원분지'에서 화산이 폭발하여 여러 화산암층이 형성되는 과정 참조)

중생대에는 이곳 분지만이 아니라 한반도 중부와 남부의 여러 곳에서 크고 작은 분지가 형성되어, 그곳에서 화산활동이 활발하게 일어났다. 그중 대표적인 것이 경상도 일대에 화산활동이 있었던 경상분지이다.

지장산이 있는 '연천-철원분지' 주위에는 선캄브리아시대의 지층을 비롯하여 고생대의 미산층, 중생대 화강암, 그리고 분지의 화산에서 분출한 중생대 화산암, 신생대 현무암 등 다양한 암석이 분포한다.

1) 폭발형 화산이 다양한 응회암층을 만든 지장산

화산은 지구 내부에서 녹은 물질이 밖으로 나오는 자연현상이다. 화산은 마그마가 분출하는 양상에 따라 크게 두 종류로 분류한다. 그중 하나는 한탄강 용암을 분출한 화산처럼, 큰 폭발이 없이 마그마가 분화구에서 줄줄 흘러나오는 화산이다. 이런 화산을 '분출형噴出形'이라 한다. 다른 하나는 화산이 폭발하면서, 많은 양의 가스와 화산재를 뿜어내는 것으로, 이런 화산을 '폭발형爆發形'이라 한다. 폭발형 화산의 대표적인 예로는 서기 79년 이탈리아 폼페이 도시를 화산재로 두껍게 뒤덮어 수만 명의 목숨을 앗아간 베수비오화산이 있다. 지장산은 약 8000만 년 전, 중생대 백악기에 연천-철원분지 내에서 활동한 화산 때문에 만들어졌다.

폭발형 화산에서 만들어진 다양한 종류의 응회암

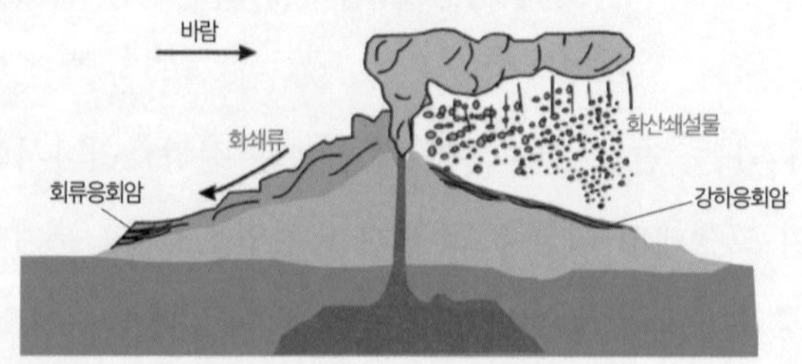

폭발형 화산에서 응회암이 만들어지는 과정과 응회암의 종류.

폭발형 화산에서 분출한 물질은 온도가 800℃ 정도이며, 대기권 10km 이상까지도 올라간다. 이 분출물은 크기에 따라, 화산탄, 화산암괴, 화산력, 화산재, 화산진 등으로 나누며, 이것들을 모두 '화산쇄설물pyroclastics'이라고 한다. 그리고 화산쇄설물이 화산가스와 섞이면 빠르게 흐르는데, 이 물질을 '화쇄류pyroclastic flow'라고 한다.

이러한 화쇄류로 이루어진 응회암을 '회류응회암ash flow tuff'이라고 한다. 한편 화산재 중 일부는 하늘 높이 올라간 후 서서히 지면에 떨어져 쌓이는데, 이렇게 만들어진 응회암을 '강하응회암air fall tuff'이라고 한다. 일반적으로 강하응회암은 퇴적암의 특징인 줄무늬(층리)가 발달하게 된다.

화쇄류가 굳어서 만들어진 회류응회암

평행한 층리가 발달한 강하응회암

이곳 지장산 계곡에서는 회류응회암과 강하응회암 등 지장산을 이루고 있는 여러 종류의 화산암의 특징을 관찰할 수 있다.

2) 응회암의 전시장인 지장산 계곡

지장산 계곡에는 화산력응회암, 결정질응회암, 신서각력암 등 다양한 암석과, 위에서 설명한 강하응회암과 회류응회암의 특징을 관찰할 수 있다.

가) 강하응회암과 회류응회암

지장산 계곡 바닥에서는 지장산을 이루고 있는 여러 종류의 응회암을 모두 만날 수 있다. 그중에는 조직이, ① 밝은색과 약간 어두운 색이 평행한 층리를 보이는 것, ② 유문구조流紋構造와 비슷한 구조를 보이는 것이 있다. ①은 화산재가 하늘 높이 올라간 후 서서히, 지면에 떨어져 쌓여서 만들어진 강하응회암이다. 그리고 ②는 화산재가 화산의 경사면을 따라 흘러내리면서 쌓인 것으로 회류응회암이라고 한다.

높은 온도의 화산재가 두껍게 쌓이는 경우, 화산재가 눌리면서 내부에서는 유문암에서 볼 수 있는 유문구조flow structure와 비슷한 구조가 만들어질 때가 있다. 이러한 응회암을 용결응회암鎔結凝灰岩이라 한다. 부석浮石 등과 함께 화산재가 두껍게 쌓일 때, 내부의 온도가 높아 화산력이 납작하게 눌리면서 늘어나 피아메fiamme 구조가 발달하기도 한다.(304쪽 용결응회암이 만들어지는 과정 참조)

지장산 계곡에서 볼 수 있는 용결응회암. 부석(암녹색) 알갱이들이 눌리면서 길쭉하게 늘어나는 피아메 구조를 발견할 수 있다.

나) 여러 종류의 화산력 응회암

지장산 계곡에는 여러 종류의 화산분출물로 이루어진 응회암이 분포하고, 그중 화산력火山礫(화산자갈)과 화산재가 섞여 만들어진 화산력 응회암이 가장 많다.

그리고 일부 응회암은 약 1mm 정도 크기의 석영이나 장석 결정을 포함하는데, 이런 응회암을 '결정질응회암'이라고 한다. 이것은 수백도가 되는 뜨거운 화산쇄설물이 쌓일 때, 그 열로 석영이나 장석과 같은 광물 결정이 만들어진 것으로 설명하고 있다.

화산분출물은 입자의 모양과 크기에 따라 화산암괴, 화산탄, 화산력, 화산재, 화산진 등으로 구분한다.

1mm 정도 크기의 석영과 장석 결정을 포함한 결정질 응회암.

화산쇄설물의 분류	
화산진	지름 1/16mm이하
화산재	지름 1/16~2mm
화산력	지름 2~64mm
화산암괴	지름 64mm 이상
화산탄	둥글거나 고구마 형태

화산력(화산자갈)과 화산재가 무질서하게 섞여 있는 화산력 응회암.

다) 아스팔트와 같은 이 암석의 정체는?

이 암석은 언뜻 보기에는 아스팔트 조각처럼 보인다. 지장산을 이루고 있는 암석 중 하나이며, '신서각력암'이라 부른다. 그런데 이 암석은 화산에서 분출한 여러 종류의 화산재가 쌓여서 만들어진 응회암과는 형성 과정이 다르다.

각진 형태의 자갈을 포함하고 있는 신서각력암.

화산활동이 일어나고 난 뒤에 분화구가 침몰하면서 그곳에 칼데라호가 만들어진다. 이때 칼데라호 주변의 응회암 일부분이 무너져서 칼데라호에 쌓이게 되는데, 이렇게 만들어진 암석이 '신서각력암'이다. 이 각력암은 지장산 계곡을 따라 30분에서 1시간 정도 올라가면 하천이나 절벽에서 노두를 만날 수 있다.

지장산 계곡의 하상에 있는 다양한 응회암 자갈. 인편상 구조를 보인다.(217쪽 백의리층에 있는 인편상 구조 참조)

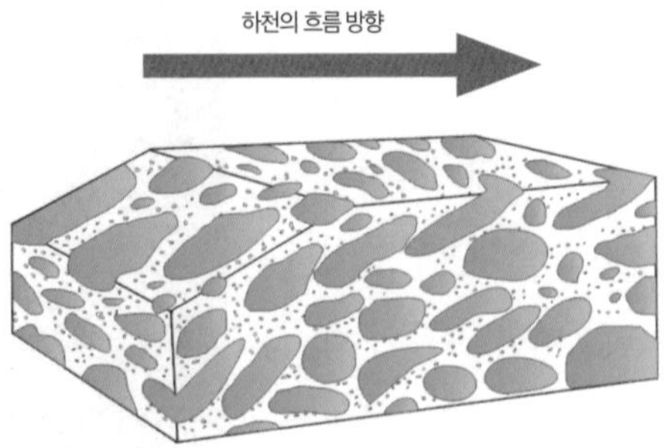

하천의 흐름에 대한 저항을 가장 적게 받는 방향으로 배열된 자갈들(인편상 구조).

누워 있는 모습이 지장보살을 닮았다 하여 지장산이라 한다.

지질명소 5. 화강암 채석장의 아름다운 변신

아트밸리와 포천석

중생대 화강암을 캐내던 채석장에서 친환경적 명소로 바뀐 포천아트밸리 전경. 절벽에는 채석한 흔적과 빗물에 녹은 광물질이 침전한 검은 띠가 보인다.

1. 찾아가는 길

⋯› 위치: 포천시 신북면 기지리 일원

⋯› 내비게이션: 포천아트밸리(경기도 포천시 신북면 아트밸리로 234)

포천 아트밸리 위치(Ⓐ ~ Ⓕ는 관찰 지점)

2. 포천아트밸리 이야기

포천아트밸리가 있는 포천 지역에는 중생대 화강암이 지표에 넓게 분포한다. 화강암은 주로 석영, 장석, 운모 등으로 이루어진 암석이며, 밝은색으로 무늬가 아름다워 이름 그대로 '화강암花崗岩'이다. 우리나라는 화강암이 많이 분포하는 지역으로, 석굴암을 비롯해서 화강암을 소재로 한 문화재가 전국 곳곳에 많다.

1960년대 후반부터 포천에서 화강암을 채석하기 시작했으며, 이 지역에서 나오는 화강암은 '포천석'이라 불릴 정도로 유명하다. 청와대, 국회의사당, 대법원 등을 비롯하여 인천공항이나 광화문 복원 사업 등 여러 곳에서 사용되었다. 그러나 1990년대 중반부터 석재 수입품이 많아지면서, 포천석은 가격 경쟁에서 밀려 채석을 멈추게 되었다. 그 후 활발하게 운영되던 채석장은 흉물스럽게 큰 구덩이만 남아 있었다. 포천시는 폐허가 된 채석장을 자연과 문화·예술, 사람이 하나가 되는 친환경 복합 문화예술 공간으로 조성하기 위해 '포천아트밸리' 사업을 추진했다. 그 결과 이곳은 사람이 훼손한 자연을 친환경적으로 되돌린 성공 사례로 손꼽히는 곳이 되었다.

화강암을 캐내면서 생긴 큰 웅덩이는 빗물과 샘물을 담아 아름다운 인공호수(천주호)로 변신했다. 호수 주변에는 각종 공연장, 조각공원 및 채석장의 역사와 암석이 이용되는 사례를 소개하는 '교육전시센터' 등이 자리하고 있다. 또한 천문과학관에서는 태양계의 행성과 함께, 우주의 신비를 느끼면서 학습할 수 있는 천체 투영실(플라네타리움)과 천체 관측실을 운영하고 있다. 매주 토요일에는 과학 선생님과 학생들이 이곳을 찾아와, '경기도중등지구과학교육연구회'가 주관하는 야외 지질탐구 학습활동을 하고 있다.

3. 포천아트밸리 주변의 지형 및 지질

중생대는 한반도에 공룡이 살던 시대이며 화성활동이 매우 활발했던 시기이다. 그래서 지질학자들은 한반도의 중생대를 '불의 시대'라고 부르기도 한다. 한반도 중부에는 중생대 중기에 생성된 화강암이 넓게 분포한다. 이 화강암을 '대보화강암'이라고도 부른다. 이 화강암은 주 구성 광물이 석영, 장석, 흑운모, 백운모이다. 암석의 조직은 결정이 잘 발달한 완정질完晶質로서, 결정 입자가 고르고, 그 크기는 중립질

화강암체를 깊게 파고 들어간 채석 현장. 채석장에 물을 담은 천주호와 화강암에 있는 단층면.

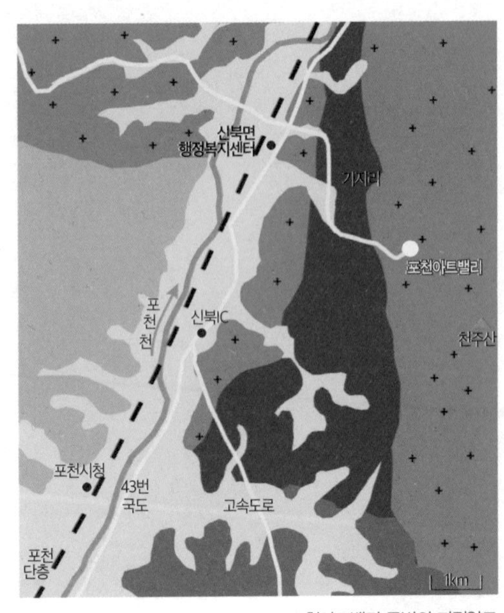

포천아트밸리 주변의 지질약도

내지 조립질이며 엽리(줄무늬)가 없다.

포천에 분포하는 화강암도 철원-포천-서울-안양, 공주 지역과 같은 대보화강암이다. 포천아트밸리는 화강암을 지하 약 100m 깊이로 채굴한 장소로, 이곳 포천 화강암은 지하 15km에서 화강암질 마그마가 식어 굳어진 화강암체가 지각변동으로 융기하면서 지표로 노출된 것이다. 이 암석은 대부분 높은 산릉을 이루는 지형적 특징을 보인다.

포천아트밸리에 있는 화강암체에서 볼 수 있는 지형 및 지질학적인 특징을 몇 가지 소개한다.

1) 생물권과 지권(地圈)의 경계를 직접 볼 수 있는 포천아트밸리

'포천아트밸리'는 흉측한 모습으로 버려진 채석장을 친환경적으로 아름답게 활용하고 있는 좋은 예로서 찬사를 받는 곳이다. 더욱이 이곳은 지표로부터 지하 약 100m 깊이까지를 직접 접근하여 단단한 화성암체를 관찰할 수 있는 지질 학습장이기도 하다.

포천아트밸리의 높은 곳에 서서 멀리 산과 들을 보고, 또 지권地圈을 파고 들어간 천주호와 주위를 함께 관망해보자. 그리고 자신이 서 있는 지표면을 경계로 그 주변의 자연을 여러 구역으로 나누어보자. 멀리 들과 산이 있고, 또 풀과 나무가 무성하고, 그 위는 파란 하늘이 덮고 있다. 땅 표면을 조금 파고 들어가면 단단한 암석이 나온다.

결국 천주호에서는 단단한 암석을 100m 깊이까지 들여다보는 셈이 된다. 이처럼 우리가 살고 있는 지구는 공기로 이루어진 기권, 암석과 토양으로 이루어진 지권, 바다와 호수가 있는 수권 그리고 많은 종류의 생물이 사는 생물권 등, 여러 권역으로 나눌 수 있다. 이때 기권, 지권, 수권, 생물권은 서로 연결되어, 에너지를 주고받는 상호작용이

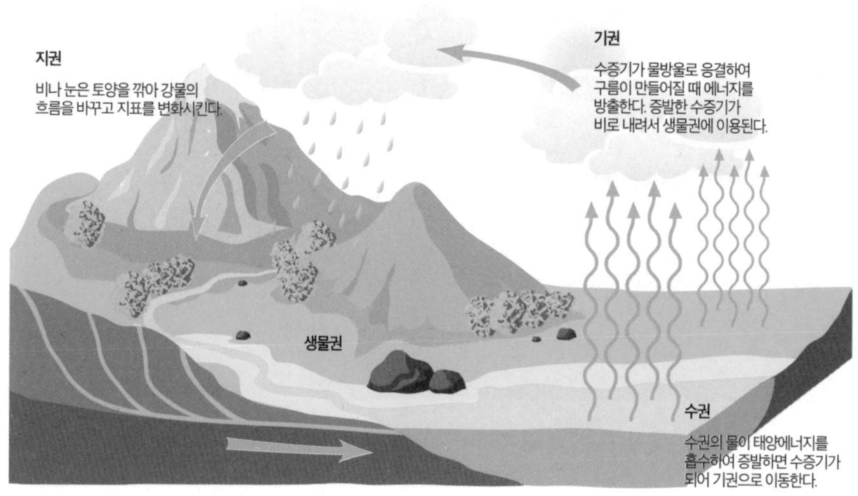

지구계의 상호 작용. 각 권역은 상호작용을 하면서 지구 환경에 영향을 미친다.

이루어지고 있다. 따라서 이런 지구를 '지구계地球系'라고 부른다.

2) 화강암은 어떻게 토양이 되는가?

포천아트밸리에서는 지권 위에 사는 식물의 뿌리가 어떻게, 어느 깊이까지 땅속으로 들어가는지를 볼 수 있다. 또 신선한 암석이 토양으로 바뀌는 과정을 관찰할 수 있는 단면을 화강암 절벽에서 관찰할 수 있다. 포천아트밸리에서 지권의 단면을 볼 수 있는 곳을 찾아보자. 나무와 풀이 덮고 있는 지표면의 토양을 살짝 걷어내면, 곧바로 그 아래에는 단단한 암석이 나온다. 이렇게 지각의 암석이 드러난 부분을 '노두露頭'라고 한다. 아트밸리 주변에서 식물의 뿌리가 내린 땅속의 단면을 여러 곳에서 볼 수 있다. 이 단면에서 위에서 아래 순서로, 식물의 뿌리가 내린 표토와 심토, 그리고 그 아래에 있는 모질물과 모암을 관찰할 수 있다.

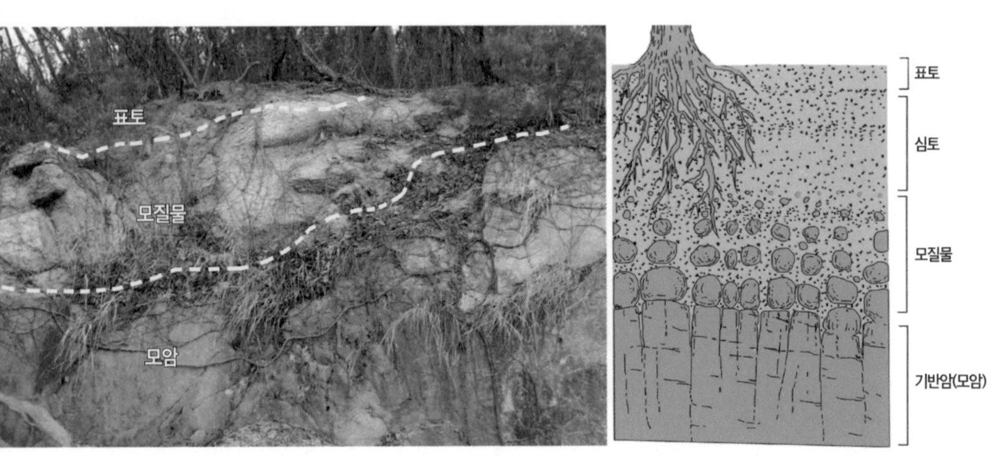

암석이 토양이 되는 모습을 보여주는 단면(Ⓕ).

토양의 단면.

참고

화강암의 조암광물이 풍화되어 토양이 되는 과정

포천아트밸리의 화강암을 이루는 조암광물은 장석, 석영, 운모이다. 1000℃ 정도의 마그마가 식으면서 광물이 정출晶出(결정으로 나옴)될 때, 각 광물이 정출되는 온도는 서로 다르다. 1920년대에 노먼 보웬Norman Levi Bowen이라는 암석학자는 이러한 사실을 처음으로 밝혀냈다. 그는 마그마가 식을 때, 여러 광물이 결정화되는 온도가 서로 다르다는 것을 실험으로 밝혀냈다.

즉, 지하 깊은 곳 마그마에서 광물이 결정으로 될 때, 유색광물은 '감람석(고온) → 휘석 → 각섬석 → 흑운모(저온)' 순으로, 무색광물은 '사장석(고온) → 정장석 → 백운모 → 석영(저온)'의 순으로 결정이 만들어진다. 이것을 정리한 것이 '보웬의 반응계열'이다.

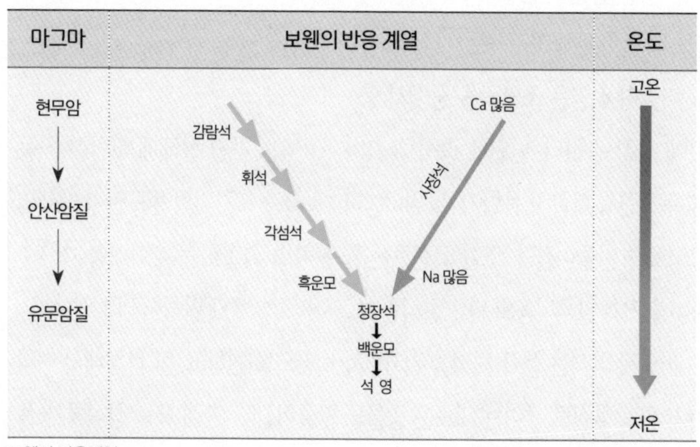

보웬의 반응계열.

그러면 화강암이 풍화될 때, 각 광물이 풍화되는 순서는 어떠할까?

대체로 고온에서 만들어진 광물은 저온에서 만들어지는 광물보다 상대적으로 풍화에 약한 경향이 있다. 화강암은 조암광물 중 장석이 60% 이상으로 제일 많고, 그다음이 석영이다. 화강암이 풍화된 토양을 보면, 석영 알갱이들(굵은 모래)이 많이 남아 있는 것을 볼 수 있다. 그것은 화강암을 이루는 광물 중 흑운모나 장석류가 석영보다 풍화에 약하기 때문이다.

석영, 장석, 흑운모 광물로 이루어진 신선한 화강암(Ⓒ).

화강암이 풍화되어 석영 알갱이가 많이 남아 있는 마사토가 되었다(Ⓕ).

이같이 석영은 조암광물 중에서 풍화에 가장 강하다. 반면에 장석류(정장석, 사장석)는 자연 상태에서 탄산수 등에 녹으면서 화학적 풍화가 잘 일어난다. 그 결과 도자기의 원료인 순백색의 고령토가 만들어진다. 또한 고령토는 물 분자와 화합하는 수화작용(2차 풍화 과정)을 거쳐 알루미늄의 원료 광석인 보크사이트bauxite가 만들어진다.

이렇게 암석은 풍화 과정을 거치면서 토양으로 변하고, 이 과정에서 여러 가지 원료 물질로 쓰이는 새로운 광물도 만들어진다. 아래 표는 장석류가 풍화되어 고령토로 되는 과정을 화학식으로 나타낸 것이다.

장석류(사장석, 정장석)의 풍화 과정 및 산물

- $[2KAlSi_3O_8, 2NaAlSi_3O5, 2CaAl_2Si_2O_8] + 2H_2CO_3 + 9H_2O \rightarrow$
  (정장석) (사장석)

  $Al_2Si_2O_5(OH)_4 + 4H_4SiO_5 + [2K^+, 2Na^+, 2Ca^{2+}] + 2HCO_3^-$
  (고령토)

- $Al_2Si_2O_5(OH)_4 + 5H_2O \rightarrow Al_2O_3 \cdot 3H_2O + 2H_4SiO_4$ (수화작용)
  (고령토) (보크사이트)

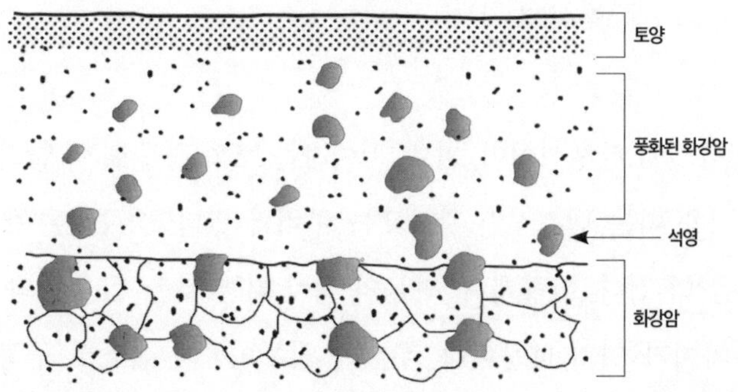

화강암이 풍화되면서 토양이 되는 과정의 단면.

3) 포천아트밸리 포천석 탄생의 비밀

화강암을 구성하는 대표적인 광물은 장석, 석영, 흑운모 등 여러 가지가 있다. 석영과 장석은 밝은색을 띠는 무색광물이고 흑운모는 어두운색을 띠는 유색광물이며, 화강암은 흑운모와 같은 유색광물의 함량 비율에 따라 암석의 밝기가 달라진다.

이곳에 분포하는 화강암은 흑운모의 함량이 낮아서 밝게 보인다. 그런데 이곳의 화강암에는 특이한 점이 하나 있다. 검붉은 색을 띠는 석류석을 일부 포함하고 있는 것이다.

노란색 점선 속의 광물이 석류석이다. 우리나라에서 산출되는 석류석은 대부분 검붉은 색이다(©).

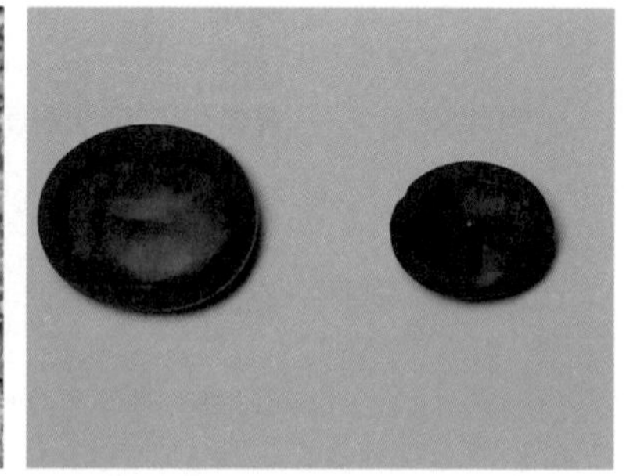
루비(왼쪽)와 석류석(오른쪽). 석류석이 루비보다 더 검다.

석류석은 1월의 탄생석이며, 가넷garnet이라는 보석 광물로 더 알려져 있다. 붉은색을 띠는 대표적인 광물로는 루비가 있다. 석류석은 루비와 비교해 좀 더 검다. 이렇게 두 광물의 색이 다른 것은 두 광물의 성분에 많은 차이가 있기 때문이다. 루비는 알루미늄과 산소로 구성된 단단한 광물인 강옥이며, 크롬 원소가 소량 포함되어 붉은색을 띠게 된다. 하지만 석류석은 규소, 산소와 함께 철, 알루미늄 등으로 이루어져 있다. 석류석이 루비와 달리 검은색을 띠는 이유는 철을 포함하고 있기 때문이다.

화강암에 석류석이 포함되는 경우는 매우 드물다. 그렇다면 석류석을 함유한 화강암은 어떤 의미가 있을까? 석류석은 대부분 변성암에서 산출되는 광물이며, 온도와 압력이 정해진 환경에서 만들어지는 광물이다. 따라서 지질학자들은 석류석을 함유한 암석으로부터, 그 암석이 만들어질 당시의 온도와 압력을 추정하고 있다.

화강암을 만든 마그마는 기원에 따라 크게 두 가지로 구분한다. 하나는 맨틀에서 만들어진 현무암질 마그마가 정출·분화하면서 최종 단계에서 화강암질 마그마가 생성되는 것이다. 이런 과정으로 만들어진 화강암을 'I형 화강암'이라고 부르기도 한다. I는 화성火性, Igneous의 약자이다.

다른 하나는 퇴적암이 지각변동을 받아 지각 내로 깊게 들어가 변성암이 되고, 끝내는 지각 내에서 화강암질 마그마가 되는 경우이다. 이런 과정으로 만들어진 화강암을 'S형 화강암'이라고 부르기도 한다. 'S'는 퇴적Sedimentary의 약자이다.

일반적으로 S형 화강암은 I형 화강암과 비교해서 알루미늄의 성분이 많다. 그 이유는 장석류가 풍화되어 고령토가 되는 과정에서 본 화학식에서도 알 수 있다.

암석이 풍화되어 토양으로 변하는 과정에서 알루미늄은 칼륨, 나트륨, 칼슘 등과 같은 원소에 비해 광물에서 잘 빠져나가지 않는다. 따라서 오래된 토양에는 알루미늄 성분이 상대적으로 많아지고, 이러한 토양으로 구성된 퇴적암이 지각변동을 받아 지하 깊은 곳으로 내려가 녹아서 마그마가 된다면, 그 마그마는 알루미늄 성분을 많이 포함하게 된다.

이러한 마그마가 식어서 암석이 될 때 근청석, 석류석, 규선석 등과 같은 광물이 산출되기도 하는데, 모두 알루미늄이 풍부한 광물이다. 따라서 지금 우리가 보고 있는 이 화강암(포천석)은 퇴적물이 낮은 곳에 쌓여 퇴적암이 되고, 이것이 지각변동으로 지하 깊은 곳까지 들어가 마그마가 만들어져 굳어진 후, 다시 서서히 융기하면서 표면으로 나온 것이다. 화강암 속에 들어있는 석류석 알갱이 하나가 이 포천석 탄생의 비밀을 밝혀주고 있는 셈이다.

4) 화강암 지대에서 흔히 볼 수 있는 토르

포천아트밸리로 올라가는 길 옆에 있는 화강암. 화강암에서 흔히 볼 수 있는 작은 토르가 눈에 띈다(Ⓑ).

우리나라에는 중생대에 만들어진 화강암이 넓은 면적으로 분포해 있다. 속리산, 설악산을 비롯한 유명한 명승지에는 대부분 화강암이 분포한다. 그리고 그곳에는 탑 모양의 지형이 있어 시선을 끌기도 한다. 화강암에서 흔히 볼 수 있는 이런 미지형을 '토르tor(탑바위)'라고 한다.

화강암이 분포하는 지역에서 토르와 같은 지형은 어떻게 만들어진 것일까? 이러한 지형이 만들어진 화강암체는 원래 지표면 아래 약 10~15km 깊이에서 마그마가 식어서 만들어진 것이다. 지질시대에 지각 내에 있던 화강암체가 서서히 지표로 융기하면서, 화강암체를 누르던 압력이 감소하게 되고 그 과정에서 여러 작용으로 형성된 풍화의 산물인 것이다.

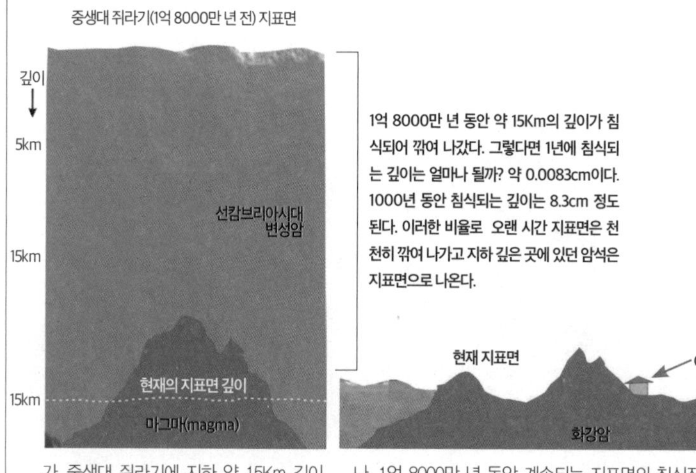

중생대 쥐라기에 생성된 화강암체가 서서히 융기하여 지표에 드러나는 과정

다음 그림은 화강암체의 풍화작용으로 토르가 만들어지는 과정을 단계별로 설명한 것이다.

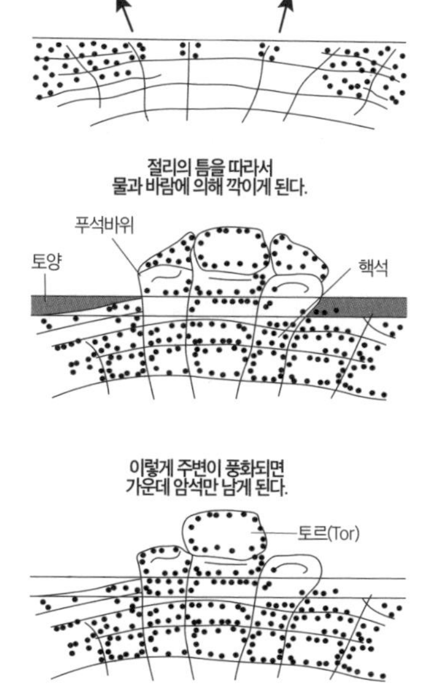

화강암체에 토르가 만들어지는 과정.

① 지각 내에서 화강암체를 덮고 있던 물질이 풍화·침식으로 제거되면 누르고 있던 압력이 줄어들면서, 화강암체에는 수직 및 수평으로 많은 틈이 생긴다. 이 틈을 '절리'라 한다.

② 이 절리를 따라서 지하수와 공기가 스며들어 절리 사이에서 풍화·침식 작용

수직절리와 수평절리가 발달한 화강암체(Ⓐ).

이 더욱 활발해진다.

③ 화강암체는 계속 융기(지각변동)하여 지표로 머리를 내민다.

④ 지표로 나온 화강암체는 풍화와 침식이 계속 일어나면서, 풍화에 강한 부분이 남게 된다. 이 부분을 '토르'라 한다.

5) 화강암체가 끊기면서 만들어진 단층면과 단층활면

포천아트밸리는 땅속 깊은 곳에 있는 화강암체 내부를 직접 손으로 만지고 눈으로 볼 수 있는 곳이다. 특히 천주호 부근의 화강암체 벽에는 지각 약 15km 깊이에서 직경이 수십 킬로미터 이상 되는 화강암체가 만들어진 후, 그 덩어리가 지표로 융기할 때 일어났던 여러 사건이 여기저기에 남아 있다. 그중 하나가 화강암체가 단층에 의해 잘린 면, 즉 단층활면이다. 아트밸리의 천주호를 볼 때, 첫눈에 들어오는 광경은 큰 화강암 덩어리가 큰 톱으로 잘린 것 같은 수직 절벽이다.

단층활면. 단층면을 경계로 접해 있던 암반이 화살표 방향으로 이동했다(Ⓔ).

이 절벽은 인공물일까, 자연물일까? 화강암체가 지각 깊은 곳에 있을 때, 지질시대에 일어난 많은 지진 때문에 화강암체가 끊어지고 부서졌다. 그런 기록이 화강암체에 남아 있는 것이다.

천주호 수직 절벽은 표면이 매우 매끄럽다. 그리고 이런 매끄러운 면은 다른 곳에서도 찾을 수 있다. 이면은 지진으로 화강암 덩어리가 끊어진 흔적이다. 즉, 끊어져서 미끄러진 단층면이다. 이러한 면을 '단층활면斷層滑面'이라고 한다. 이 단층면을 손으로 문질러보면, 마치 물고기 비늘을 만지듯 어느 한 방향으로 더 매끈한 것을 느낄 수 있다. 매끈한 정도의 방향을 확인하면, 암반이 어느 쪽으로 이동했는지 그 방향을 알아낼 수 있다.

화강암 틈에 철 성분이 많은 마그마(검은색)가 뚫고 들어와 굳어져 암맥이 되었다(Ⓓ).

6) 암석의 생성 순서를 알려주는 암맥

포천아트밸리의 거대한 화강암체는 전체가 완전하게 한 번에 만들어진 것은 아니다. 화강암 덩어리를 자세히 보면, 어느 곳은 색깔이 다른 암석이 끼어 있다. 그 예가 어두운색을 띠는 암석이 밝은색의 화강암 덩어리를 뚫고 지나간 것처럼 보이는 경우이다. 지질학에서는 이런 관계를 한 암석이 다른 암석을 뚫고 '관입'했다고 한다. 이러한 구조는 지질학에서 두 암석의 연령을 상대적으로 결정하는 매우 중요한 사건으로 본다. 이때 관입한 어두운색의 암석이 관입당한 밝은색의 암석보다 더 젊다고 설명하며, 이런 관계를 '관입의 법칙'이라고 한다. 어두운색을 띠는 관입암은 철 성분을 많이 포함하고 있어 고철질 암맥이라고 부른다.

기존에 있던 화강암의 틈 사이로 나중에 만들어진 마그마가 뚫고 들어온 후 굳어지게 되면, 화강암 사이에 어두운색 암석이 뚫고 들어온 것처럼 보이는 것이다.

7) 암석의 이용

세계 여러 곳의 문화재 등 건축물을 보면, 암석을 이용한 예를 쉽게 찾을 수 있다. 우리나라는 화강암이 넓게 분포하며, 화강암을 이용한 문화재 및 건축물 등을 여러 곳에서 볼 수 있다. 화강암은 색이 밝고 무늬가 아름다워 건축 자재로써 많이 쓰이고 있다. 경주의 석굴암을 비롯하여 불국사의 석가탑, 다보탑 등은 화강암을 다듬어서 만든 귀중한 문화재이며 예술품이다. 세계 여러 곳에는 각 지역에서 산출되는 암석을 재료로 건축물이나 예술품을 만들고 있다.

암석을 다루는 뛰어난 능력을 갖춘 우리 선조들

인류 문명사는 인류가 생활에 주로 사용한 물질에 따라 크게 석기시대, 청동기시대 및 철기시대 등으로 구분한다. 인류는 주변에서 구하기 쉬운 암석을 이용하여 주택을 비롯해 적을 방어하기 위한 성곽이나 대규모의 신전을 지었으며, 정교한 예술품을 만드는 등, 여러 용도로 활용했다. 그래서 오늘날 세계 여러 곳에는 다양한 형태의 석조 문화재가 많이 남아 있다.

이집트의 피라미드는 주변에 분포하는 석회암을 이용하여 쌓은 거대한 석조물이다. 동남아시아 캄보디아에 있는 신전 앙코르와트는 그 주변에 분포하는 고운 사암을 주로 사용한 석조물이다. 유럽에는 석회암이나 대리암이 널리 분포하여, 그들은 자연스럽게 석회암, 대리암을 이용했다.

이탈리아 로마 바티칸 박물관에 소장된 〈라오콘 군상〉은 대리암에 조각한 걸작 가운데 하나이다. 그 외에도 유럽에는 대리암을 조각한 작품들이 많다. 이러한 조각 작품은 신체의 근육이나 흘러내린 옷자락, 피부 속 핏줄 모습까지 아주 정교하게 조각하여 보는 이로 하여금 감탄이 절로 나오게 한다.

한편 우리나라는 화강암이 널리 분포하기 때문에, 성곽이나 돌탑 등을 만드는 데 화강암을 썼다. 또한 화강암을 정교하고 섬세하게 다듬어 유럽의 대리암 조각품 이상 가는 작품을 만들기도 했다.

사람들은 유럽에서 대리암을 정교하게 다듬어서 만든 작품들을 보고 놀라워하며, 그들의 문명과 문화, 기술을 높게 평가하기도 한다. 그에 반해서 우리나라에서 제작한 석굴암 같은 건축물과 조각품들의 진가를 제대로 아는 사람들이 많지 않은 것 같다. 그러나 대리암과 화강암이 가진 암석의 성질을 비교해보면, 석굴암을 만든 건축기술이나 예술성이 얼마나 높은 것인지를 금방 알 수 있다.

대리암과 화강암은 암석의 단단한 정도, 구성하는 광물 종류, 그리고 암석의 조직이 매우 다르다. 먼저 화강암의 특징을 살펴보자.

화강암은 장석, 석영, 운모 등 모두 규산질 광물로 이루어졌다. 그리고 조암광물 가운데 반 이상을 차지하는 장석과 석영은 크기가 수 밀리미터 이상으로, 암석 조직이 매우 거칠다. 또한 장석과 석영은 상대적 굳기가 6~7이고, 힘을 주면 여러 조각으로 깨지는 성질이 있다. 그래서 화강암을 다듬어서 석굴암과 같은 섬세한 조각품을 만들기 위해서는 매우 정교한 기술이 있어야 한다.

반면 석회암이나 석회암이 변성을 받아 결정을 이루고 있는 대리암은 주로 칼슘이 많은 석회질 성분으로 이루어졌다. 석회암이나 대리암 같은 탄산염 광물은 주로 방해석 광물로 이루어졌고, 상대적 굳기는 3이다. 그리고 방해석 크기는 수 밀리미터 이하로 조직이 대체로 부드럽다.

두 암석을 이루는 광물의 단단한 정도를 절대 굳기로 비교해보면, 화강암을 이루는 광물이 대리암을 이루는 광물보다 약 8~11배 정도 더 단단하다. 즉, 화강암이 석회암이나 대리암보다 10배 정도 단단하다는 의미이다. 그만큼 화강암을 다루기가 힘들다는 것이다.

따라서 이렇게 두 암석의 성질이 매우 다른 것을 고려하지 않고, 단순히 두 작품의 외형만 보고 그들의 기술력이나 예술적 수준을 평가하는 것은 큰 무리가 따른다. 즉, 화강암과 대리암의 단단한 정도, 암석 조직의 거친 정도 등을 비교해보면 화강암을 조각한 석굴암의 여러 조각품이 대리암을 조각한 로마의 어떤 작품에도 뒤지지 않는 기술과 예술성을 갖추었음을 쉽게 이해할 수 있다. 이런 화강암으로 석굴암과 같은 그윽하고 아름다운 걸작품을 만든 우리 조상들의 예술성과 기술은 세계 어디에 내놓아도 손색이 없는, 자랑할 만한 가치가 있는 것이다.

화강암으로 만든 석굴암 본존불.

로마 바티칸 박물관에 소장된, 대리암으로 조각한 〈라오콘 군상〉.

참고

화강암과 현무암을 현미경으로 관찰할 수 있을까?

암석은 크게 세 가지 방법으로 연구한다. 하나는 암석의 산출 상태, 즉 구성 광물의 종류, 광물 또는 입자들의 배열 상태 등이 만드는 조직을 관찰하는 방법이다. 다른 하나는 암석을 두께가 0.03mm 정도의 박편薄片, thin section을 만들어 편광현미경으로 관찰하는 것이다. 그리고 또 다른 하나는 실험실에서 여러 종류의 기기를 이용하여, 각 암석을 이루고 있는 화학 성분의 종류와 양을 측정하는 것이다.

암석학자들은 위의 세 가지 방법 이외에도 여러 방법으로 지구의 암석이 가진 특성을 연구하여, 지질시대 동안에 지구가 변천되어온 역사를 밝히고 있다.

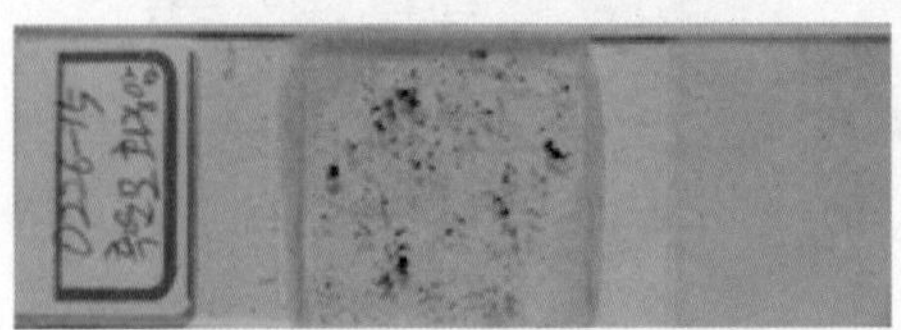

화강암 박편. 암석을 0.03mm정도로 아주 얇게 갈면 빛이 통과할 수 있는 상태가 된다.

암석을 관찰할 때는 편광현미경을 사용한다. 편광현미경으로 박편을 보면, 광물마다 고유하게 갖고 있는 여러 광학적인 특징을 통해 광물의 종류를 구분하고, 광물의 배열 등을 자세히 알 수 있다. 예를 들어 현무암은 육안으로는 단지 검은색이며 광물 결정이 잘 보이지 않으나, 편광현미경으로 박편을 보면, 노란색, 붉은색, 파란색 등 다양한 광학적인 간섭색을 보이는 광물과 그런 광물이 배열된 모양을 볼 수 있다. 박편에서 얻은 정보는 현무암이 만들어진 과정을 설명하는 데 도움을 준다. 또한 화강암 박편도 편광현미경으로 보면 검은색의 흑운모가 다양한 광학적인 색(간섭색)을 띠며 석영, 장석과 서로 어우러져 아름다운 모자이크처럼 보이는 모습을 관찰할 수 있다. 여기서 편광현미경으로 보는 광물의 색은 광물 본래의 고유한 색은 아니며, 편광현미경상에서 광물을 투과한 빛의 간섭현상에 의한 간섭색이다.

또한 편광현미경은 암석의 조직을 비교하는 데 매우 좋은 정보를 제공해 준다. 화강암을 이루는 조직은 맨눈으로 광물을 구별할 수 있는 조립질 조직이고, 현무암을 이루는 조직은 맨눈으로는 광물을 구별하기 어려운 세립질 조직이다. 그러나 편광현미경으로 이 두 암석을 보면 확실하게 암석을 이루는 광물의 크기를 비교할 수 있다. 이처럼 편광현미경을 통한 연구는 여러 종류의 암석이 만들어지는 과정을 밝히고 설명하는 데 많은 도움을 준다.

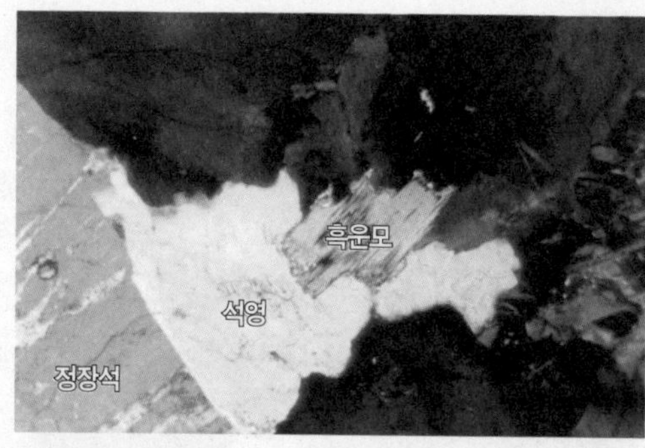

편광현미경으로 관찰한 화강암(심성암). 화강암은 마그마가 지각 깊은 곳에서 천천히 식어서 만들어진 암석으로, 조직 전체가 큰 결정 입자로 되어 있다. 구성 광물은 석영, 정장석, 흑운모 등이다.

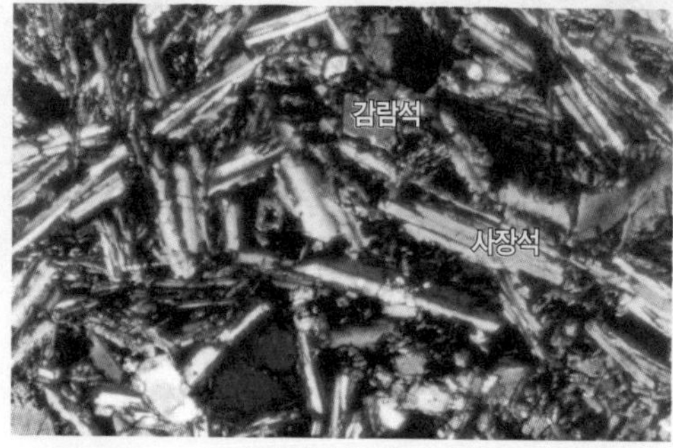

편광현미경으로 관찰한 현무암(분출암). 현무암은 마그마가 지표로 나와 흐르는 용암이 급하게 식으면서 만들어진 암석으로, 구성 광물은 결정 크기가 작은 감람석, 휘석, 사장석 등이며, 광물 사이는 유리질 석기로 되어 있다.

지질명소 6. 풍화와 침식이 빚어낸 작은 연못

교동가마소

동송단층을 따라 형성된 건지천 하류의 작은 계곡 교동가마소.

1. 찾아가는 길

···› 위치: 경기 포천시 관인면 중리 290

교동가마소 위치.

포천 창수면 오가리에서 87번 국도를 따라 북쪽(동송 방향)으로 가다가 '영로대교'를 지나 3.5km 정도를 더 가면 우측으로 철원, 관인 가는 길(창동로)이 나온다. 이 길로 접어들어 700m 정도 간 다음, '한탄강 어울길' 안내판이 서 있는 곳에서 우회전(교동길)하여 140m 정도를 가면 작은 다리가 있다.

이곳에 주차하고 우측으로 170m 정도를 걸어가면 '교동가마소' 안내판이 서 있다. 여기에는 인근 철광산에서 산출되는 '함티타늄 자철광'에 대한 안내판과 함께 커다란 자철석 덩어리도 놓여 있다.

2. 교동가마소 이야기

동송단층은 남북 방향으로 발달했는데, 이곳을 따라 건지천이 흐른다. 건지천 하류에 형성된 계곡이 '교동가마소'이다. '가마소'는 가마솥 모양의 작은 연못이란 뜻이다. 한탄강의 지류인 건지천은 현무암층 위에 크고 작은 폭포와 소가 있다.

교동가마소는 포천시에서 선정한 한탄강 8경 중 한 곳이며 슬픈 전설도 전해진다.

> 옛날 이 마을에 혼기가 지나도록 장가를 가지 못한 청년이 있었다. 그러던 어느 날 이 청년이 결혼을 하게 되었다. 신이 난 신랑은 가마 타고 가는 새색시를 따라가고 있었다. 그런데 가마를 지고 가던 가마꾼이 그만 발을 헛디뎌 소沼에 빠지고 말았다. 이어서 새색시가 타고 가던 가마도 물에 풍덩 빠져서 말을 타고 가던 신랑이 신부를 구하기 위해 소로 뛰어들었다. 결국 가마에 타고 있던 신부와 신부를 구하기 위해 뛰어든 신랑 모두 소에 빠져 죽고 말았다. 마을 사람들은 이후 이 소를 지날 때마다 가마 타고 시집가는 새색시와 신랑을 떠올리며 이곳의 이름을 가마소라 부르게 되었다.

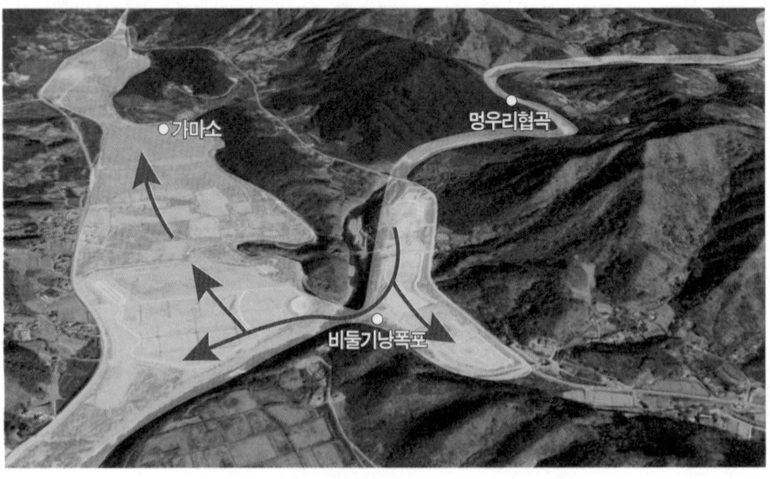

한탄강의 멍우리협곡과 비둘기낭폭포 앞을 지나 흐르던 용암류가 건지천을 따라 북쪽으로 역류한 것을 보여주는 항공사진

3. 교동가마소 주변의 지형 및 지질

건지천 전경. 멀리 왼쪽에 중생대 응회암으로 이루어진 지장산이 보인다.

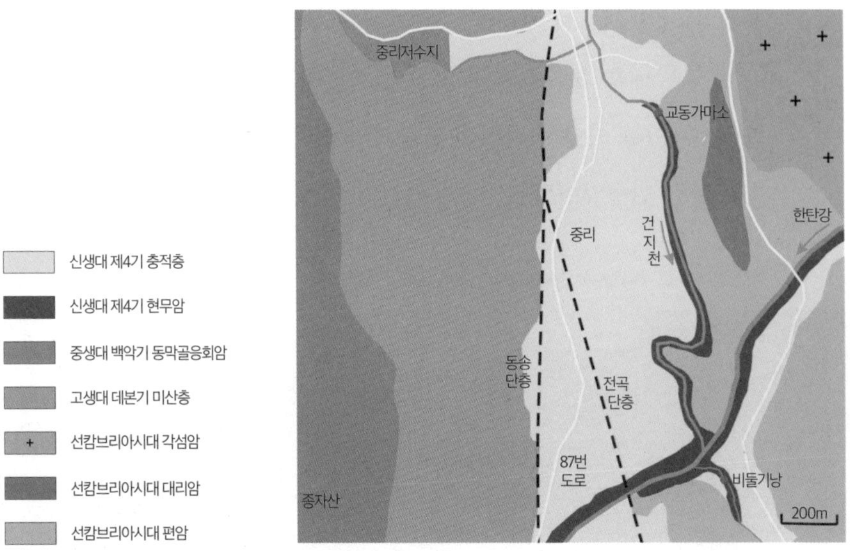

한탄강 지질명소인 '교동가마소'와 비둘기낭폭포 주변의 지질약도.

건지천은 남-북 방향으로 발달한 동송단층과 전곡단층으로 형성된 계곡을 흐르는 한탄강 지천이다. 계곡의 서쪽에는 종자산(643m)이 있다. 종자산은 중생대 화산암으로 이루어졌고, 동쪽의 은장산(455.6m)은 선캄브리아시대의 변성암으로 이루어졌다. 두 봉우리 사이에 있는 건지천 계곡에는 선캄브리아시대 편암층이 분포하고 그 위에 신생대 현무암이 분포한다.

계곡을 흐르는 건지천은 총길이가 12.58km이며 폭은 약 35~110m로, 홍수 때는 범람하여 하천 주변은 넓은 충적층으로 쌓여 있다. 건지천 위를 넓게 덮고 있는 충적층은 한탄강의 상수원 및 생태환경을 보전하기 위해 습지 상태로 보호하고 있다. 이 하천을 덮고 있는 현무암은 북한의 평강에서 출발하여 한탄강을 메우며 흐르던 용암이 비둘기낭폭포가 있는 곳에서 일부가 건지천을 따라 역류하여 2.5 km정도 흘러 들어와 생성된 것이다.

계곡을 메운 용암층은 건지천에 의한 침식작용으로 용암지대에서만 볼 수 있는 다양한 지형이 노출되어 있다.

한탄강 현무암이 덮고 있는 건지천 하상에서는 유수의 침식작용으

건지천의 유수로, 현무암층에 만들어진 작은 계곡인 교동가마소.

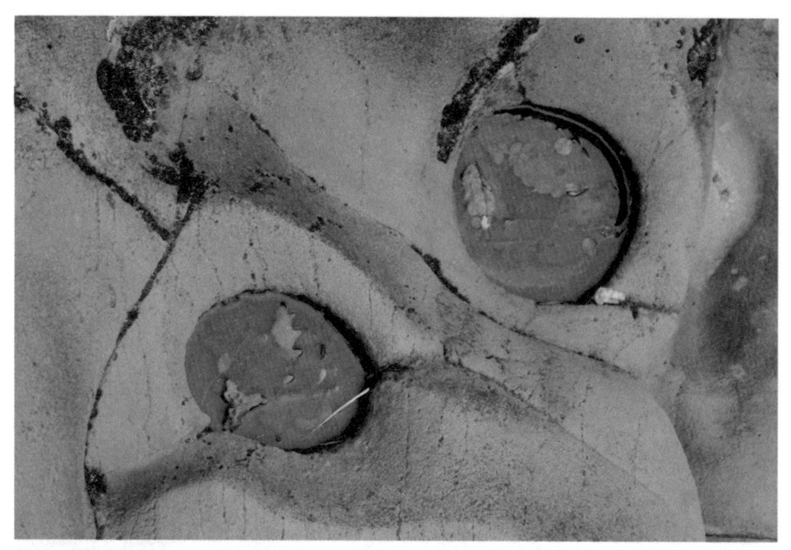

건지천 유수의 침식작용으로 현무암에 만들어진 돌개구멍.

로 만들어질 수 있는 다양한 소규모 지질구조를 여러 곳에서 볼 수 있다. 건지천의 유수 작용으로 폭이 대략 10m이고, 높이가 5m인 작은 현무암 계곡이 형성되어 있다. 건지천에 있는 작은 현무암 계곡의 양벽에서는 이 하천을 메운 여러 용암층을 볼 수 있고, 그 단면에서는 클링커와 얇은 토양층이 끼어 있는 노두를 볼 수 있다. 이곳에는 두 개의 용암단위가 구분되며, 그 두께는 대략 2~3m이다. 또한 하천을 메운 용암층 표면에는 실린더형의 가스 통로, 즉 가스 튜브가

용암이 흐르면서 표면에 형성된 밧줄구조와 기공들.

밧줄구조와 기공이 섞여 있는 현무암 표면을 경계로 구분되는 용암단위(노란색 점선은 작은 용암단위의 경계이다).

용암층 사이에 끼어 있는 토양층.

보인다.

현무암층 표면이 물의 작용으로 깎여서 현무암 내부의 가스 튜브 단면이 노출된 곳도 있다. 현무암층 표면에서는 옆으로 늘어난 기공들을 관찰할 수 있다.(42쪽 사진 참고)

온도가 1000℃ 정도이고, 점성이 매우 낮은 현무암질 용암은 표면이 식어서 흐름의 속도가 느려질 때, 표면에 밧줄구조가 발달한다.

다음 사진은 킬라우에아 분화구에서 현무암질 용암이 분출하여 지표로 흐르면서, 표면에 밧줄구조가 만들어지는 모습이다. 2018년 하와이섬에 지질답사 갔을 때 직접 찍은 사진이다. 한탄강에서도 이렇게 용암이 흐르면서 밧줄구조가 만들어졌을 것이다.

용암 표면에서 밧줄구조가 만들어지는 모습(하와이 용암).

지질명소 7. 기반암과 현무암층 사이에 숨겨진 천연동굴

옹장굴

옹장굴 입구 중 하나. 기반암인 중생대 화강암과 신생대 현무암층 사이의 공간.

1. 찾아가는 길

⋯› 위치: 포천시 관인면 냉정2리 윗찬물길 379-71(내비게이션: 옹장굴)

옹장굴 위치.

'옹장굴'은 개인 소유의 땅에 있으므로 관람하려면 일과 시간 중에 방문하여 협조를 구해야 한다.

옹장굴 입구 안내 표지석.

2. 옹장굴 이야기

'옹장굴甕藏窟'이란 명칭은 이곳의 옛 이름인 '옹장골'에서 유래했다고 한다. '옹장'이란 항아리甕를 감춰두는藏 굴이라는 의미인데, 왜 이런 이름이 생겼을까? 옹장굴은 천연동굴이다. 입구가 좁으나 동굴 내부는 미로처럼 길게 연결되어 있다.

동굴 내부는 기온이 연중 12~15℃를 유지해서 여름철에는 시원하고 겨울철에는 따뜻하다. 동굴 내부의 온도가 연중 일정한 범위 내에서 유지되기 때문에, 이곳은 장독 등 발효 식품을 보관하기에 적합한 환경이다. 실제로 이곳 여러 동굴의 입구 중 가장 넓은 곳은 소유주가 생활공간으로 사용하고 있다.

30여 년 전 이곳에 농장을 조성하면서 처음 동굴을 발견하였을 때, 동굴 안에는 동물 뼈들이 많았다고 한다. 동물들 역시 이곳을 그들의 안식처와 삶터로 삼은 것이다.

동굴환경을 주거에 활용하고 있다.

인류 역시 선사시대부터 자연 동굴을 주거지로 활용했다. 제주도에 있는 용암동굴인 빌레못굴에서도 구석기인들이 살았던 주거 흔적이 발견되었다. 이것은 인류가 자연환경을 지혜롭게 이용한 예이다. 건축술이 발달한 현대에 와서도 고온 건조한 지역에서는 주거지를 동굴과 같은 구조로 만들기도 한다.

3. 옹장굴 주변의 지형 및 지질

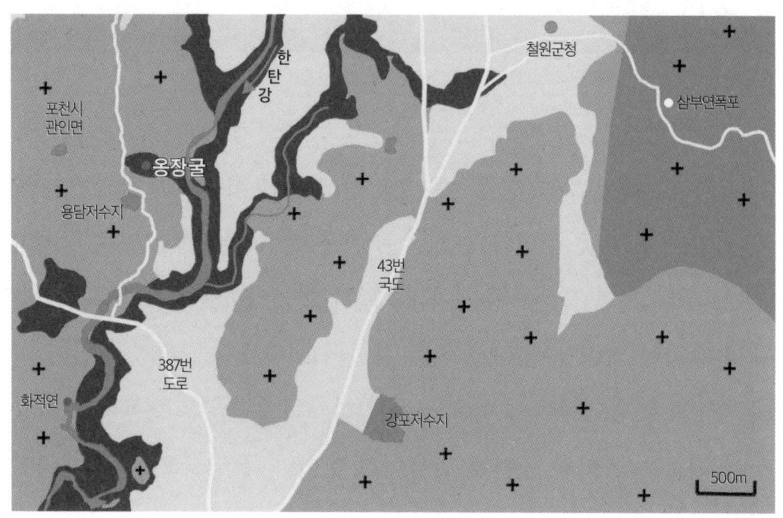

옹장굴 주변의 지질약도.

신생대 제4기 충적층
신생대 제4기 현무암
중생대 백악기 화강암
중생대 쥐라기 화강암

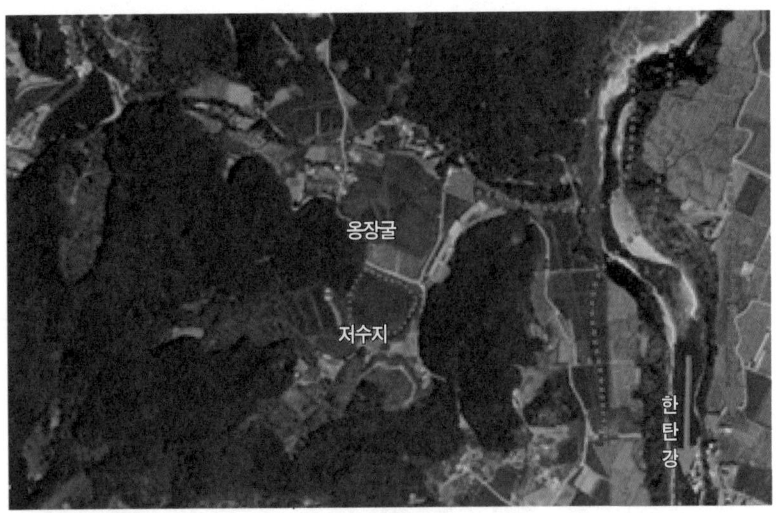

옹장굴 일대의 위성사진과 옹장굴 위치(붉은색 점선: 용암의 흐름 방향).

위성사진에서 보면, 옹장굴은 한탄강 본류와 이어지는 골짜기의 작은 평지가 있는 곳에 있다. 옹장굴 주변은 현무암이 덮고 있는 평지이고, 그 위에 논과 작은 저수지가 있다. 지질약도를 보면 옹장굴은 중생대 화강암이 기반암이고, 그 위를 북한의 평강에서 출발한 용암이 이곳 계곡으로 흘러들어와 메운 곳에 있다. 즉, 옹장굴은 현무암과 화강암이 접하는 사이의 공간에 만들어진 것이다. 옹장굴은 마치 개미집처럼 서로 연결되어 있고, 총 길이는 1200m로 추정된다.

한탄강 용암이 이 골짜기까지 흘러들어온 과정과 용암과 화강암이 접하는 면에서 어떻게 옹장굴이 만들어졌는지에 대하여 알아보자.

옛 한탄강을 가득 메우면서 흐르던 용암은 용암 수위가 점점 높아지면서, 좁은 골짜기 입구를 지나 계곡 속으로 흘러 들어와 이곳에 작은 용암호를 만든 것이다. 옹장굴 주변의 용암 분포를 보면, 용암호는 표주박 같은 모양이다.

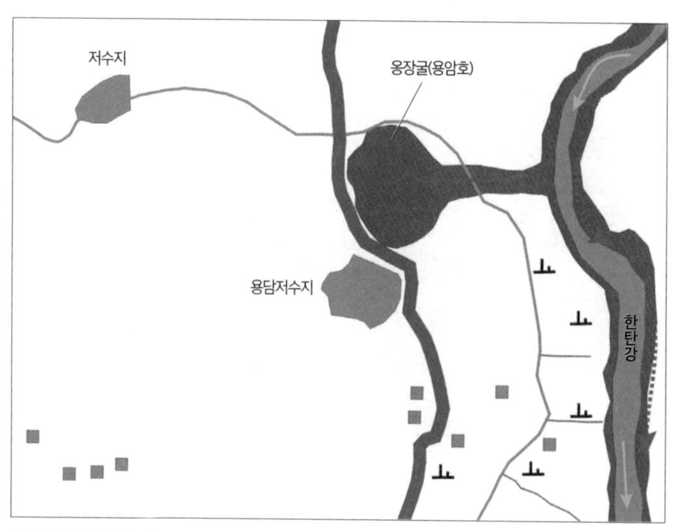

옹장굴 일대의 현무암 분포도(붉은색 점선: 용암의 흐름 방향)

옹장굴이 있는 계곡의 입구는 매우 좁았고, 계곡 입구의 현무암 절벽 노두에서는 두 개의 용암단위만이 확인된다. 그러나 이곳보다 더 하류인 비둘기낭폭포에서는 3층의 용암단위가 확인된다. 이 골짜기로 용암이 2회 들어갔는데, 첫 번째 용암은 한탄강 바닥을 메우며 흘러 지나갔을 것으로 해석할 수 있다.

골짜기 입구에서 옹장굴이 있는 곳까지 이어지는 현무암층의 단면을 추적해보면, 골짜기로 들어온 용암층은 계곡 안쪽으로 들어갈수록 두께가 얇아진다. 그리고 옹장굴이 있는 곳에서 약간 두꺼워진다.

옹장굴에는 크고 작은 입구가 여러 개 있고, 동굴 안쪽은 기온이 1년 내내 12~15℃ 정도로 일정하다. 따라서 여름에는 시원하고 겨울에는 따뜻하여 냉·난방이 잘되는 장소이기도 하다. 이렇게 동굴 내부의 기온이 1년 동안 크게 변하지 않는 것은 동굴이 밀폐된 공간이어서, 외부의 기온 변화에 크게 영향을 받지 않기 때문이다. 실제로 이 동

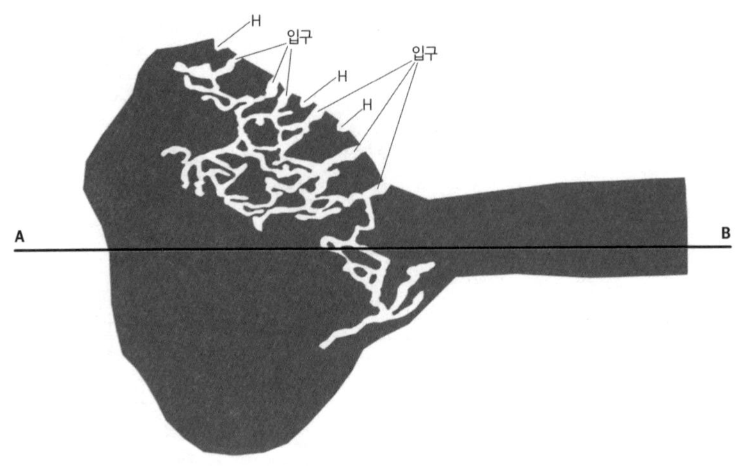

옹장굴(용암호)을 확대한 그림(표주박 모양). 미로 같은 옹장굴의 내부를 확인할 수 있다(A에서 B까지 약 700m).

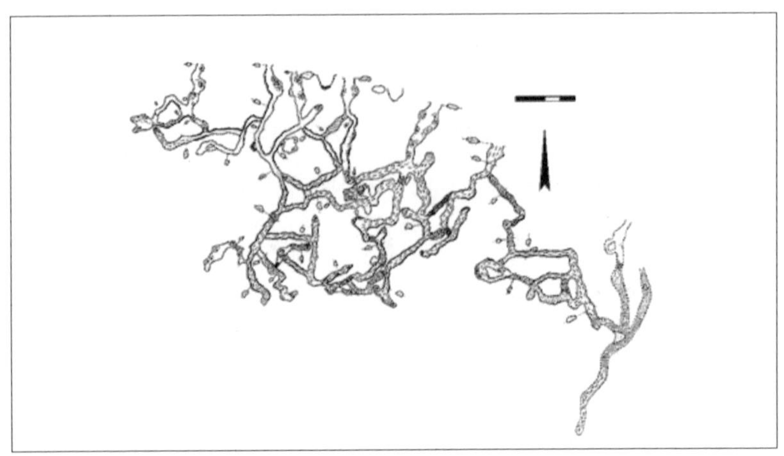
옹장굴 분포 측량도.

굴 내부의 연평균 온도는 우리나라 중위도 지방의 연평균 온도와 비슷하다.

동굴은 폭이 평균 약 2m이고, 높이는 약 1~2m이다. 동굴은 여러 갈래로 마치 미로처럼 연결되어 있고, 그 안에는 동굴노래기, 긴다리

옹장굴 천장의 검붉은 표면(클링커).

굵은 수직기둥형 주상절리가 발달한 동굴 입구.

용암의 열로 구워진 토양(하부의 검붉은색).

장님좀딱정벌레 등 18종의 동물과 물속에 붕어, 피라미 같은 어류와 거머리도 사는 것으로 보고되었다. 옹장굴 천장은 표면이 검붉고, 뜨거운 용암이 지면과 만나면서 빨리 식어 반짝 반짝 빛나는 유리질 조직이 얇게 도배지처럼 덮여 있다. 옹장굴 현무암층이 화강암과 만나는 부분에는 가스 구멍이 비교적 많고 거칠고 검붉은 색의 표면이 있다. 이것을 클링커라고 한다.

한편 현무암층 아래에는 풍화된 화강암류가 있다. 이 화강암은 중생대에 생성된 것이며, 장석과 석영이 많고 조립질이다. 화강암 표면은 심하게 풍화되면서 마사토가 되어 손으로 만지면 쉽게 부서진다. 화강암 위의 마사토는 두께가 10cm 정도이며, 색이 검거나 붉게 변한 곳도 있다. 이것은 1000℃가 넘는 뜨거운 용암이 화강암 위를 흐를 때, 용암의 열로 토양이 구워지거나 그곳에 살던 생물들의 유기물이 남긴 흔적이다.

그렇다면 용암과 화강암의 틈 사이에서 어떻게 동굴이 만들어졌을까? 지금도 옹장굴 속에는 물이 고여 있거나 졸졸 흐르고 있다. 이것은 옹장굴의 형성이 지하수와 밀접한 관계가 있음을 알려준다. 옹장굴 속의 물은 빗물뿐이 아니라 이 골짜기 주위에 있는 저수지에서 온 것으로 추정된다. 빗물과 저수지 물이 지하수가 되어 현무암과 화강암 사이의 틈을 흐를 때, 화강암 위의 마사토층은 계속 침식되어 공간이 점점 커지고 넓어진다. 그래서 오늘날과 같은 규모의 동굴이 만들어진 것으로 설명할 수 있다.

옹장굴이 만들어지는 과정은 단계별로 다음과 같이 설명할 수 있다.

① 한탄강과 연결된 골짜기가 있었다. 그곳의 기반암은 화강암이며 그 표면에는 화강암의 풍화물인 마사토층이 덮여 있었다.

② 한탄강을 메우며 흐르던 용암이 그 수위가 점점 높아지면서, 용암이 2회 이상 골짜기를 따라 계곡 안으로 흘러들어 마사토층을 덮으며 옹장굴이 있는 곳에 용암호를 만들었다.

③ 화강암과 현무암 사이로 지하수가 흐르며 마사토층을 깎아내어, 현무암층과 화강암 사이의 공간이 점점 더 커져 동굴이 만들어졌다.

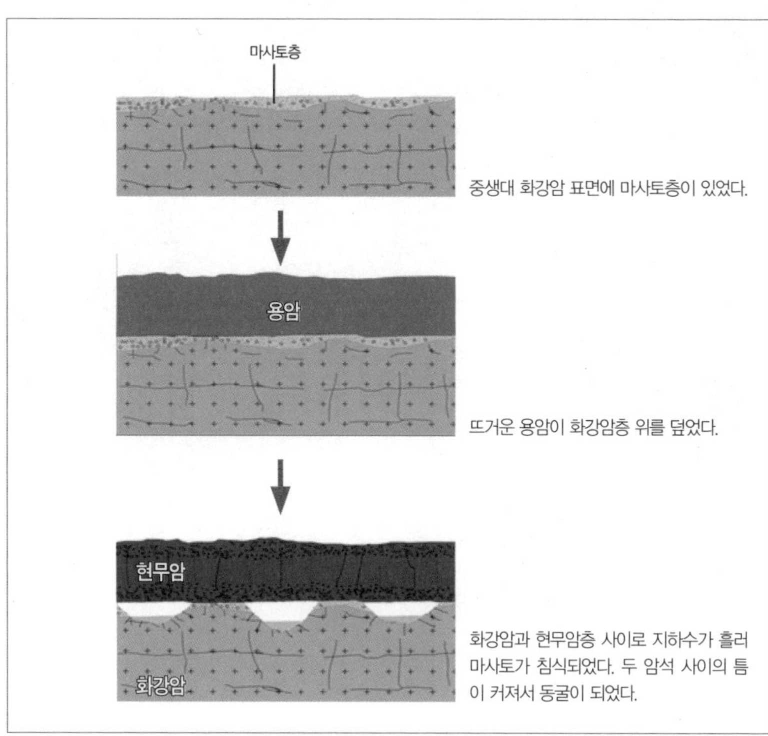

옹장굴의 형성 과정.

지질명소 8. 한탄강 현무암 협곡의 축소판

구라이골

현무암 협곡인 구라이골. 협곡의 양 벽과 하상이 모두 현무암이다.

1. 찾아가는 길

⋯› 위치: 경기 포천시 창수면 운산리 302

구라이골 위치(Ⓐ 계곡 입구, Ⓑ합류 지점, Ⓒ 본류와 합류 지점)

포천시 창수면 오가리 37번 지방도에서 87번 지방도로 진입하여 철원 방향으로 약 3.6km 정도 이동하면 포천 '운산리 자연생태공원'이 나온다. 여기서 좌회전하여 창동로를 따라 1.2km 정도 가면 '운산리 구라이골 캠핑장'이 좌측에 있다. 구라이골 캠핑장 입구 길가에 주차할 수 있다. 구라이골 캠핑장 정문에서 왼편으로 30m 정도 걸어가면 나오는 작은 계곡(소하천)이 구라이골이다. 골짜기로 내려가면 노두를 찾을 수 있다. 한탄강과 합류하는 곳까지 탐방로와 전망대가 세 곳 있고, 계곡에는 몇 군데 다리가 놓여 있어 이 다리 위에서도 구라이골 현무암 골짜기를 전망할 수 있다. 구라이골 소하천은 캠핑장으로부터 350m 정도 흘러서 한탄강과 합류한다.

2. 구라이골 이야기

구라이골은 '굴바위'라고도 불리는데, 굴과 바위가 합쳐진 명칭이 변음되어 '굴아위', '구라이'가 되었다. 계곡 폭이 좁고 수풀이 우거지면서 서로 맞닿아 낮에도 굴처럼 어두컴컴하다. 마치 바위굴 속에 들어온 느낌이다. 한탄강 8경 가운데 제7경이다.

구라이골 주변에는 자연생태공원과 캠핑장이 있다. 주변에 비둘기낭폭포 등 여러 지질명소가 가까이 있어 지질여행을 겸한 산책길 걷기, 자연생태 학습 등을 할 수 있는 곳이다.

3. 구라이골 주변의 지형 및 지질

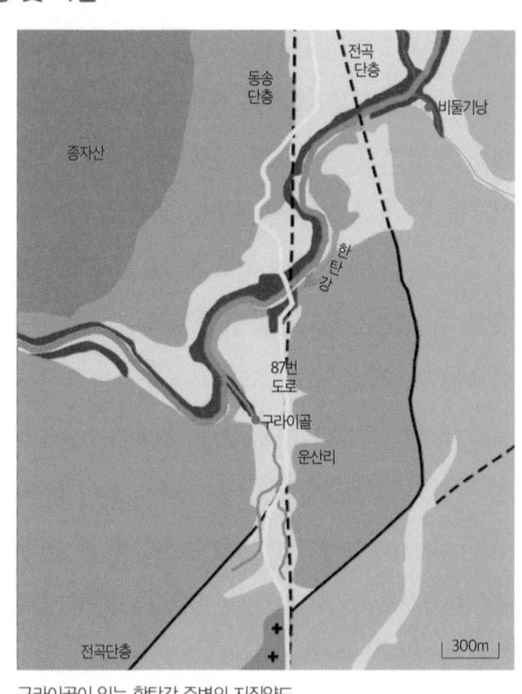

신생대 제4기 충적층
신생대 제4기 현무암
중생대 백악기 동막골응회암
중생대 쥐라기 화강암
고생대 데본기 미산층
선캄브리아시대 편마암
선캄브리아시대 편암

구라이골이 있는 한탄강 주변의 지질약도.

구라이골 하천의 상류(Ⓐ 지점).

구라이골 주변의 지질은 기반암으로 선캄브리아시대의 편마암과 편암이 분포하고, 고생대 미산층이 구라이골 하천 주위에 분포한다. 그리고 그 층 위를 신생대 현무암이 부정합으로 덮고 있다.

구라이골에서 서북 방향으로는 중생대 응회암으로 이루어진 종자산이 보인다. 구라이골은 동송단층을 따라 흐르는 한탄강의 작은 지천이다. 이 골짜기는 북한의 평강 부근에서 시작된 용암이 한탄강을 따라 흘러와 비둘기낭 부근을 지나면서, 다시 한탄강이 크게 곡류하는 지점에서 일부의 용암이 계곡을 따라 약 500~600m 정도 역류한 곳이다.

이곳에는 하천의 침식작용으로 폭이 약 10m 내외, 높이가 10~30m인 작은 U자 형의 현무암 협곡이 발달한 곳이다. 한탄강 본류에서 400m 정도만 상류 방향으로 올라오면 현무암의 두께는 1~2m로 얇아진다. 협곡의 양 벽에서는 2매의 용암단위가 관찰되며, 용암층이 하천과 접하는 노두에서는 두께 수 센티미터 정도의 고토양층이 하부 용암층을 덮고 있다. 고토양층은 상부 용암에 의해 가열되면서 철 성분이 산화되어 검붉은색을 띤다.

구라이골 협곡 최상부층(C층)의 괴상 현무암(Ⓐ 지점).

현무암 협곡 하안의 고토양(붉은색). 고토양 표면이 용암의 열에 의해 가열되었다(Ⓐ 지점).

구라이골 현무암 절벽에서는 현무암층 사이에 두께가 약 20cm 정도의 클링커가 약하게 발달해 있다. 이곳을 기준으로 두 개의 용암단위로 구분한다. 상부 용암단위(C층)는 6~8m 두께로 주상절리의 발달이 미약하거나 괴상이며, 하부 용암단위(B층)는 두께가 약 7~9m 정도이다.

또한 하부 용암단위(B층)에서는 상부 콜로네이드와 중앙부의 엔타블러처로 구분할 수 있다. 상부 콜로네이드의 주상절리 각각의 폭은 50~60cm 정도이고, 길이가 1.0~1.5m인 수직기둥형이다. 엔타블러처 부위에는 가늘고 휘어진 절리가 길이 5~7m 정도로 발달해 있다 (188쪽 사진 참조).

용암층 B층과 C층 사이의 접촉 경계부에 있는 클링커(Ⓑ 지점).

클링커를 경계로 두 층의 용암단위(B층, C층)로 구분된다. B층은 상부 콜로네이드와 엔타블러처 부분으로 구분된다(Ⓑ 지점).

구라이골 현무암 절벽 B층의 상부 콜로네이드와 엔타블러처(Ⓑ 지점).

구라이골 하천에 발달한 작은 폭포와 돌개구멍. 한탄강 본류와 만나는 지점이다(© 지점).

구라이골 하천과 한탄강 본류가 합류하는 곳. 한탄강 하상에는 기반암인 고생대 미산층이 보이고, 멀리 중생대 백악기 응회암으로 이루어진 종자산이 보인다(© 지점).

지질명소 9. 작은 연못과 폭포가 어우러진 화강암 골짜기

백운계곡과 단층

중생대 화강암에 발달한 절리와 단층을 따라 만들어진 작은 폭포, 연못이 어우러진 백운계곡.

한탄강 세계지질공원 지질명소가 대부분 한탄강 유역에 있으나 이곳은 화강암으로 이루어진 광주산맥에 접해 있다. 따라서 이곳은 화강암 지형이 발달한 곳이다. 백운계곡은 북북동-남남서 방향으로 발달한 단층과 나란하게 흐르는 계곡으로서, 절리나 단층을 따라 침식작용이 활발하게 일어나 만들어진 여러 미지형을 접할 수 있는 곳이다.

1. 찾아가는 길

⋯→ 위치: 포천시 이동면 도평리 산78-1(내비게이션: 백운계곡)

백운계곡 위치.

포천 이동면에서 372번 지방도를 따라 화천 방면으로 가다가 흥룡사 입구에서 우회전하면 바로 백운계곡 관광지 주차장(화장실)이 나온다. 이곳에서 백운계곡을 따라 약 200m를 걸어 올라가면 백운1교가 있고, 거기서 200m를 더 올라가면 백운2교가 있다. 그 주변 골짜기에서 화강암 노두에 발달한 작은 단층들과 단층면을 관찰할 수 있다.

2. 백운계곡 이야기

백운계곡은 길이가 10km 정도이며, 광덕산(1046m)에서 발원하여 남서쪽으로 흐르는 물과 백운산(904m)의 정상 부근에서 발원하여 서쪽으로 흐르는 물이 흥룡사 입구에서 만나 영평천으로 이어지는 계곡이다. 계곡의 상류에는 높이 30m의 금광폭포가 있다. 백운계곡은 흰 구름이 항상 끼어 있어 '하얀 구름에 쌓인 산'이라는 뜻의 백운산白雲山에서 유래했다.

여름에도 맑고 찬 물이 흘러 여름철 피서지로 이름난 계곡이다. 작은 폭포와 연못들이 어우러져 절경을 이루는 곳으로 선유담은 영평팔경 중의 하나이다. 백운계곡의 물은 영평천을 거쳐 아우라지에서 한탄강과 합류한다.

3. 백운계곡 주변의 지형과 지질

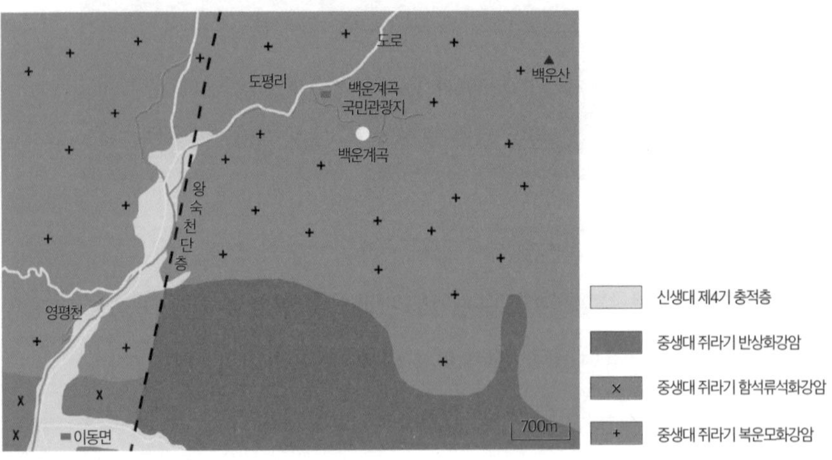

백운계곡 주변의 지질약도.

이곳에는 한반도에 넓게 분포하는 중생대 쥐라기 화강암이 분포한다. 화강암으로 이루어진 백운산(904m) 기슭에 있는 백운계곡은 화강암의 절리와 작은 단층을 따라 침식·풍화작용이 활발하게 일어나 만들어진 지형이다. 따라서 이 계곡은 하천의 침식작용으로 만들어진 여러 기암괴석과 주변의 숲이 어우러져 사시사철 아름다운 풍광을 자아내고 있다.

백운계곡에서는 지하 깊은 곳에 있던 화강암체가 융기할 때 만들어진 큰 단층과 함께, 그 단층을 따라 여러 방향으로 관입한 암맥과 절리 및 작은 단층 등을 볼 수 있다. 이 계곡은 암맥 및 단층 등의 방향을 따라 침식·풍화작용이 활발하게 일어나, 작은 연못과 폭포가 연이어서 발달해 있다. 특히 백운계곡 일대의 화강암 지역은 화강암질 마그마의 분화分化 단계 중 최종 단계에서 산출되는 복운모화강암 및 거정질화강암(페그마타이트)을 볼 수 있는 특별한 곳이다.

1) 백운계곡을 이루는 복운모화강암은 어떤 암석인가?

계곡 주변의 화강암에서는 비늘처럼 반짝이는 백색의 광물을 볼 수 있다. 어린 시절에 손에 묻은 흙을 털 때, 잘 떨어지지 않는 광물 조각을 본 경험이 있다. 이것은 대부분 운모라는 광물이며 운모는 색깔에 따라 흑운모와 백운모로 구분한다.

밝은색의 얇은 판 모양의 백운모는 햇빛을 잘 반사한다. 물고기 비늘처럼 보인다고 하여 '돌비늘'이라 부르기도 한다.

백운계곡의 화강암은 백운모와 흑운모의 두 종류 운모를 가진 복운모화강암이다. 화강암은 함유하는 광물의 종류에 따라서, 각섬석흑운모화강암, 흑운모화강암, 홍색장석화강암, 복운모화강암 등 여러 가지가 있다. 그런데 복운모화강암은 분포 면적이 넓지 않아서 매우 귀하게 취급한다.

900℃ 정도 되는 마그마에서 화강암을 이루는 여러 종류의 광물이 정출晶出(결정으로 나옴)될 때, 각 광물이 만들어지는 온도는 서로 다르다. 더 나아가 화강암을 만들고 있는 장석, 석영 및 백운모 등은 현무암을 이루고 있는 감람석, 휘석 등에 비해서 낮은 온도에서 결정이 만들어진다. 그리고 흑운모, 장석, 백운모, 석영과 같은 광물도, 각 광물이 정출되는 온도는 다르다.

특히 화강암을 이루고 있는 여러 광물 중에서, 석영과 백운모는 마그마에서 결정이 만들어질 때, 제일 낮은 온도에서 정출된다. 따라서 복운모화강암은 여러 종류의 화강암 중에서도 제일 낮은 온도에서 만들어진 암석이라고 할 수 있다.

2) 큰 결정으로 이루어진 거정질 화강암

대부분의 화강암은 지하 10km 정도 되는 곳에서 마그마가 천천히 식으면서 만들어진 심성암이다. 그 구성 광물은 크기가 수 밀리미터로 육안으로 구별할 수 있어, 이런 조직을 조립질이라 부른다. 그런데 조립질인 화강암 중에는 백운모, 석영, 장석 등이 크기가 수 센티미터 정도 되는 것도 있다. 이런 화강암을 '거정질 화강암' 또는 '페그마타이트'라고 한다.

백운계곡에는 '페그마타이트'가 암맥으로 나타난다. 이것은 마그마가 식을 때, 다른 광물이 거의 정출된 후, 남은 마그마가 이미 만들어진 암석의 틈 사이로 뚫고 들어가 식으면서 만들어진 것이다. 이같이 백운계곡에는 온도는 700~800℃ 정도로 낮은 단계에서 정출된 페그마타이트가 복운모화강암과 함께 산출된다. 현무암을 만든 마그마 온도가 1000~1100℃인 것과 비교하면, 페그마타이트가 만들어지는 온도는 매우 낮은 것이다.

백운계곡에서 산출되는 페그마타이트. 장석, 석영, 백운모의 결정이 주변 광물과 비교해 매우 크다. 특히 사진의 중앙 상단에는 5cm 이상의 커다란 석영과 장석 결정이 보인다.

마그마가 많은 종류의 광물을 정출한 후, 석영과 백운모를 정출할

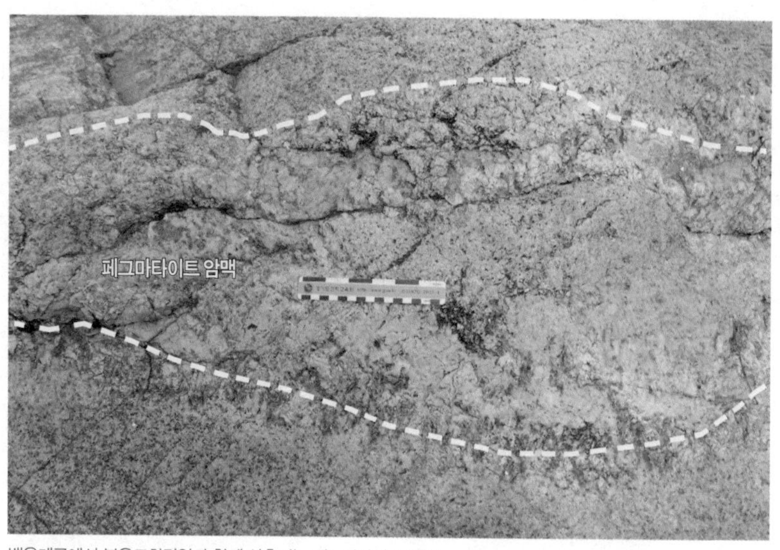

백운계곡에서 복운모화강암과 함께 산출되는 페그마타이트 암맥.

화강암에 여러 방향으로 발달한 절리와 작은 단층.

백운계곡에 계단처럼 연속적으로 이어진 작은 연못.

폭포

소(沼): 작은 연못

폭포

즈음에는 마그마에는 기체 성분이 많아지게 된다. 그러면 이 단계에서는 액체 상태의 마그마에 들어있는 원소 성분들이 더 활발하게 움직일 수 있어, 석영이나 백운모 같은 광물이 큰 결정으로 만들어질 수 있는 것이다. 페그마타이트를 이루는 광물 중에는 그 크기가 수십 센티미터인 것도 종종 발견된다.

3) 작은 연못과 폭포로 이루어진 백운계곡

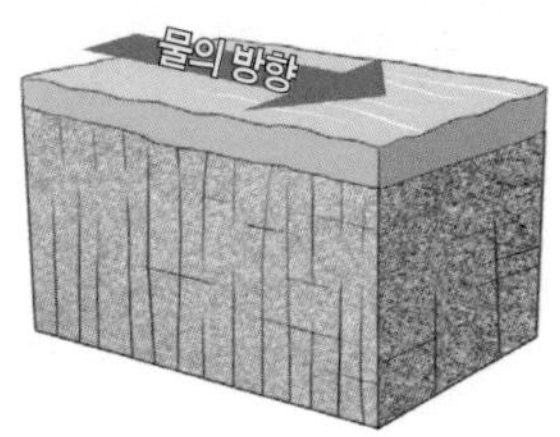

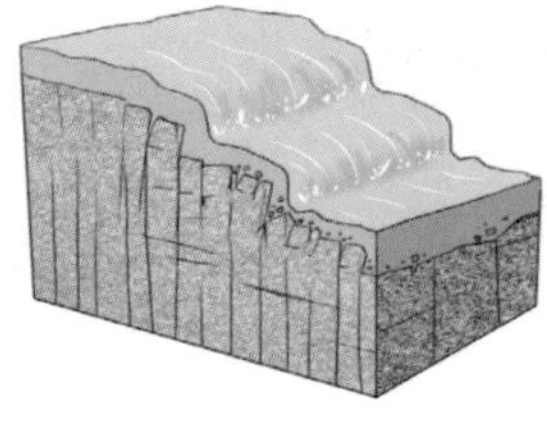
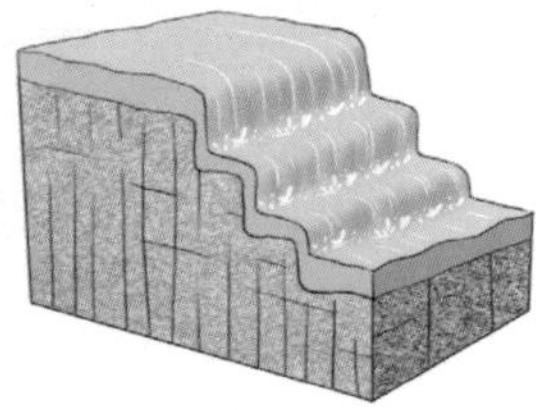

화강암의 절리를 따라 흐르는 물에 의해 만들어진 계단형 폭포와 연못.

백운계곡에는 계곡의 물 흐름과 같은 방향으로 작은 연못과 폭포가 계단처럼 이어져 있다. 이러한 계곡의 미지형이 만들어지는 데는, 화강암에 발달한 작은 단층과 절리가 큰 역할을 한다. 중생대 때 지각 내 10km 깊숙한 곳에 있던 마그마가 식으면서 화강암체가 생성되었다. 이 화강암체가 서서히 융기하여 지표로 올라왔는데, 그동안 압력이 감소하여 화강암체에는 많은 절리(틈)와 단층이 생겼다.

계곡의 바닥에서는 이러한 절리와 단층이 여러 방향으로 만들어진 화강암 표면을 쉽게 볼 수 있다. 이러한 절리 및 단층의 틈은 물과 공기가 쉽게 드나들 수 있게 하여 화강암이 더욱 빠르게 풍화하는 데 큰 역할을 한다. 계곡에 있는 크고 작은 연못과 폭포는 화강암에 발달한 절리 및 단층과 큰 관계가 있는 것을 알 수 있다. 이렇게 화강암체에 절리와 단층이 형성되면 이 틈을 따라 풍화와 침식이 활발히 일어나 계단식 골짜기가 만들어지고, 여기에 작은 연못과 폭포가 생기면서 현무암 계곡과는 아주 다른 형태의 계곡 지형이 만들어진다.

절리와 단층으로 잘린 화강암 노두. 단층면을 경계로 절리의 방향이 어긋나 있다.

백운계곡의 화강암에 발달한 절리와 단층면(위 그림을 확대한 것이다).

화강암에 발달한 절리와 단층을 따라 만들어진 작은 폭포, 연못이 어우러진 백운계곡.

2. 연천 지역

연천 지역은 한탄강 세계지질공원의 여러 명소 중, 재인폭포, 백의리층, 좌상바위, 은대리 판상절리와 습곡구조, 전곡리 유적 토층, 차탄천 주상절리, 임진강 주상절리, 당포성 및 동막골응회암 등 아홉 개의 지질명소를 만날 수 있다. 한탄강이 임진강과 합류하는 곳에 있는 '합수머리 하식동굴'과 '신답리 3층 용암'은 집필진이 추가로 추천한 명소이다.

한탄강 현무암 절벽에 발달한 재인폭포의 풍경.

연천은 한탄강 용암이 골짜기로 흘러 들어간 곳에 형성된 재인폭포가 있는 곳이다. 한탄강 현무암층 아래에서 옛 한탄강의 하상 퇴적층인 백의리층을 여러 곳에서 볼 수 있다. 또한 한탄강 현무암과 고생대 지층이 서로 접하는 노두를 볼 수 있는 '은대리 판상절리와 습곡구조'가 있다. 특히 한탄강 현무암을 덮고 있는 충적층에는 먼 곳 아프리카 등지에서 출발한 구석기인들이 정착한 마을인 전곡리 유적 토층이 있다.

이 지역은 한탄강 용암이 임진강과 만나면서, 100km가량의 긴 여정을 마무리하는 곳이다. 한탄강 용암은 임진강과 만나는 합수머리에 대규모의 용암호를 만들어, 이곳에는 두꺼운 현무암층에서 만들어진 수직 절벽, 하식동굴 등, 다양한 지형이 주변 생태계와 조화를 이루는 멋진 풍경도 볼 수 있다. 또한 이곳에는 선사시대 이후, 삼국시대, 고려시대, 조선시대 등을 거치면서, 각 시대의 역사 유적이 여러 곳에 남아 있다.

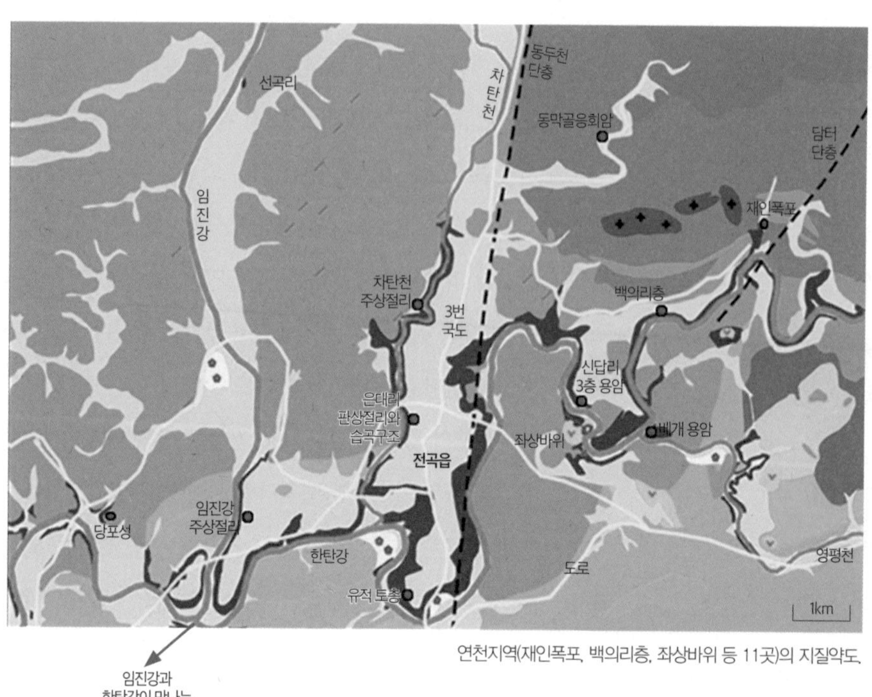

연천지역(재인폭포, 백의리층, 좌상바위 등 11곳)의 지질약도.

연천 지역의 지질명소

1. 재인폭포: 줄타기 달인의 전설이 전해지는 폭포

2. 백의리층: 옛 한탄강 물줄기가 쌓아놓은 퇴적물

3. 좌상바위: 중생대 화산 분화구의 흔적

4. 신답리 3층 용암: 한탄강 용암의 화산 활동사를 볼 수 있는 곳

5. 은대리 판상절리와 습곡구조: 두 판이 충돌한 흔적을 보이는 현장

6. 전곡리 유적 토층: 구석기 역사 학설을 뒤집은 세계적인 고고학 현장

7. 차탄천 주상절리: 차탄천이 현무암층에 만든 여러 모양의 작품

8. 임진강 주상절리: 병풍처럼 펼쳐진 현무암 절벽 풍광

9. 합수머리 하식동굴: 한탄강과 임진강이 만나서 만든 작품

10. 당포성: 한탄강 현무암 절벽이 만든 천혜의 요새

11. 동막골응회암: 공룡 시대에 이곳에도 화산이 있었다는 증거

지질명소 1. 줄타기 달인의 전설이 전해지는 폭포

재인폭포

재인폭포와 현무암 주상절리.

1. 찾아가는 길

⋯→ 위치: 연천군 연천읍 고문리 산 21(내비게이션: 재인폭포)

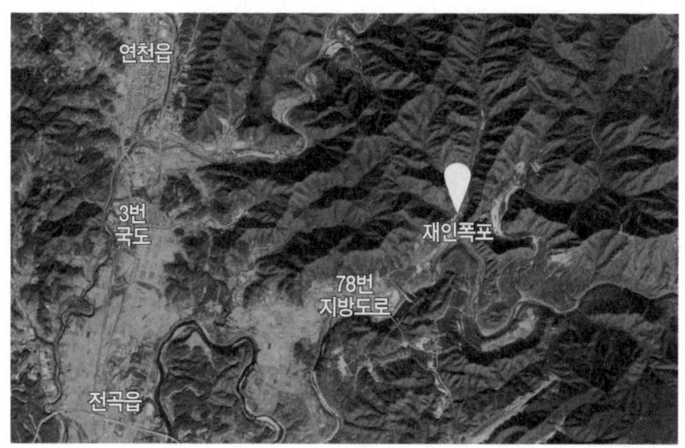

재인폭포 위치.

2. 재인폭포 이야기

재인폭포의 전설, 그 슬프고도 아름다운 이야기

옛날에 새로 부임한 원님이 우연히 이 고을에 사는 재인의 아내와 마주쳤다. 원님은 재인 아내의 미모에 반하여 그녀를 범하려 했다. 그러나 재인의 아내는 "쇤네는 주인이 있는 아낙입니다"라고 말하며 강력히 거부했다. 색욕에 눈이 먼 원님이 "네 서방이 뭐 하는 놈이냐?" 하고 소리를 지르니, 여인은 "이 고장에서는 제일 소문난 외줄 타기 재인才人입니다" 하고 자랑스럽게 큰 소리로 답했다. 이에 원님은 재인을 죽이면 그의 아내를 차지할 수 있다는 생각에 모략을 꾸며 줄타기 대회를 열기로 했다.

그는 재인을 죽이려고 밧줄에 칼집을 내서 폭포 위의 절벽에 매어

놓고는 재인에게 줄을 타게 했다. 결국 밧줄이 끊어져 재인은 죽고 말았다. 원님은 여인에게 "이제는 네 남편이 없으니, 나와 같이 살아도 되지 않겠느냐?"라며 강제로 수청을 들게 했다. 재인의 아내는 원님의 강압을 못 이겨 수청을 들 수밖에 없었지만, 원님이 밤에 범하려고 접근하자 원님의 코를 물어뜯고 자결하여 절개를 지켰다.

이 일이 알려지자 사람들은 재인과 아내의 넋을 기리기 위하여 그 폭포를 '재인폭포'라 이름 붙였고, 그들이 살던 마을은 '코문이'라고 했다. 코문이는 그 후 고문리古文里로 정착되면서 이곳의 지명이 되었다고 한다.

이렇게 아름다운 풍광을 자랑하는 곳에 그런 슬픈 전설이 있다니.

재인의 전설 상상도

구전으로 전해지는 이 설화가 사실에 근거했는지는 확인하기 어렵다. 그러나 이 폭포의 규모나 지형적 특징을 살펴보면 그러한 비슷한 사례가 있었을 가능성은 충분히 있다. 설화가 갖는 특성이나 기능을 생각해보면, 옛사람들은 이러한 설화를 통해서 이 지역 탐관오리의 폭정과 탐욕에 저항하고 천대받던 재인(광대)의 한을 풀어내며 카타르시스를 느꼈던 것은 아닐까?

3. 재인폭포 주변의 지형 및 지질

재인폭포는 북동쪽으로 지장산(877m), 동쪽으로 향로봉(610m)과 종자산(643m) 등으로 둘러싸인 계곡에 위치하며, 한탄강 본류에서 약 350m 떨어진 곳에 있다. 이 폭포는 높이가 약 18m이다. 폭포 아래에는 지름 5m에

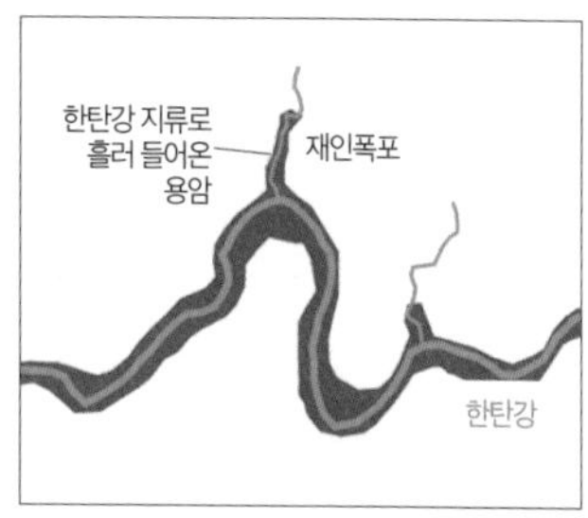

한탄강과 재인폭포 주변의 현무암 분포. 재인폭포는 한탄강 본류에서 약 350m 떨어져 있다.

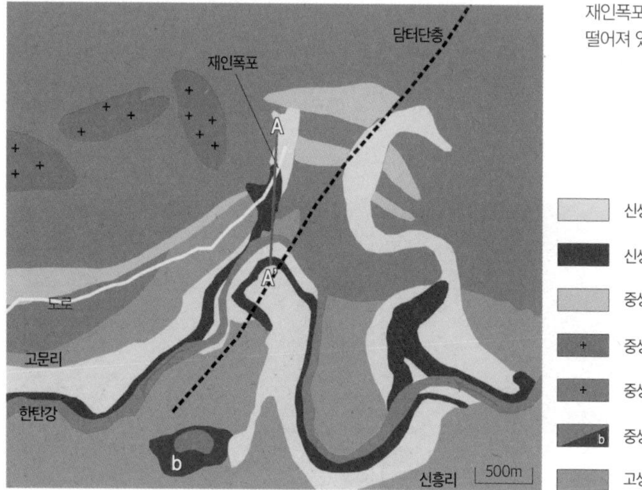

재인폭포 주변의 지질약도.

포트홀(돌개구멍)과 하식동굴(중간), 폭포 절벽의 주상절리(상부).

달하는 큰 포트홀이 있고, 포트홀 주변 벽에는 하식동굴도 있다. 폭포를 만든 현무암 절벽에는 육각형 등 다양한 모양의 절리가 수직으로 발달해 있다. 또한 현무암 절벽이나 폭포 아래에는 용암이 식을 때 표면에 만들어지는 가스 튜브 등 여러 미지형을 관찰할 수 있다.

재인폭포가 위치한 계곡이 한탄강 본류와 만나는 부근에는 바닥에 고생대의 변성암이 노출되어 있고, 응회암, 화강반암 등의 전석이 쌓

재인폭포 계곡 하상의 화강반암 바위.

재인폭포 계곡 하상의 응회암 전석들.

3개의 용암단위 구분(점선)과 주상절리 유형(① 용마름형: 폭포수 중앙부, ② 가는 수직기둥형: 왼쪽, ③ 굵은 수직기둥형: 오른쪽 중앙 위).

여 있다. 이러한 암석 덩어리는 폭포 주변을 이루는 중생대 지층의 암석이 떨어져 나온 것이다. 이들 중 응회암 자갈은 중생대 백악기 화산에서 분출한 동막골응회암인 것도 있다.

높이 약 20m 정도 되는 현무암 절벽을 자세히 보면, 현무암 절벽의 중간에 다른 곳보다 기공이 많으면서, 더 거칠거나 약간 비어 있는 공간이 옆으로 이어지는 부분이 있다. 또한 현무암 절벽에 발달한 절리의 모양이 절벽의 위치에 따라 많이 다른 것을 볼 수 있다. 전체적으로 두꺼운 현무암 절벽은 세 개의 용암단위로 구분된다.

이는 한탄강에서 이곳까지 세 번 정도 용암이 흘러 들어온 것을 말해준다. 세 개의 용암단위 중에서 두 번째의 용암층이 가장 두꺼우며, 그 용암층의 상부와 하부에서는 콜로네이드를, 중앙 부위에서는 엔타

재인폭포의 현무암 절벽에 발달한 다양한 절리 모양. B층의 상부 콜로네이드에 수평절리, 엔타블러처에 다양한 모양의 주상절리가 발달했다.

블러처를 어렴풋이 구분할 수 있다.

재인폭포가 형성되는 과정을 단계별로 정리해보자.

① 약 54만~12만 년 전에 북한의 평강 일대에서 분출한 용암이 옛 한탄강을 따라 흘러 내려왔다.

② 옛 한탄강을 메우던 용암의 높이가 높아지면서, 용암 일부는 계곡으로 세 번 정도 흘러 들어왔다.

③ 계곡의 물이 계곡을 메운 용암 위를 흐르며, 한탄강과 만나는 곳에 작은 폭포 가 만들어졌다.

④ 그 후 용암으로 덮인 계곡에는 작은 현무암 계곡이 생기고, 폭포의 위치는 계곡 안쪽으로 점점 옮겨졌다. 앞으로 폭포는 더 계곡 위쪽으로 옮겨질 것이다.

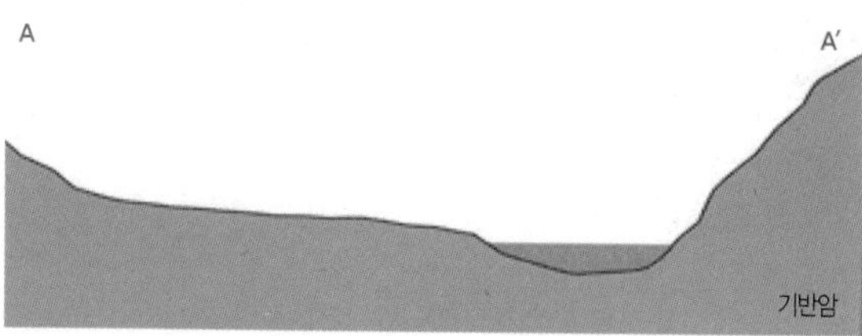

옛 한탄강이 기반암 위를 흐르고 있다.

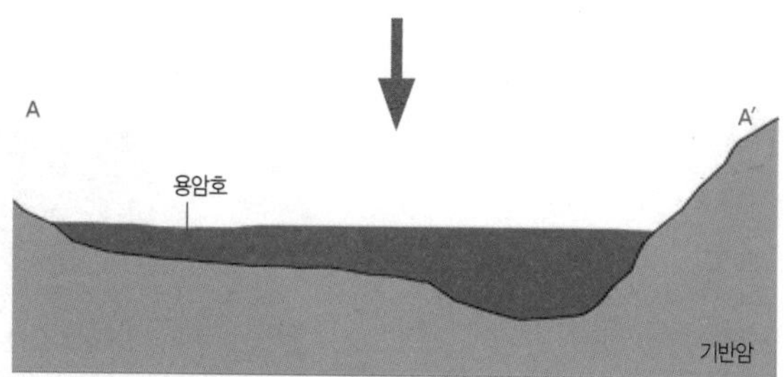

평강에서 분출한 용암이 옛 한탄강을 메우며 계곡까지 흘러 들어왔다.

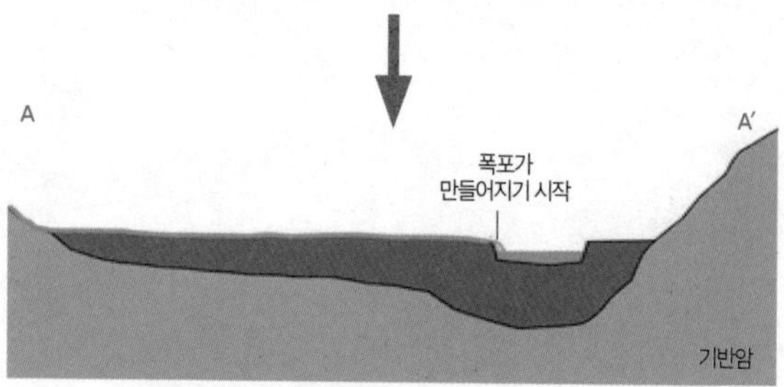

계곡과 새로운 한탄강이 만나는 곳에 작은 폭포가 만들어졌다.

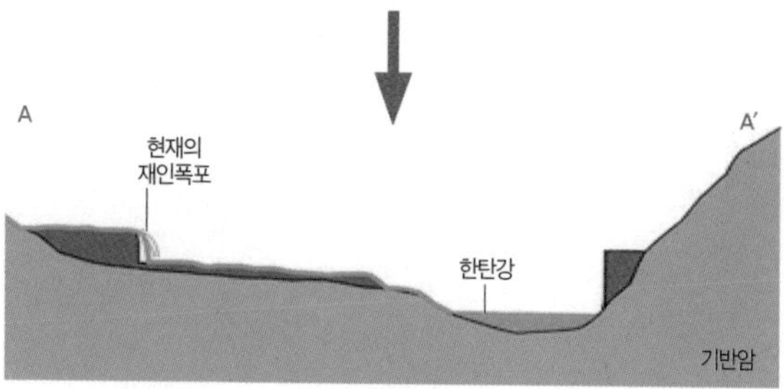

폭포는 한탄강에서 점점 멀어져 오늘날의 위치로 옮겨졌다.

재인폭포의 형성 과정(지질약도의 AA′ 단면 그림).

지질명소 2. 옛 한탄강 물줄기가 쌓아놓은 퇴적물

백의리층

'백의리층'과 현무암 절벽이 있는 고문리 한탄강 계곡.

1. 찾아가는 길

⋯› 위치: 경기도 연천군 연천읍 고문리 212

고문리 백의리층의 위치.

경기도 연천군 전곡읍 전곡대교에서 37번 국도를 따라 포천 쪽으로 1.7km 이동한 후 오른쪽으로 나와 전영로로 진입한다. 궁평삼거리에서 재인폭포 유원지 방면으로 4.4km 이동하여 고문리 삼거리에서 우회전해서 600m 이동, 한탄강댐 관리단 방면으로 나와 180m 정도 가면 우측으로 진입로가 나온다. 여기서 250m 정도 가면 주차장(화장실)이 있다. 주차장에서 350m 정도 강 쪽으로 내려오면 '한탄강 트레킹길' 옆에 백의리층 노두가 있다.

2. 백의리층 이야기

경기도 연천군 청산면 백의리는 한탄강 아우라지에서 한탄강의 지류인 영평천을 따라 남동쪽으로 4~5km 가면 나오는 작은 마을이다. 영평천에는 흐르는 물에 옮겨 온 자갈, 모래 등이 쌓이고 있었다. 오늘날에도 모든 하천에서는 유수에 의해 실려 온 물질이 쌓이는 것을 볼 수 있다. 이것을 '하성퇴적물'이라 한다.

북한의 평강에서 분출한 용암은 온도가 약 1000℃ 이상이며, 점성이 매우 작아서 묽은 엿처럼 쉽게 흘렀다. 이런 물성을 가진 용암이 세 번 정도 반복해서 옛 한탄강을 따라 남쪽으로 흘러 내려왔다. 그 용암의 일부는 아우라지에서 영평천을 따라 흘러가 백의리 마을에 큰 용암호를 만들면서 그곳에 있던 하성 퇴적층을 덮어버렸다.

이러한 퇴적층은 한탄강 유역의 현무암층 아래에서 굳지 않은 상태로 발견되는 경우가 많다. 그중 백의리 마을에 있는 지층이 표준이 되어, 이곳 현무암층 하부에 있는 미고결(딱딱하게 굳지 않은) 퇴적층을 '백의리층'이라 부르고 있다. 여러 백의리층 노두 가운데 접근하여 관

고문리 백의리층. 굳지 않은 퇴적층으로 그 위를 신생대 제4기 현무암이 덮고 있다.

찰하기에 좋은 대표적인 곳이 고문리 백의리층 노두이다.

백의리층은 한탄강 현무암의 바로 아래에 있는 미고결 하성퇴적층을 말한다. 이 미고결 퇴적층의 두께는 약 60~90cm이며, 다양한 종류의 암석으로부터 온 역(자갈)들이 있다. 역들은 주로 편마암, 편암, 규암, 화강암 등이며 원마도(둥글게 마모된 정도)가 양호하다. 드물게는 장탄리 백악기 현무암과 응회암 역도 관찰된다. 역은 크기가 0.7cm 이상의 자갈에서 20cm 이상의 왕자갈 등 매우 다양하다.

3. 백의리층 주변의 지형 및 지질

고문리 백의리층의 노두 위치. Ⓐ-백의리층, Ⓑ-무너져 내린 절벽, Ⓒ-고생대·중생대층, Ⓓ-용암단위.

고문리 주변의 지질은 기반암이 고생대 미산층이며, 중생대 응회암 및 역암층이 소규모로 한탄강 하천에 분포한다. 그리고 옛 한탄강의

한탄강 계곡의 전형적인 지질 단면을 보여주는 고문리의 현무암 절벽. 백의리층(하부)과 클링커, 베개 구조, 콜로네이드 및 엔타블러처 등의 구조를 볼 수 있다(Ⓐ 지점).

하성퇴적층인 백의리층이 분포하고, 그 위를 부정합으로 한탄강 현무암이 덮고 있다. 고문리 양수장이 있는 한탄강 현무암 절벽과 하상에서는 이 주위에 분포하는 모든 지층을 볼 수 있다. 먼저 양수장 입구의 현무암 절벽에서는 백의리층과 그 위를 덮고 있는 두꺼운 현무암층의 수직 단면을 관찰할 수 있다.

이 현무암 절벽에서 현무암층과 접하는 하부에는 백의리층이 있다. 이 층에는 자갈이 일정한 방향으로 배열된 인편상鱗片狀 구조(물고기 비늘 모양의 구조)를 볼 수 있다. 이러한 구조는 하천물의 흐름에 대하여 저항을 가장 적게 받는 방향으로 자갈들이 배열된 것으로, 옛 수로에서 물의 흐름과 환경을 연구하는 데 좋은 지질 자료가 된다.

백의리층에서는 한탄강 현무암에서 온 자갈은 찾을 수 없다. 그 이유는 백의리층이 한탄강 현무암보다 더 앞선 시기의 하성퇴적층이기 때문이다. 한탄강 유역에서 하성퇴적층이 형성된 시기는, 한탄강 현무암을 경계로 고기 하성퇴적층과 신기 하성퇴적층으로 구분한다. 백

백의리층에 있는 인편상 구조. 자갈들이 물의 흐름에 저항을 적게 받는 방향으로 기울어져 있다.

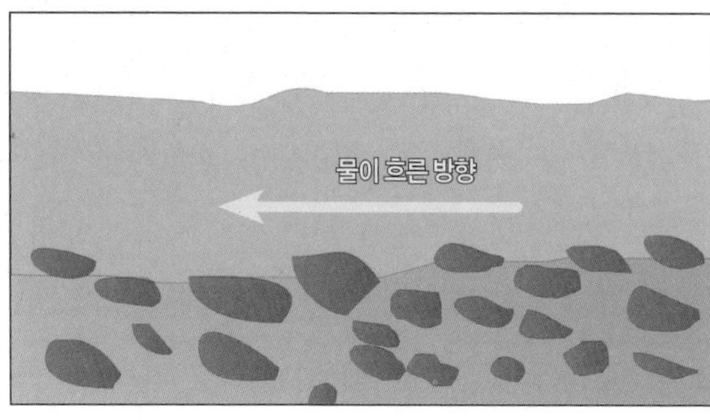

인편상 구조의 형성.

의리층은 한탄강 용암이 분출하기 전에 퇴적된 고기 하성퇴적층이다. 따라서 한탄강 유역의 여러 곳에서 발견되는 백의리층은 옛 한탄강의 위치를 연구하는 데 중요한 지층이 되고 있다.

고문리 백의리층을 덮고 있는 두꺼운 현무암 절벽에는 하부에서 상부로 가면서 다양한 모양의 절리가 발달해 있다. 현무암층 하부에는 베개 구조와 클링커가 발달해 있다. 클링커층 위에는 수평절리층이 7~8m 정도 발달해 있다, 그 위층에는 주상절리층이 있으나, 상하 콜로네이드와 엔타블러처 부분으로 경계 짓기가 쉽지는 않다.

강 건너편 현무암 수직 절벽에는 현무암층 아랫부분에 절벽에서 떨어져 나온 전석들이 쌓여 있어 하부 콜로네이드가 보이지 않지만,

백의리층을 덮은 현무암층. 백의리층 위에 클링커, 수평절리층, 주상절리층이 보인다(Ⓐ 지점).

상부 콜로네이드와 엔타블러처 부위는 구분할 수 있다. 엔타블러처는 두께가 5~7m 정도이며, 다양한 주상절리 유형이 나타난다. 그 위는 굵은 수직기둥형 주상절리로 이루어진 1~2m 두께의 상부 콜로네이드가 있다. 그 위의 최상부층은 괴상의 현무암으로 이 부분은 또 다른 용암단위일 것으로 보인다.

배게용암은 백의리층 위의 현무암층에 발달했는데, 두께가 수십 센티미터에서 1m 정도가 된다. 이는 이곳이 옛 한탄강이 흐르던 곳임을 추측하게 한다.

한탄강 고문리 계곡에서는 백의리층과 현무암층과의 관계뿐 아니라, 하상에서 고생대 미산층, 중생대 응회암 및 역암층 등 지층들이 부

한탄강 건너의 현무암 절벽. 엔타블러처 부분에 수직기둥형, 용마름형, 장작더미형, 공작날개형 등의 주상절리가 보인다(ⓒ 지점).

정합 및 정합 관계로 쌓여 있는 노두를 볼 수 있다.

응회암층은 암회색을 띠며 구성 입자의 분급(입자들의 고른 정도)이 좋지 않다. 역암층은 붉은색을 띠며, 원마도가 좋은 자갈들이 포함되어 있다. 이 퇴적층은 백의리층이 쌓이기 전, 즉 중생대 백악기에 이곳의 퇴적 환경을 설명해주고 있다. 역암층이 붉은색을 띠는 것은 우리나라 백악기 시대의 지층에서 흔히 볼 수 있는 현상이며, 역암에 산화된 철 성분이 많이 포함되어 있기 때문이다.

현무암층(고문리)이 백의리층을 덮고 있다. 그 하부에 발달한 클링커(Ⓐ 지점).

현무암층 하부의 베개용암을 근접해서 촬영한 사진(Ⓐ 지점).

현무암의 절리를 따라 무너져내려 형성된 수직 절벽(Ⓑ 지점).

고생대 미산층, 백악기 응회암층과 역암층의 관계를 볼 수 있는 노두(© 지점).

바탕 물질이 붉은색을 띠는, 고문리 한탄강 하상의 중생대 백악기 역암층(© 지점).

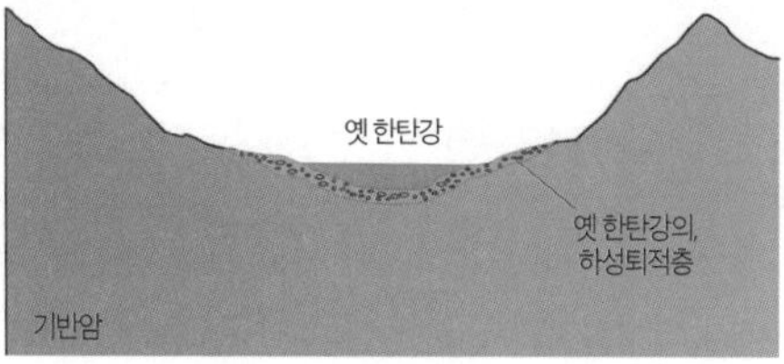

옛 한탄강
옛 한탄강의, 하성퇴적층
기반암

옛 한탄강 주위에 분포하는 기반암 위로 자갈이 쌓였다.

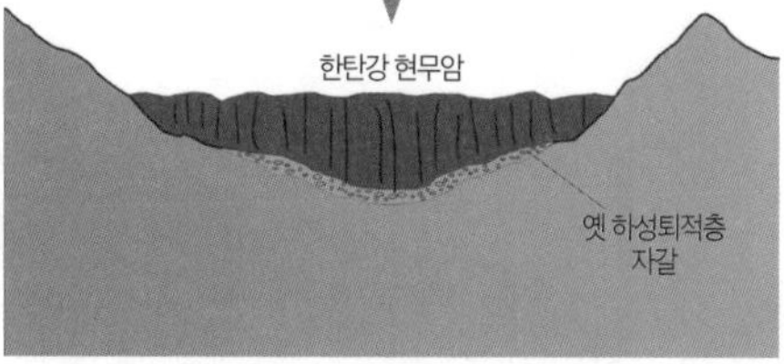

↓

한탄강 현무암
옛 하성퇴적층 자갈

한탄강 용암이 옛 한탄강을 메우며 하성퇴적층을 덮었다.

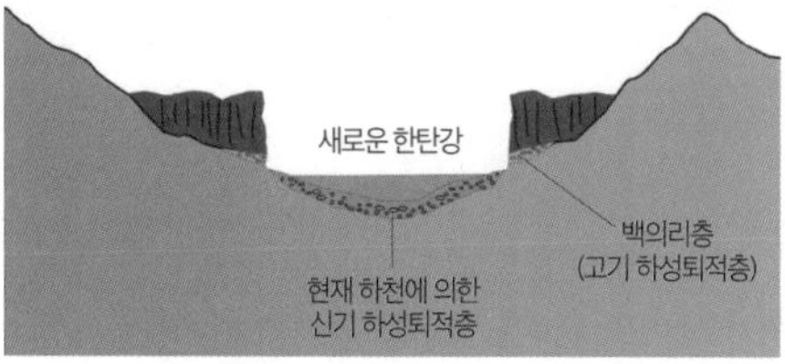

↓

새로운 한탄강
백의리층 (고기 하성퇴적층)
현재 하천에 의한 신기 하성퇴적층

새로운 한탄강 계곡의 현무암층 하부에 고기 하성퇴적층이 노출되고, 신기 하성퇴적층이 쌓이고 있다.

미고결 퇴적층인 백의리층과 한탄강 용암층과의 관계.

지질명소 3. 중생대 화산 분화구의 흔적

좌상바위

중생대 화산의 화도인 좌상바위(오른쪽)와 한탄강 풍경.

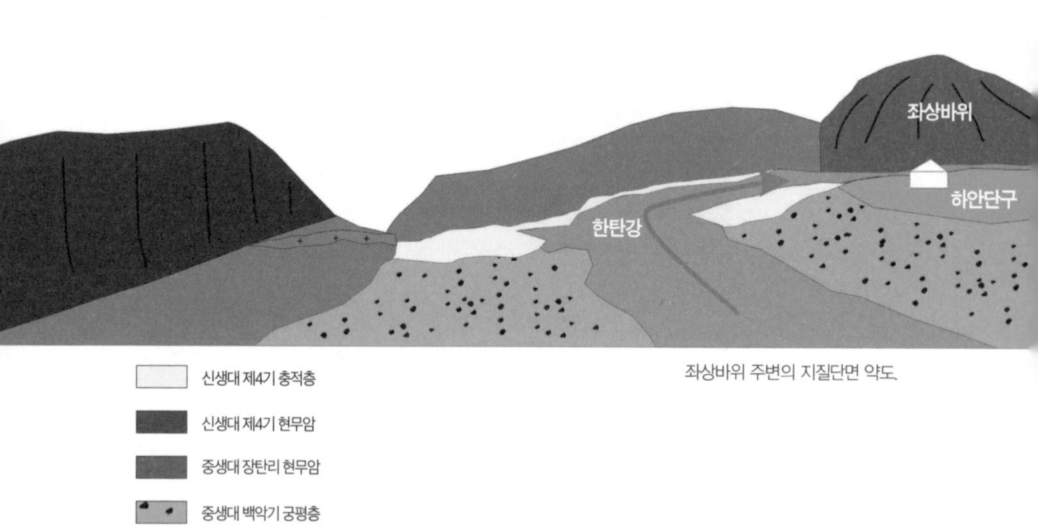

좌상바위 주변의 지질단면 약도.

1. 찾아가는 길

⋯› 전망 위치: 경기도 연천군 전곡읍 신답리 307(내비게이션: 좌상바위)

⋯› 노두 위치: 경기도 연천군 청산면 장탄리 산2-1

좌상바위 위치(Ⓐ-좌상바위, Ⓔ-전망대, Ⓕ-신답리 3층 용암)

연천군 청산면 궁평삼거리에서 재인폭포 유원지 방면으로 690m 이동하면, 궁신교를 건너자마자 좌측에 진입로가 있다. 100m 정도 가면 작은 주차장(승용차, 화장실)이 있고 탐방로를 따라 250m 정도 강가로 내려가면 쌍안경이 설치된 전망대가 있다. 좌상바위는 강 건너편에 있다.

2. 좌상바위 이야기

'좌상바위'는 모양이 특이하여 오랫동안 여러 이름으로 불렸다. 신선이 노닐던 바위라고 하여 선봉바위, 풀무 모양이며 그곳에서 풀무질을 했다 하여 풀무산, 모양이 스님이 앉아 있다고 하여 좌살바위, 한국전쟁 당시에 많은 사람이 떨어져 목숨을 잃었다 하여 자살바위 등 여러 이름이 붙었다. 그중 청산면 일원에서 가장 많이 불리는 이름은 '좌상바위'이다. 좌상은 궁평리 마을 좌측에 있는 커다란 형상이라는 뜻에서 유래한다. 좌상바위는 청산면 일대를 오랫동안 수호해온 장승과 함께 궁평리 마을의 수호신으로 여겨지고 있다.

실제로 청산면 궁평리 삼거리에서 앞쪽에 있는 한탄강 궁신교 쪽을 바라보면 왼쪽에 좌상바위가 우뚝 자리 잡고 있다.

중생대 화산체의 화도로 추정되는 좌상바위(Ⓐ지점).

3. 좌상바위 주변의 지형 및 지질

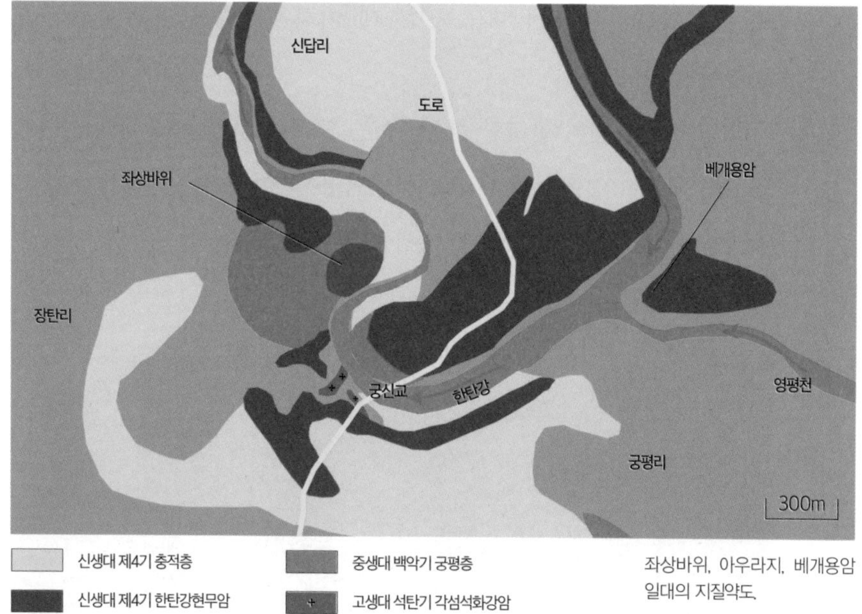

좌상바위, 아우라지, 베개용암 일대의 지질약도.

좌상바위 주변에는 고생대의 미산층, 중생대의 궁평층 및 신생대 현무암 등 여러 시대의 지층이 접해서 분포하고 있다. 좌상바위는 중생대 백악기에 '연천-철원분지'에 있던 화산의 흔적이다. 한탄강 옆에 60m 높이로 우뚝 솟아 있는 좌상바위는 그 당시 화산의 화도였으며, 이곳을 찾는 데 좋은 길잡이가 되기도 한다. 이 화산에서 분출한 현무암질 용암이 한탄강 하상에 분포하며, 이 현무암의 표면에서는 방해석으로

중생대 현무암 표면에 발달한 행인상 구조. 2차 생성물인 방해석이 기공을 채우면서 형성된 것이다.

채워진 행인상杏仁狀(살구 씨 모양) 구조를 볼 수 있다. 좌상바위 표면에는 세로 방향의 검은색 띠가 보이는데, 이것은 빗물에 녹은 물질이 침전한 흔적이다.

좌상바위 주변의 한탄강 하상에서는 고생대 미산층, 중생대 화산암 및 신생대 제4기 현무암 그리고 하안단구 등 여러 지질시대의 지층과 암석을 한탄강 계곡의 한쪽 벽에서 관찰할 수 있다.

고생대 미산층, 중생대 응회암층, 신생대 현무암층이 주변에 접해 있는 한탄강 계곡 절벽 노두(© 지점).

좌상바위 주변의 한탄강 하상에 분포하는 중생대 응회암층(강바닥 일부)과 고생대 미산층(강 건너 하부), 신생대 현무암층(상부)(Ⓓ 지점).

좌상바위 앞의 한탄강 하상에 분포하는 중생대 응회암(Ⓑ 지점).

좌상바위 앞쪽 한탄강 하상에 퇴적된 모래와 자갈(Ⓔ 지점).

좌상바위 앞쪽 한탄강 바닥의 하성 퇴적물(Ⓔ 지점).

4. 화산체의 화도인 좌상바위

중생대에는 지금의 동해는 없었고 일본열도가 한반도에 매우 가까이 있었다. 동해는 약 2400만 년 전부터 서서히 열리기 시작하여, 약 1500만 년 전에 동해의 열림 운동은 멈추었다.

오늘날은 태평양판이 일본열도 밑으로 밀려 들어가면서 일본열도에는 지진과 화산활동이 활발하게 일어나고 있다. 그런데 중생대 때는 일본열도가 거의 한반도와 붙어 있었기 때문에, 일본열도 밑으로 들어가는 태평양판은 한반도 밑까지 밀려 들어왔다. 그 결과 한반도에 큰 단층운동이 일어나면서 여러 곳에 함몰분지가 형성되고, 화성활동이 활발하게 일어났다. 한반도 중부와 남부에 넓게 분포하는 중생대 화강암 및 화산암은 이러한 화성활동으로 만들어진 것이다.

그때 한탄강 유역에 '연천-철원분지'가 만들어지고, 분지 안에서는 지장산 등 여러 곳에서 화산활동이 활발하게 일어났다. 한탄강 옆에 60m 높이로 우뚝 솟아 있는 좌상바위는, 그 당시 지장산과 함께 활동하던 여러 화산의 분화구 가운데 하나가 분출물로 메워진 암경岩頸으로 추정하고 있다. 즉, 중생대 화산체의 흔적이 남은 화산 지형이다.

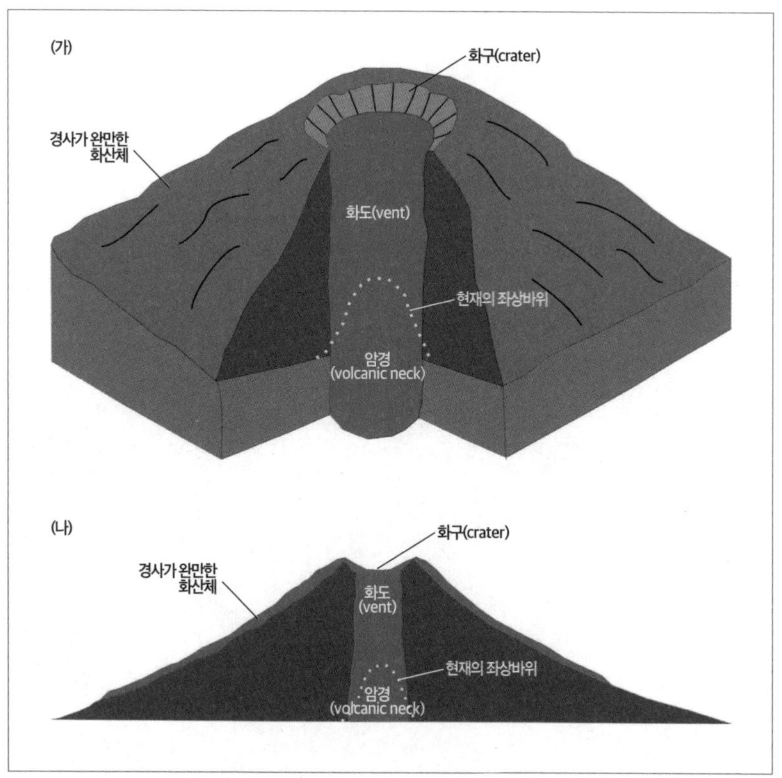

중생대 화산이 활동한 화산체의 입체 모형(가)과 단면도(나).

지질명소 4. 한탄강 용암의 화산 활동사를 볼 수 있는 곳

신답리 3층 용암

한탄강 유역에 분포하는 용암은 54만 년 전부터 12만 년 전까지 크게 세 번 분출했다. 한탄강 용암층을 한곳에서 모두 볼 수 있는 신답리 현무암 절벽.

1. 찾아가는 길

··· 노두 위치: 경기도 연천군 전곡읍 신답리 산 42-3

··· 전망 위치: 경기도 연천군 청산면 장탄리 3-1

신답리 3층 용암의 위치(Ⓐ-3층 용암 절벽, Ⓑ-전망 위치, Ⓒ-좌상바위)

전곡읍에서 청산면 궁평리 방향 궁평삼거리 100m 앞에서 좌회전해 전영로 319번길로 접어든다. 1.1km 직진 후 우회전하여 93m 전방에서 좌측 길로 600m 정도 가면 강가에 주차할 수 있다(승용차). 노두는 강 건너편에 있고 강가에 넓은 모래사장이 있어 쉽게 조망할 수 있다.

2. 신답리 3층 용암 이야기

연천군 전곡읍 신답리薪沓里는 한탄강이 굽이쳐 흐르는 강 옆에 큰 논이 있어 '섶논'이라고 부르는 자연 마을이다. 신답리 마을에 가면 한탄강 용암이 크게 세 번 흐른 흔적을 잘 알아볼 수 있는 현무암 절벽이 있는데, 필자들이 이곳의 이름을 '신답리 3층 용암'이라고 붙였다. 한탄강 용암 세 개 층을 온전히 한 번에 볼 수 있는 곳으로는 여기가 으뜸이다.

신답리는 '섶 신薪', '논 답畓' 자를 써서, '큰 논'이라는 의미이다. 그런데 사실 이곳을 포함한 한탄강 유역의 용암대지 위 충적토는 논농사를 짓기에는 적합하지 않은 땅이었다. 왜냐하면 충적토 아래의 현무암은 절리(틈)가 많아 물이 쉽게 빠져나가 물을 오래 가둬두기 어렵기 때문이다. 더구나 한탄강 중·하류 지역은 계곡의 깊이가 30~40m나 되어 예전에는 이 강물을 끌어 올려 논농사에 이용할 수 없었다.

그래서 조선시대에는 이곳을 군사 훈련장이나 사냥터 등으로 활용하다가, 100여 년 전 양수 시설이 들어서면서 농업용수를 공급하게 되었다고 한다. 지금은 60여 곳에 양수장을 설치하여 논농사를 짓고 있다. 신답리 바로 위쪽에 있는 고문리 양수장(소수력발전소)에서 강물을 퍼 올려 농사에 이용하고 있다.

신답리 3층 용암은 한탄강 용암단위 세 개가 한 절벽에 잘 드러나 있고, 강바닥에는 넓은 모래사장과 각종 암석이 널려 있어 '용암의 흐름 단위'를 탐구하고 '암석의 분류'를 학습하는 장으로도 활용되고 있다.

고문리 양수장 양수관. 한탄강 물을 끌어 올려 고문리, 신답리, 통현리 일대에 농업용수를 공급하고 있다.

3. 신답리 3층 용암 일대의 지형 및 지질

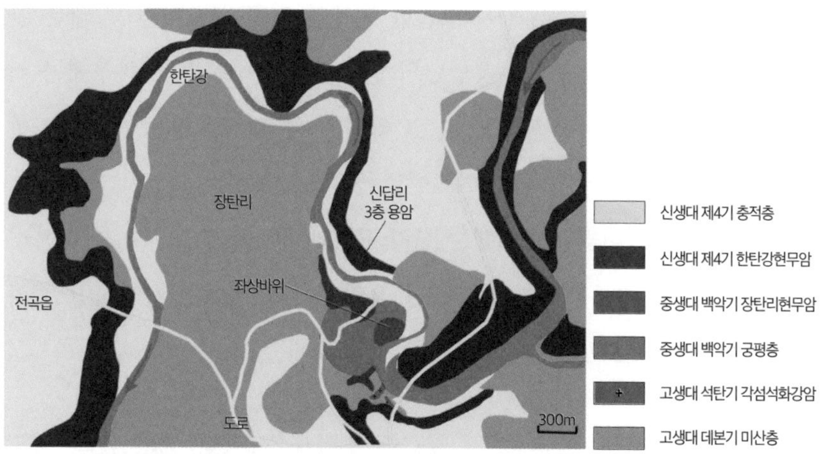

신답리 3층 용암, 좌상바위 일대의 지질약도.

북한의 평강 지역에서 크게 3회에 걸쳐 분출한 한탄강 용암은 옛 한탄강을 따라 이곳까지 흘러내렸다. 그 후 새로운 한탄강 물줄기는 높이 약 30m의 현무암 수직 절벽을 만들었다. 이 현무암 절벽에는 약 54만~12만 년 전의 지질 연대를 보이는 세 개의 한탄강 용암단위가 다양한 모양의 주상절리와 함께 고스란히 드러나 있다.

이곳의 기반암은 고생대 미산층이며, 주변에 중생대 화산암류인 궁평층과 화산분화구의 화도를 메우면서 형성된 좌상바위가 있다. 한탄강의 물줄기가 신답리 마을을 'ㄷ'자형으로 감싸면서 흐르고 있다. 한탄강의 양 벽은 높이 20~30m의 현무암 절벽이 발달한 계곡이고, 하상에는 주변을 이루는 암석으로 만들어진 여러 종류 자갈이 쌓여 있다. 물줄기가 곡류하는 곳에서는 건설사면과 공격사면의 지형이 뚜렷하게 발달해 있다. 하천의 공격사면에는 높이 20m 이상의 현무암 절벽이 발달해 있고, 건설사면에는 완만한 경사를 이루는 모래층에 여러 종류의 자갈이 함께 쌓여 있다.

신답리 3층 용암 계곡에 발달한 현무암 절벽에는 기공 및 얇은 클링커 등을 경계로 3매의 용암단위가 뚜렷하게 구분된다. 하부에는 기반암인 고생대 미산층이 있고, 그 위에 두께 30m의 용암층이 부정합으로 놓여 있다.

특히 용암 단위 A와 B에는 상하 콜로네이드와 중앙 부위 엔타블러처가 선명하고, 두꺼운 현무암질 용암층에서 보이는 전형적인 절리 양상을 보이고 있다.

신답리 3층 용암은 한탄강 용암층 3매(A층, B층, C층)를 한눈에 볼 수 있는 현무암 절벽이다.

용암단위 A는 전체 두께가 10m 정도이며, 하부 콜로네이드는 전석과 하상 퇴적물로 덮여 있어, 전체적인 양상을 관찰하기 어렵다. 그러나 대체로 굵은 수직기둥형으로 추정된다. 용암층의 중간에 있는 엔타블러처는 두께가 6~7m 정도이고, 기울어진 용마름형, 장작더미형, 가는 수직기둥형 등의 절리 유형이 보인다. 상부 콜로네이드는 두께가 1.5~2.0m 정도이고 폭이 0.6~1.0m의 굵은 수직기둥형이다.

용암단위 B는 전체 두께가 약 7m이며, 하부 콜로네이드는 절리의 두께와 폭이 0.6~0.7m 정도인 굵은 수직기둥형이다. 중간 부분의 엔타블러처는 두께가 5~6m이며, 가는 수직기둥형, 역용마름형의 절리가 보인다. 상부 콜로네이드는 두께가 1.0~1.5m, 폭 0.7~1.2m 정도로 굵은 수직기둥형이다.

용암단위 C는 두께가 약 7m 정도이며, 전체적으로 주상절리 발달이 미약하고 괴상이어서 상하 콜로네이드와 엔타블러처로 구분하기는 어렵다.

'신답리 3층 용암'의 형성 과정은 다음과 같은 단계로 설명할 수 있다.

① 약 50만 년 전에 옛 한탄강 계곡을 따라 한탄강 용암이 흘러와 이곳에 두꺼운 용암층(A층)이 쌓였다.

② 이 용암층의 하부는 지표면과, 상부는 공기와 접촉하면서 빨리 식어 주상절리가 만들어지기 시작하나, 가운데 부분은 아직 굳지 않은 상태로 천천히 움직인다.

③ 용암이 식으면서 상부(콜로네이드)와 하부(콜로네이드)에는 '굵은 수직기둥형' 주상절리가 형성되었다. 아직 굳지 않은 가운데 부위에는 상부층의 무게에 의해 눌리는 힘, 지형의 경사 정도, 또 다른 용암 덩어리의 미는 힘 등이 작용하면서 엔타블러처(중앙 부위)에는 다양한 모양(가는 수직기둥형, 역용마름형, 기울어진 용마름형, 장작더미형 등)의 주상절리가 만들어진다.

용암단위 A, B, C로 구분되는, 신답리 3층 용암 노두의 현무암 수직 절벽. 신답리 3층 용암 절벽의 용암단위 A, B(A층, B층)에서 관찰되는 여러 유형의 주상절리. ①굵은 수직기둥형, ②가는 수직기둥형, ③역용마름형, ④기울어진 용마름형, ⑤장작더미형

④ 그 후 다시 새로운 용암(B층)이 A층 위에 쌓이면서 같은 과정이 한 번 더 이루어졌고, 오랜 시간이 지난 후 다른 용암 C층이 B층 위를 덮으면서 현재와 같은 3층 용암단위가 되었다. C층은 절리의 발달이 미약하거나 덩어리 상태(괴상)가 되었다.

이처럼 신답리 3층 용암 노두는 54만 년 전에서 12만 년 전 사이에 크게 세 번 분출한 한탄강 용암의 각 단위(층)를 한 장소에서 관찰할 수 있어 학술적·교육적으로 가치가 큰 곳이다.

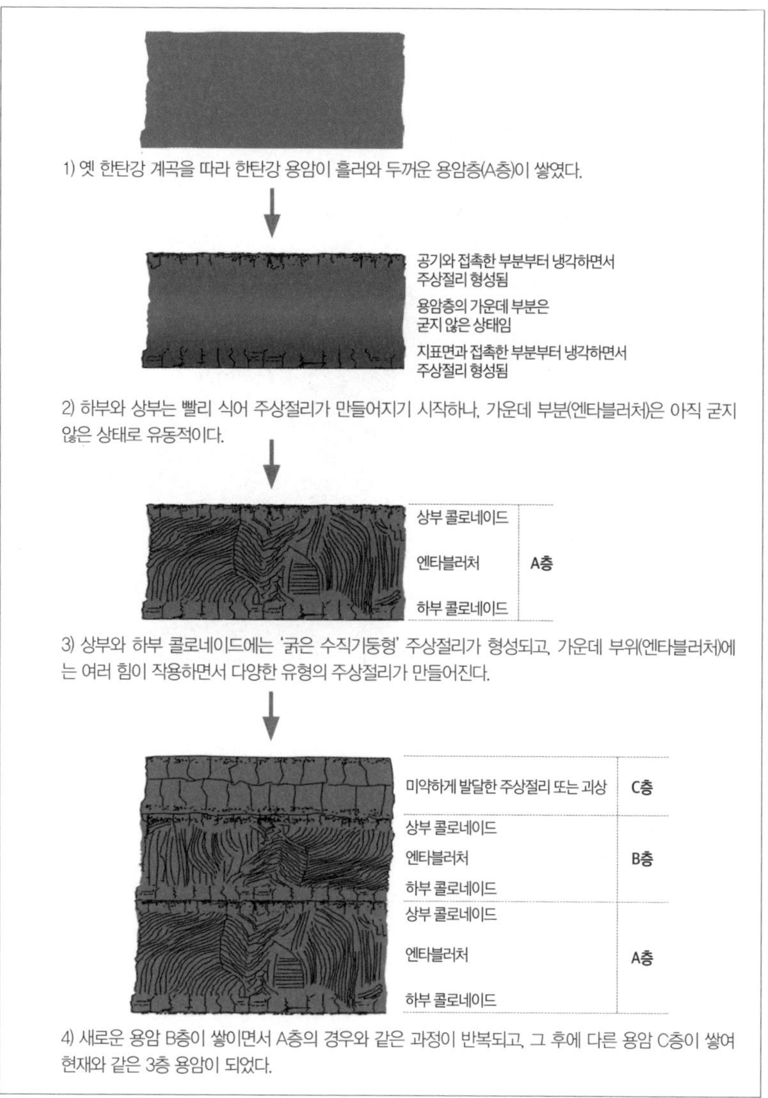

신답리 3층 용암이 형성되는 과정의 단면도.

지질명소 5. 두 판이 충돌한 흔적을 보이는 현장

은대리 판상절리와 습곡구조

차탄천의 현무암 절벽에 발달한 은대리 판상절리와 남쪽으로 이어지는 현무암 계곡. 이 하천은 전곡 부근에서 한탄강과 합류한다.

1. 찾아가는 길

⋯› 위치: 경기도 연천군 전곡읍 은대리 728-1

은대리 판상절리와 습곡 위치.

전곡에서 3번 국도를 따라 연천 쪽으로 가다가 고가도로를 넘어선 후 600m 전방 은대삼거리에서 오른쪽 군남 왕림리 방면으로 들어선다. 1.5km 정도 가면 왕림교를 건너기 직전 삼거리에서 왼쪽으로 '풍천관광농원 입구'라는 안내판이 있다. 삼거리에서 좌측으로 300m를 내려가면 왕림교 아래에 주상절리 노두가 있고, 풍천관광농원 쪽으로 200m 더 가면 '은대리 판상절리'와 '습곡구조' 노두가 있다. 왕림교 아랫길 길가에 주차할 수 있다.

2. 은대리 이야기

은대리는 연천군 전곡읍에 있는 자연 마을 이름이다. 조선의 태종 이방원과 가깝게 지내던 고려 말의 진사 김양남이 망국의 한을 품고 절개를 지키며 은거한 곳이라 하여 유래되었다고 한다.

은대리 일대는 한탄강 현무암이 넓게 분포하는 평평한 용암대지이다. 차탄천은 한탄강의 지류이며, 물의 침식작용으로 높이 25m 정도의 현무암 절벽이 길게 차탄천을 따라서 형성되어 있다. 현무암 절벽에는 주상절리와 판상절리, 클링커, 베개용암 등을 관찰할 수 있고 그 아래에는 백의리층이 잘 드러나 있다. 하천 바닥에는 고생대 미산층의 노두가 있고, 습곡구조가 잘 발달한 노두를 볼 수 있다. 이렇게 한정된 공간에서 다양한 종류의 암석과 지질구조를 관찰할 수 있어 초·중·고등학교 교사들과 학생들이 '지구과학 야외학습장'으로 즐겨 찾는 곳이다.

은대리 판상절리가 있는 차탄천으로 내려가기 500m 전, 길 양쪽에는 갈대로 뒤덮인 늪지가 있다. 이곳은 천연기념물 412호로 지정된 물거미 서식지 보호구역이다. 물거미는 우리나라에서 유일하게 이곳에서만 발견되고 있다. 1995년 생명과학 교사인 임헌영 선생님이 학생들과 생태탐사 중에 발견했다. 물거미는 지름 2cm 정도의 공기주머니를 배에 붙이고 다니면서, 물속에서 호흡하고 먹이를 섭취하는 아주 특이한 종이다.

물거미는 꽁무니에서 공기주머니를 만든다.

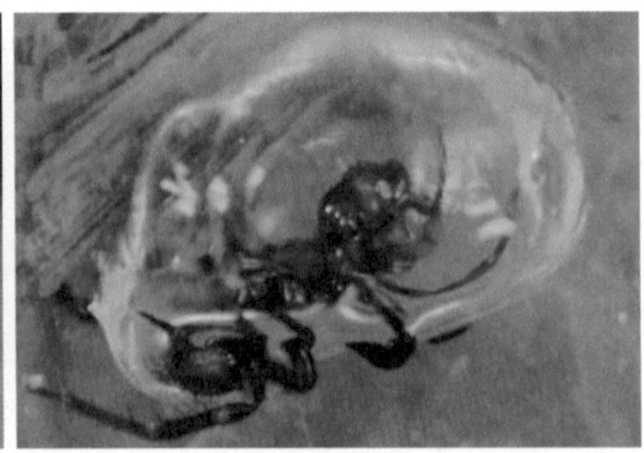

물속에서 자기가 만든 공기주머니 속에 들어가 호흡하는 물거미.

3. 차탄천 주변의 지형 및 지질

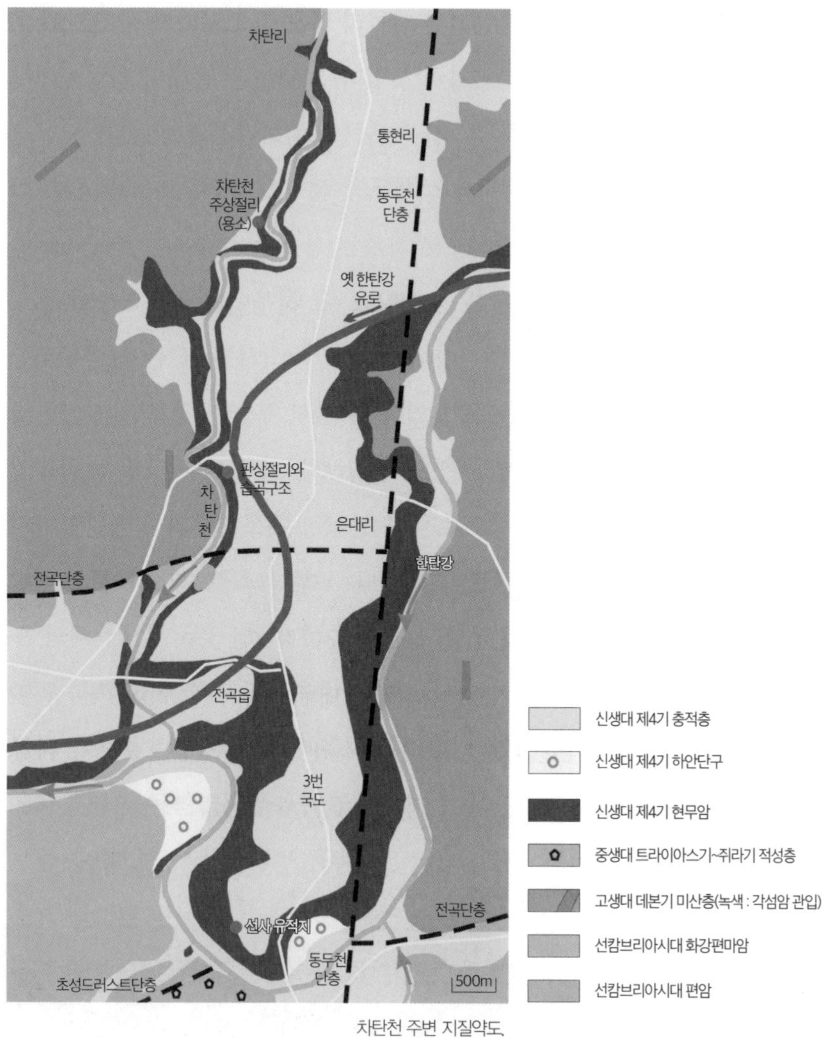

차탄천 주변 지질약도.

차탄천 주변의 지질약도에서 한탄강과 차탄천의 두 물길을 보면, 지질도의 북동쪽에서 은대리 부근까지 흘러온 한탄강은 은대리에서 흐름이 남쪽으로 바뀐다. 그리고 전곡리 선사 유적지가 있는 곳에서,

물줄기가 북서쪽으로 휘돌아 흐른다. 다시 말하면 북동쪽에서 흘러온 한탄강은 마치 사람의 맹장처럼 전곡리 쪽으로 흐르다가 북쪽으로 흐름의 방향을 바꾸어 차탄천과 합류한다. 차탄천은 은대리 왕림교에서 4km 정도 남쪽으로 흐른 후, 전곡 부근에서 한탄강과 만난다.

은대리의 차탄천에는 두꺼운 현무암 절벽이 수직으로 발달한 곳이 많다. 은대리 왕림교를 중심으로 차탄천 상류와 하류에는 20~30m 높이의 수직 현무암 절벽이 발달해 있고, 그 하부에는 백의리층이 분포한다. 차탄천 하상에는 임진강 충돌대를 지시하는, 심한 습곡구조를 보이는 고생대 미산층 노두가 있다. 왕림교 부근과 풍천관광농원 앞쪽에 있는 두꺼운 절벽은 하부부터 고생대 미산층, 미고결 퇴적층인 백의리층, 그 위를 부정합으로 덮은 한탄강 현무암층의 지질단면까지 관찰할 수 있는 중요한 장소이다.

풍천농원 앞에 있는 현무암 절벽은 높이가 20~30m이며, 3매의 용암단위로 구분된다. 각 용암단위의 절대연령은 각각 53만 년, 48만 년, 12만 년으로 측정되었다. 그리고 각 용암층 사이에는 클링커, 다공질 조직, 고토양층 등이 있어 그 경계가 잘 구분된다.

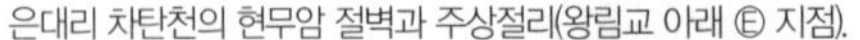
은대리 차탄천의 현무암 절벽과 주상절리(왕림교 아래 Ⓔ 지점).

은대리 차탄천 현무암 노두의 절대연령 측정값 (Ⓐ 지점). 중간층과 최상부층 사이에는 토양층이 끼어 있다.

한탄강 현무암은 한탄강 상류로부터 이곳 전곡리 사이에서 세 개의 용암단위가 확인된다. 그러나 전곡리보다 하류에서는 세 개의 용암단위가 확인되지 않는다.

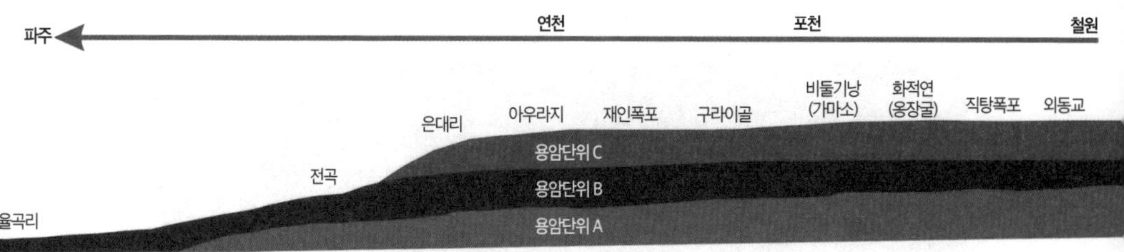

옛 한탄강을 메운 한탄강 용암. 한탄강 아우라지 부근까지는 세 개의 용암단위가 확인된다.

지질약도를 보면 차탄천은 한탄강에서 서쪽으로 멀리 떨어져 있다. 그런데 은대리 부근의 차탄천 현무암 절벽에서 세 개의 용암단위가 확인되고, 현무암층의 하부에는 고기 하성 퇴적층인 백의리층이 분포한다.

이러한 사실로부터 옛 한탄강은 은대리 판상절리가 분포하는 곳을 지났을 것으로 추정할 수 있다. 지질학자들은 이곳 차탄천 현무암 절벽의 최상부층에 얇게 덮여 있는 한 층의 현무암을 '차탄리 현무암'이

은대리 차탄천 현무암 노두의 절대연령 측정값과 연계하여 추정한 용암단위 구분. A층의 하부에는 수평절리가 나타나며 그 위에 용마름형절리 등 다양한 주상절리가 보인다(Ⓐ 지점 하류 100m 위치).

은대리 차탄천 현무암 절벽에 발달한 판상절리(Ⓐ 지점).

라 부르기도 한다.

차탄천 왕림교 부근에서 두께가 25m 정도인 현무암 절벽은 하부의 콜로네이드, 중앙 부위의 엔타블러처, 상부의 콜로네이드로 구분된다. 하부 콜로네이드에는 수평절리, 중앙 부위의 엔타블러처는 가는 기둥형 절리, 상부 콜로네이드는 굵은 수직 기둥형이거나 절리의 발달이 미약한 곳도 보인다. 이 절벽에는 하천수의 침식·풍화작용으로 안쪽으로 파인 하식동굴이 있다.

현무암에 있는 가스 튜브 단면. 용암이 식을 때 기체가 빠져나간 통로이다.

왕림교 아래 주상절리. 현무암 절벽에 세 개의 하식동굴이 보인다(ⓒ 지점).

풍천관광농원 앞의 하천에서는 고생대 미산층, 백의리층, 한탄강 현무암층 등 여러 지질시대의 지층이 분포한다. 그런데 이곳의 고생대 미산층에는 심한 습곡구조를 보이는 노두가 있다. 이 암석은 퇴적 기원의 변성암이며 원래는 평행한 층리를 가진 구조였다. 그런데 지하 깊은 곳에 있던 이 지층에 양쪽에서 미는 횡압력이 작용하면서 지층이 심하게 휘어져 습곡구조가 만들어진 것이다.

이 미산층은 한탄강 유역이 임진강 유역과 함께, 남과 북의 두 지괴가 충돌한 지대임을 뒷받침하는 중요한 지층이다. 이 지층의 표면에는 규질 성분이 많은 곳이 석회질이 있는 부분보다 풍화에 강해서 돌출된 것을 볼 수 있다. 규질 성분은 석회질이나 점토질 성분에 비해 물리적으로 단단하다. 그렇기 때문에 석회질 또는 점토질 성분은 외부의 힘을 받게 되면 심하게 휜 습곡구조를 보이나, 규질 성분이 많은 부분은 휘지 않고 끊어지면서 마치 작은 소시지 모양의 '부딘구조'가 만들어진다.

은대리 고생대 미산층에는 고압 변성 광물인 석류석이 들어 있다.

고생대 미산층에 발달한 습곡구조. 임진강 충돌대 가설을 뒷받침한다(Ⓑ).

고생대 미산층의 각섬암에 발달한 붉은색 석류석. 고압 상태에서 생성된 변성 광물이다.

이것은 이곳 한탄강 유역에서 '임진강 충돌대'를 형성했던 그 당시 두 개의 판, 즉 한반도의 남부와 북부 판이 충돌하면서 큰 압력이 작용했음을 알려주는 증거이기도 하다.

한탄강 현무암층은 미고결 퇴적층인 백의리층을 부정합으로 덮고 있다. 백의리층은 고기 하성 퇴적층이며, 자갈과 모래, 진흙이 섞여 아직 굳지 않은 상태로 있다. 이 백의리층은 두께가 약 80~90cm이며, 주로 둥글둥글한 화강암, 화강편마암 자갈 그리고 각진 편암 자갈 등으로 이루어져 있다. 이 층에서는 자갈들이 물고기 비늘 모양으로 겹쳐 쌓인 퇴적구조(인편상 구조)를 볼 수 있는데, 이것을 통해서 옛 하천의 흐름 방향을 추정할 수 있다. 그래서 이곳 백의리층은 옛 한탄강이 이 부근을 지났음을 지시하는 지질학적인 증거가 되기도 한다.

백의리층을 덮고 있는 현무암층의 하부에는 거칠고 기공과 함께 약간 반짝거림이 있으며 붉은색을 띠는 부분이 수 센티미터 두께를 이루고 있다. 이런 부분은 뜨겁고 가스가 많은 용암이 다른 지층과 만나면서 식을 때 그 접촉부에서 만들어진 것으로 '클링커'라 부른다. 백의리층을 덮고 있는 현무암층의 하부에서는 용암이 물과 만난 것을 암시하는 베개용암도 있다. 미고결 퇴적층과 현무암층 사이에는 수 센티미터 두께의 고토양이 분포하기도 한다. 또한 이곳 현무암 절벽의 중간층과 최상부층 사이에도 고토양층이 있다. 고토양층에는 식물 꽃가루나 열매 등이 들어 있어, 고기후 및 고생물 환경을 연구하는 데 좋은 자료가 되고 있다.

앞 그림의 우측 하단을 확대한 사진. 석회질과 규질로 이루어진 암석에서 석회질이 많은 부분이 더 심하게 풍화·침식되어 있다.

미산층의 석회-규산질 암석에서 성분에 따라 풍화 정도가 다름을 보이는 풍화면(돌출된 곳이 규질이 많은 부분이다. Ⓓ 지점).

미산층의 석회-규산질 암석에서 규질 성분이 많은 부분이 장력에 의해 끊긴 부딘구조(은대리 차탄천의 고생대 미산층. Ⓓ 지점).

차탄천 백의리층의 자갈 중에는 각진 것도 있다. 이것은 고문리의 백의리층 자갈과 대비된다. 퇴적층을 이루는 자갈 모양, 즉 원마도, 구형도(둥근 정도) 등은 자갈이 이동한 거리를 암시하며, 자갈의 원마도나 구형도가 작은 것은 자갈의 이동 거리가 짧았음을 시사한다.

은대리 차탄천의 백의리층. 미고결 퇴적층에는 각진 자갈도 있다(© 지점).

백의리층(하부)을 덮고 있는 은대리 차탄천의 베개용암. 베개용암의 존재는 이곳이 물속 환경이었음을 시사한다(©지점).

지질명소 6. 구석기 역사 학설을 뒤집은 세계적인 고고학 현장

전곡리 유적 토층

전곡리 유적 토층이 있는 연천 전곡리선사유적지. 구석기 전곡리인의 삶터에 위치한 선사 유적지 조형물.

1. 찾아가는 길

···› 위치: 경기 연천군 전곡읍 양연로 1510 (전곡리 515)
(내비게이션: 연천 전곡리유적지)

전곡리 선사 유적지(유적 토층) 위치.

전곡선사박물관. 인류의 진화 과정을 실물 크기의 모형으로 복원하여 전시하고 있다.

전곡읍에서 연천 방면으로 3번 국도를 타고 가다가 효사랑병원 앞 교차로에서 좌회전한다. 1km 정도 가면 왼쪽에 전곡리 선사유적지 입구와 주차장(화장실)이 있다. 이 안에는 유적 토층 전시관과 구석기 전곡리인의 생활상을 재현한 야외 조형물들이 있다. 박물관은 드넓은 선사유적지 내의 남쪽 끝에 있어, 선사유적지 입구에서 걸어서 갈 수도 있으나 선사박물관 입구는 3번 국도 옆에 따로 있다. 박물관에는 구석기 출토 유물, 인류의 진화와 구석기 문화 이해 자료 등을 전시하며, 이와 관련된 각종 체험활동 프로그램을 운영하고 있다.

2. 전곡리 유적 토층 이야기

인류의 문명사를 보면, 찬란한 문명은 주로 나일강, 유프라테스강, 갠지스강, 황허강처럼 큰 강을 낀 상태에서 발생하고 번창했다. 인류는 수렵할 수 있고 물을 얻기 쉬운 강가에서 원시 농업을 하면서 삶을 시작했다. 전곡리 선사유적지는 한탄강이 휘감고 있는 넓은 용암대지 위에 쌓인, 충적토 위에 자리하고 있다. 아마도 아프리카 등 인류의 발원지를 떠나 여러 지역으로 이동하던 구석기인들은 그들의 핏속에 남아 있는 DNA의 영향을 받아, 고향의 산천과 가장 비슷한 이곳에 자리를 잡았을 것으로 짐작된다.

이곳에는 한탄강이 범람할 때 쌓인 두꺼운 충적층이 있다. 또한 주위를 둘러싼 현무암 절벽은 마치 중세 유럽의 성처럼 이곳을 분리해, 태풍이나 홍수 같은 자연의 피해나 외부의 위협으로부터 보호받을 수 있는 자연조건을 마련해주었다. 먼 길을 이동해 온 구석기인들이 이곳을 생활의 터전으로 잡은 지혜가 감탄스러울 뿐이다. 한편 이곳은

전곡리 유적 토층 전시관.

1978년 강가에서 구석기 유물인 주먹도끼handaxe가 발견되면서, 고고학계의 주목을 받기 시작했다. 그 후 국내 고고학자들이 이곳을 체계적으로 발굴하고 연구하면서, 전곡리는 국내 고고학계뿐만 아니라, 세계적으로도 관심을 불러일으키게 되었다. 전곡리 주변은 30만 년 전 구석기인들의 터전이었던 유적이 발견되고 있어, 고고학계에서는 이곳에서 생활한 구석기인을 '전곡리인'이라 부른다. 매년 5월 초순 이곳에서는 연천 구석기 축제가 열리고 있다.

3. 전곡리 유적 토층 주변의 지형 및 지질

전곡리 선사 유적이 출토되는 연천-전곡리 일대에는 여러 지질시대의 지층이 분포한다. 이 지역의 지질약도를 보면, 하부에서 상부로 가면서 고생대의 변성암, 중생대의 화강암과 화산암, 신생대의 미고결

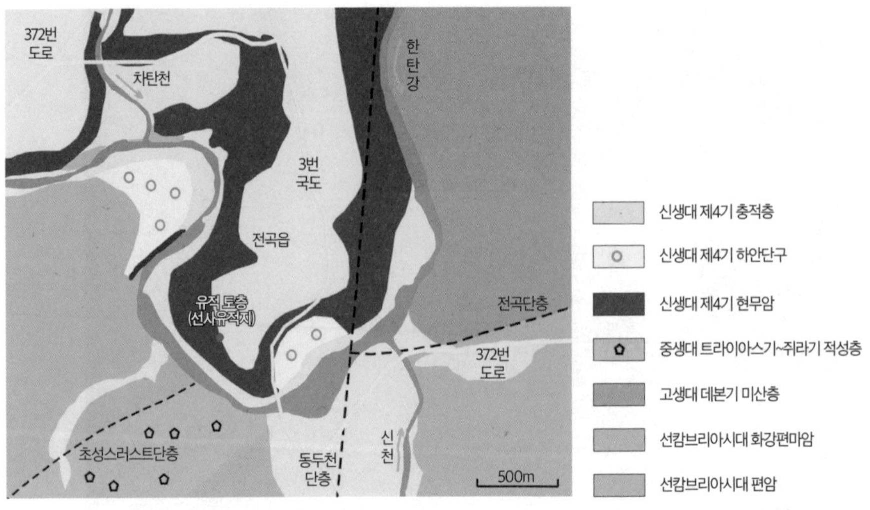

전곡리 유적 토층 주변의 지질약도.

퇴적층인 백의리층, 신생대 한탄강 현무암이 분포한다. 그리고 그 위를 충적층이 덮고 있다.

한탄강 현무암층을 덮고 있는 두꺼운 충적층은 빙하기와 간빙기가 반복되는 동안 주변의 하천이 범람하면서 운반된 모래, 자갈, 진흙 등이 쌓인 것이다. 이 충적층에서 전곡리인의 생활상을 보여주는 여러 종류의 유물과 유적이 발굴되어, 이 층을 '전곡리 문화층', 또는 '전곡리 유적 토층'이라 부른다. '전곡리 문화층'이 분포하는 지역은 한탄강 용암이 만든 대지와 강 양편으로 거의 수직에 가까운 현무암 절벽을 이루는 곳이다. 이곳은 한탄강이 현무암 절벽을 휘돌면서 흐르고 있다. 한탄강 현무암 절벽 지형은 한탄강 유수에 의한 퇴적 및 침식작용으로 형성되었는데, 한탄강은 마치 성벽을 둘러싸고 있는 해자와 같은 역할을 하고 있다. 이러한 지형적인 특징은 임진강-한탄강 유역에 구석기 유적을 형성하고 보전하는 데 중요한 역할을 해왔다.

전곡리 유적 토층은 임진강과 한탄강 유역에 두께 약 5~6m로, 적어도 네 차례 이상 퇴적된 흔적을 보이며, 아직 굳지 않은 상태이다. 이 층의 아래층과 맨 위층에서 전곡리인의 생활상을 보이는 유물이 출토되고 있다. 이 층에서는 서구 유형의 주먹도끼(아슐리안형 주먹도끼)와 석편 석기가 출토되는데, 이것은 동북아시아에서는 처음 출토된 것으로서 세계적인 관심을 끌고 있다. '아슐리안형 주먹도끼'란 전기 구석기 시대의 대표적인 유물로서 몸체는 둥근 형태이지만 양 측면에 날카로운 날이 있다. 끝을 뾰족하게 가공한 석기로서 찌르거나 자르는 등 다양한 용도로 사용되었던 도구이다.

구석기 유물이 나오는 '전곡리 유적 토층'은 전곡선사박물관 주위에 있고, 2002년에 발굴된 E55S20-IV피트Pit에 잘 보전되어 있다. 이 피트는 한탄강 현무암 위에 쌓여 있는 충적층으로서, 두께가 약 7m 정도이며 전곡리 유적의 편년을 정하는 기준이 되는 곳이다.

전곡선사박물관에 전시된 전곡리인이 사용하던 주먹도끼.

현재까지의 조사에 따르면 이 토층의 하부층(두께 약 3m)은 하천에 퇴적된 세립질 모래층과 실트silt 퇴적물이다. 상부층(두께 약 4m)은 바람에 의해 퇴적된 점토 입자로 이루어진 풍성 퇴적층이다. 특히 이 토양층에서는 토양쐐기라고 불리는 토양 균열 면의 구조 및 배열 등을 볼 수 있다. 이러한 구조는 주로 빙하기 동안에 만들어진 것으로 플라이스토세 후반에 계속해서 쌓인 토층 단면에서 볼 수 있다. 이는 신생대 제4기 동아시아 지역의 기후 변동을 이해하는 데 도움을 주고 있다.

전곡리 유적 토층에서는 구석기 시대의 석기 유물이 많이 출토되고 있다. 이 유물들은 고기후와 생태 환경을 간접적으로 알려주는 지질학적 가치가 뛰어날 뿐만 아니라, 인류의 문명사를 밝히는 데 중요한 고고학적 자료가 된다. 특히 이 층에서 발굴된 석기 중 하나는 약 30만 년 전의 아슐리안 문화acheulian culture와 관련된 것으로, 고고학적인 면에서도 세계적인 관심을 받고 있다.

그러면 전곡리인들은 어떤 돌로 주먹도끼를 만들었을까? 전곡리 선사유적지를 감고 도는 한탄강 바닥에는 여러 종류의 자갈이 수도 없이 널려 있다. 이 자갈들은 암석의 종류에 따라 그 굳기나 쪼개짐, 깨짐 등의 형태나 강도가 다르다. 이 암석 중에서 전곡리인들이 도구로 이용한 암석은 주로 규암 자갈이다. 규암은 퇴적암인 사암(주로 석영 성분의 모래)이 지각 깊은 곳에서 오랜 세월 열과 압력을 받으면서 변성되어 만들어진 암석으로 매우 단단하다. 이 암석은 물리적인 힘을 가하여 타격하면 날카로운 면으로 깨진다. 전곡리인들은 이러한 암석의 특성을 잘 찾아, 물건을 찌르거나 자르는 데 필요한 도구를 만든 것이다. 임진강과 한탄강 주변에는 규암이 넓게 분포하는데, 이곳의 규암이 풍화·침식·운반되어 한탄강으로 유입된 것이다.

전곡읍 한탄강 바닥에 널려 있는 여러 종류의 자갈들. 앞쪽 가운데 밝은색 큰 자갈이 규암이다.

전곡리 퇴적층 유적 발굴 단면인 E55S20-IV 피트의 주상단면도에서 53~59m는 해발고도를 나타낸다. 하부의 전곡현무암층(12) 위를 하천 또는 호수 퇴적층(11)이 덮고 있고 그 위에 구석기 유물 출토층(10)이 위치한다. 그 위로 6층, 4층, 2층 및 1층 상부에서 토양쐐기가 관찰된다. 토양쐐기는 간빙기에서 빙하기로 넘어가는 초기의 한랭건조한 환경에서 토양의 수축 작용이나 균열로 형성된 것으로 보인다.

토양쐐기 상부에 있는 AT(2만 2000~2만 5000년 전)와 K-Tz(9만~9만 5000년 전)는 일본에서 날아온 두 개의 화산재층으로서 그 분출 연대가 알려져 유적의 나이를 추정하는 단서가 된다. (AT: Aira-Tanzawa 화산재, K-Tz: Kikai-Tozurahara 화산재)

연천 전곡리 등 국내에서 출토된 주먹도끼.

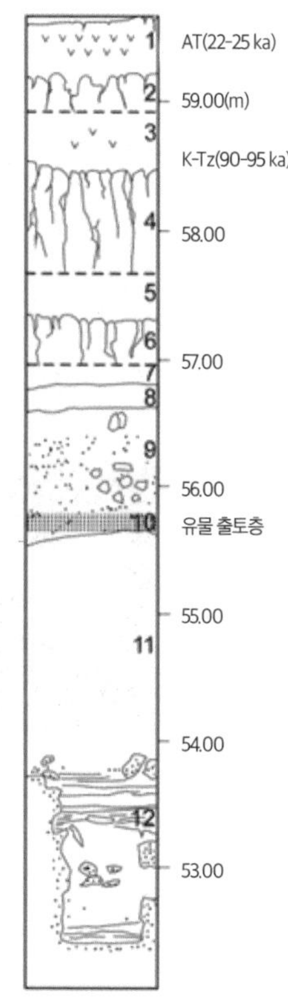

전곡리 퇴적층 유적 발굴 단면. E55S20-IV 피트(Pit) 주상단면도.

4. 전곡리 선사 유적 발굴 이야기

전곡리 구석기 유물은 1978년 경기도 동두천에 주둔하던 미군 병사 그렉 보웬G Bowen에 의해 한탄강 유원지에서 우연히 발견되었다. 그는 전곡리 한탄강 유원지를 거닐던 중 일부러 깎아낸 듯한 모양의 주먹만 한 돌을 발견하고, 그것이 예사롭지 않은 돌임을 직감했다고 한다. 미국의 캘리포니아 빅터밸리대학에서 고고학을 공부하고 입대한 그는, 그곳에서 비슷한 형태의 돌 네 개를 주워 당시 서울대학교 고고학과의 김원룡 교수에게 가져갔다. 이어서 전곡리 일대의 지표조사 결과를 바탕으로, 김원룡 교수와 정영화 교수에 의해 이 돌이 '아슐리안계 구석기 유물(양면 핵석기, 주먹도끼)'임이 밝혀지면서 세상에 알려지게 되었다. 이 일로 인해 연천군 전곡읍 전곡리 선사 유적지는 국내외 고고학계의 큰 관심을 끌기 시작했다.

당시 서울대학교 박물관장이었던 김원룡 교수를 중심으로 경희대, 영남대, 건국대가 연합하여 1차 발굴 조사를 시작한 이후, 한양대 등 여러 대학의 관련 학과, 연구소, 박물관이 함께 조사에 참여했다.

전곡리 E93N48-IV 확장피트, 14차 발굴.

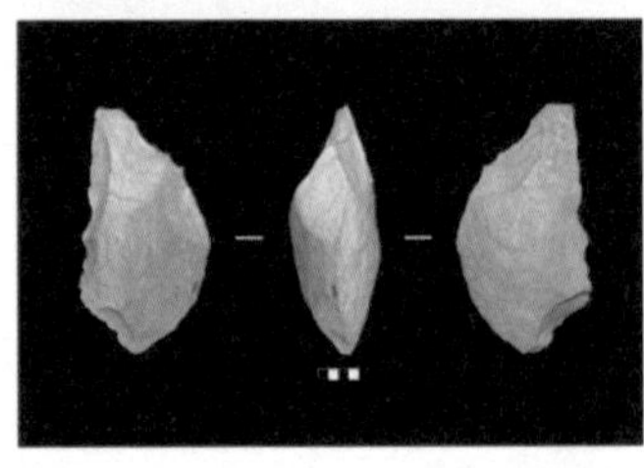
전곡리 선사유적지 부근에서 출토된 주먹도끼.

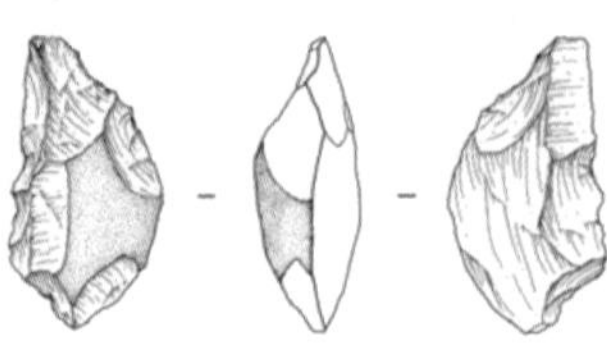
주먹도끼 펜화.

2008년까지 모두 17차례에 걸쳐 발굴 조사가 이루어져 현재까지 주먹도끼와 자르개 등을 포함하여 대략 8500여 점의 구석기 유물들이 발견되었다.

이곳에서는 동아시아에서 전혀 발견되지 않았던 아슐리안형acheulean-type의 석기가 출토되면서 세계 고고학계를 놀라게 했다. 전곡리 유적은 세계 고고학 지도를 새로 쓰게 만들었는데, 세계 고고학 지도에는 서울 표시는 없어도 전곡리는 나올 정도로 전곡리는 고고학계에서는 유명한 곳이다.

전곡리 유적지는 면적이 77만 8296㎡(약 23만 5000평)이며, 1979년 10월 사적 제268호로 지정되었다. 이곳에는 그동안 발굴·정리한 6000점 이상의 유물이 전시·보관되어 있다.

5. 전곡리에서 출토된 아슐리안형 주먹도끼의 의의

전곡리 유적은 한탄강 현무암층을 덮고 있는 충적층에서 발굴되었다. 따라서 한탄강 현무암층의 연대를 측정하면, 이 층에서 나오는 유물 연대의 하한 연령을 추정할 수 있다. K-Ar 연대측정에 의하면 충적층 하부 현무암의 절대연대 값은 약 29만 년이다. 따라서 이곳에서 전곡리인이 살았던 시기는 약 20만~30만 년 전으로 해석할 수 있다.

이곳에서 출토된 아슐리안형 주먹도끼는 당시만 해도 유럽과 아프리카에서만 발견된다는 것이 학계의 정설이었다. 그러나 전곡리에서 아슐리안형 주먹도끼가 출토되면서 이 학설은 큰 도전을 받게 되었다. 저명한 구석기 고고학자인 모비우스H. Movius Jr. 교수는 "유럽과 아프리카에서만 아슐리안형 주먹도끼가 나오고, 동아시아에서는 찍개류

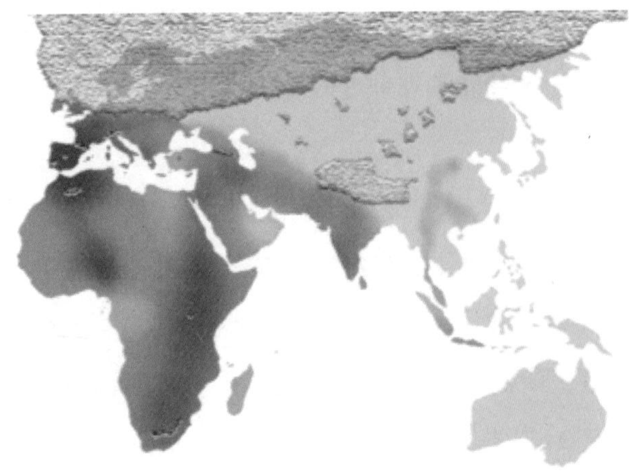

모비우스 라인. 인도 동북부 지역을 경계로 구석기 문화를 아슐리안 주먹도끼 문화권과 동아시아의 찍개 문화권으로 구분한다.

의 석기문화 전통만 있다"라고 하는 '세계 구석기 문화전통 이원론'을 주장했다. 주먹도끼의 존재 여부로 구석기 문화를 동아시아와 아프리카·유럽으로 나누던 모비우스의 학설은 전곡리에서 주먹도끼가 발견되면서 무너지게 된 셈이다. 그뿐 아니라 전곡리 유적은 동아시아에서의 석기문화를 새로운 각도에서 이해하려는 시도를 불러일으켰다.

6. 전곡리 주먹도끼와 프랑스 아슐리안 주먹도끼의 기술 수준은?

고고학자들은 프랑스의 아슐리안 주먹도끼와 전곡리 주먹도끼를 비교할 때, 원석 전체를 다듬은 상태로 보고 아슐리안 주먹토끼가 전곡리 주먹도끼보다 기술 수준이 더 높다는 의견을 내기도 한다. 그러나 두 주먹도끼는 원석의 물성이 서로 달라서 주먹도끼를 다듬은 형태만을 보고 기술 수준을 비교하는 데는 문제가 있다.

전곡리 주먹도끼는 주로 한탄강 하상에 있는 규암 자갈을 원석으로 사용했다. 반면 프랑스 아슐 마을에서 출토된 주먹도끼는 일명 '플린트Flint'라고 하는 암석으로 만들어졌다. 규암과 플린트는 구성 광물, 생성 환경, 물성이 매우 다르다.

규암은 이산화규소(SiO_2)가 90% 이상인 사암이 높은 변성작용을 받아 만들어진 전형적인 변성암으로, 변성작용 당시의 큰 압력에 의해 사암을 이루던 수 밀리미터 크기의 석영 결정들은 봉합상縫合狀(서로 꿰매어 붙인 모양)의 결정질 조직을 보이게 된다. 반면 처트chert와 유사한 플린트는 주성분이 이산화규소이지만, 탄산염 퇴적암류와 함께 변성작용을 받아 생성된 저변성 퇴적암류이며, 조직이 유리질이다. 따라서 규암은 플린트보다 더 단단하며 힘을 가했을 때 깨지는 모양이 서로 다르다.

실제로 두 암석을 타제打製(두드려 치거나 깨뜨려서 만듦)하여 보면, 플린트는 패각상(조개껍데기 모양)으로, 얇고 날카로운 면을 가진 작은 유리 조각 모양으로 깨진다. 그리고 원석이 작은 조각으로 떨어져 나가기 때문에 큰 원석 전체를 조각조각 떼어내어, 전체 면이 날카로운 하

규암 재질인 전곡리 주먹도끼.

프랑스 생 아슐 지방에서 출토된, 플린트 재질의 주먹도끼.

전곡선사박물관 전경.

나의 도끼를 만들 수 있다. 석기인들은 플린트를 깬 조각으로 화살촉 등, 물체를 자르거나 찌르는 도구를 만들어 여러 곳에 사용했다.

반면에 규암을 타제하면 플린트에 비해서 큰 덩어리도 떨어져 나오며, 잘린 조각의 면 역시 플린트에 비해서 거칠다. 또한 규암 자갈은 큰 덩어리로 떨어져 나오기 때문에 원석 전체 면을 깨서 원하는 모양을 만들기가 쉽지 않다. 따라서 규암으로 도구를 만들 때는 대체로 필요한 면을 몇 개 만들고, 일부는 자연 면이 남아 있는 상태로 만들어 사용하게 된다.

이처럼 두 주먹도끼를 만든 원석의 물성을 비교해보면, 전곡리 주먹도끼의 기술력을 아슐리안 주먹도끼보다 떨어지는 것으로 보는 의

견에는 큰 무리가 있다. 규암의 특성을 고려하면, 구석기 '전곡리인'들이 사용한 주먹도끼는 아슐리안 주먹도끼와 견줄 만한 기술력을 보인다고 평가할 수 있다.

지질명소 7. 차탄천이 현무암층에 만든 여러 모양의 작품

차탄천 주상절리(용소)

차탄천의 물줄기가 만든 용소와 하식동굴.

1. 찾아가는 길

···› 노두 위치: 경기도 연천군 연천읍 왕림리

···› 전망 위치: 경기도 연천군 연천읍 평화로1093번길 83-137(통현리 1045)

차탄천 주상절리(용소)의 위치.

전곡읍에서 3번 국도를 따라 북쪽으로 가다가 연천읍 통현사거리에서 유턴한다. 다시 남쪽으로 농협 주유소를 지나 전곡 방면으로 1.3km 정도 이동하면 우측에 평화로 1093번길(개구리농장 간판)이 나온다. 여기서 우회전하여 비포장도로를 400m 정도 달려서 굴다리를 지나 좌회전한다. 200m 정도의 민가 앞에서 농로 길을 따라 우회전한 후, 곧 좌회전하여 370m 정도 가면 '개구리농장'이 있다. 이 부근에 주차할 수 있고, 30m 정도 강가로 내려오면 전망대(화장실)가 있다. 농로라서 차량 교행이 어렵다.

2. 차탄천 이야기

차탄천車灘川은 강원도 철원 금학산에서 발원하여 경기도 연천읍을 지나 연천군 전곡읍 전곡리 은대리성 아래로 흘러 한탄강과 합류한다. 그 길이는 36.8km이다. 차탄車灘은 '수레여울', '수레울'이라는 뜻이다. 도당골에 은거했던 고려 진사 이양소를 만나기 위하여 연천으로 오던 태종(이방원)의 어가御駕(임금의 수레)가 이 여울을 건너다 빠졌다 하여 '수레여울'로 불리게 되었다 한다.

차탄천의 현무암 수직 절벽은 여러 곳에 발달해 있으나, 이곳은 특히 물줄기가 휘도는 곳에 하식동굴과 물웅덩이(용소)가 발달되어 있어 곡선을 이루는 하천과 어울려서 아름다운 풍광을 자아낸다.

연천읍 현충탑(차탄교)에서 전곡읍 은대리성에 이르는 9.5km의 '차탄천 에움길'은 용암이 만든 다양한 지형을 감상하며 걸을 수 있는 트레일(오솔길) 코스이다. 그러나 이 길은 하천 바닥을 통과하는 곳도 있어, 비가 많은 계절에는 '한탄강 지질공원 홈페이지' 등에서 길 상태를 미리 확인해보는 것이 좋다. 은대리성 성벽에는 두 기의 고인돌이 자리하고 있다.

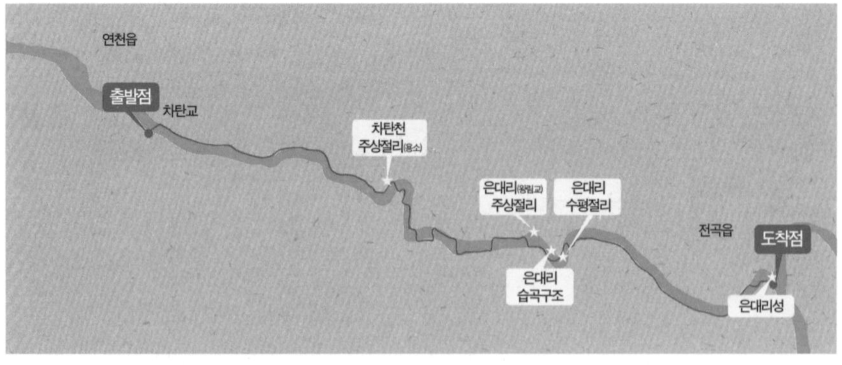

연천읍 현충탑에서 전곡읍 은대리성에 이르는 차탄천 에움길.

3. 차탄천 용소 주변의 지형 및 지질

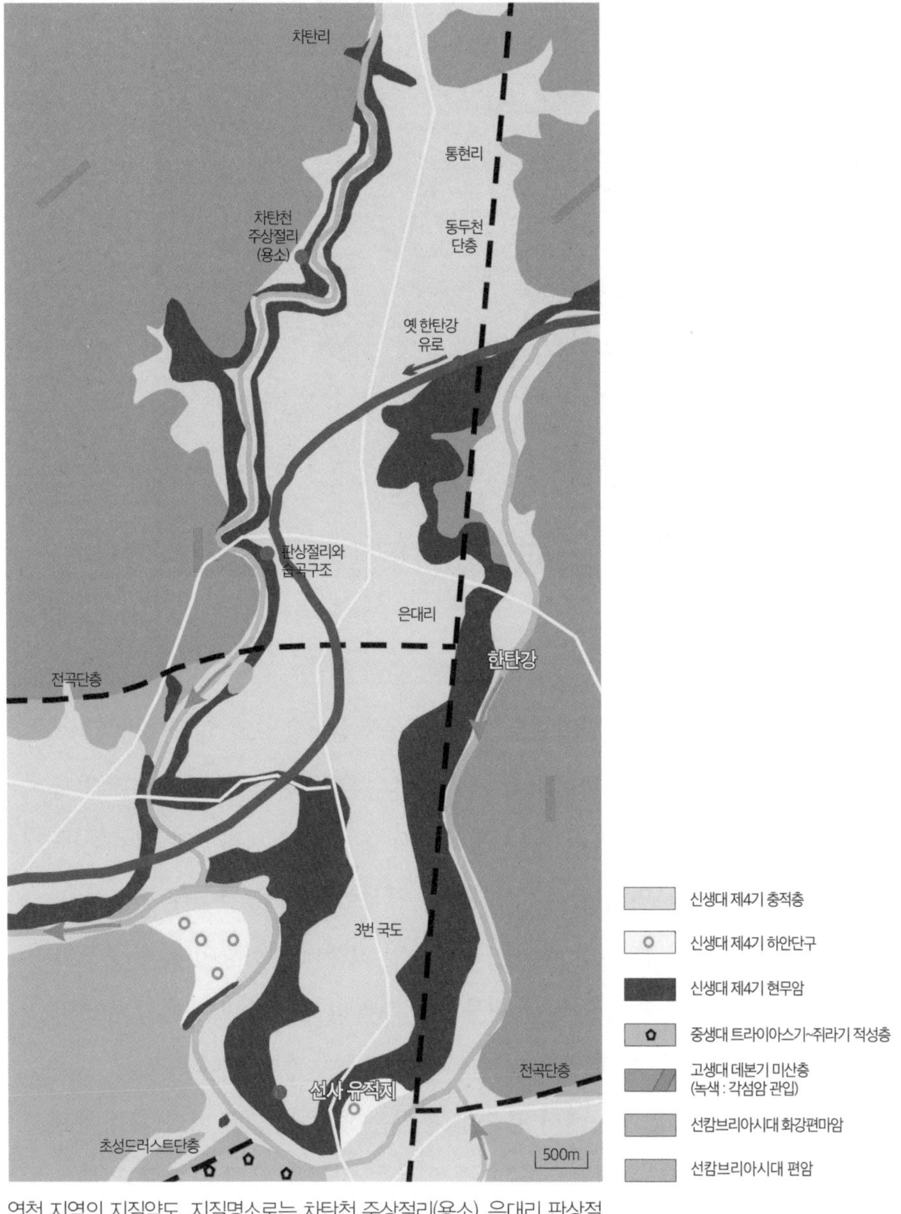

연천 지역의 지질약도. 지질명소로는 차탄천 주상절리(용소), 은대리 판상절리와 습곡구조, 전곡리 유적 토층이 있다.

차탄천 용소 주변 위성사진과 관찰 지점.

'차탄천'은 남북 방향으로 발달한 '동두천단층'으로 인해 형성된 계곡을 따라 흐르는 한탄강의 지류이다. 차탄천은 남쪽으로 흐르면서 은대리를 지나 전곡리 부근 동쪽에서 흘러오는 한탄강과 합류한다. 지질약도를 보면 선캄브리아시대의 암석이 전곡읍 남쪽에 분포하고, 차탄천이 흐르는 연천 일대는 기반암인 고생대 미산층이 넓게 분포한다. 그리고 그 위를 한탄강 현무암이 전곡리 일대를 비롯해서 통현리까지 넓게 덮고 있고, 현무암 위에는 충적층이 쌓여 있다.

북한의 평강 부근에서 분출한 용암은 옛 한탄강을 따라 흘러내려 전곡리 쪽으로 흘러갔으며, 그중 일부는 전곡읍 은대리 왕림교 부근을 지나 차탄천을 메우며 하류로 흘렀을 것으로 추정한다. 차탄천 유

차탄천 용소에서 상류 방향을 본 계곡. 왼쪽 현무암 절벽 아래에 하식동굴이 있다. 하천 가운데 주상절리가 발달한 현무암층이 물길을 둑처럼 가로막고 있다(Ⓐ에서 Ⓓ 방향으로 촬영).

상류 쪽으로 일관되게 기울어진 현무암 주상절리군(차탄천 용소 강바닥 Ⓒ 위치).

역에는 차탄천 주상절리(용소)와 은대리 판상절리와 습곡구조 등의 지질명소가 있다.

차탄천이 지질학적으로 매우 흥미로운 것은, 한탄강 용암이 전곡읍 은대리 왕림교 부근에서 북쪽으로 약 5km 정도 떨어진 연천읍 차탄

차탄천 용소 앞에 있는 두 층의 용암단위. 기공이 많은 현무암층(하부)과 괴상의 현무암층(상부)으로 구분된다(Ⓑ 지점).

현무암 표면의 기공들이 상류 쪽으로 길쭉하게 늘어나거나 기울어져 있는 노두. 왼쪽이 차탄천의 상류 방향(Ⓒ 지점).

리에도 분포하는 것이다. 즉, 한탄강 용암이 차탄천을 따라 북쪽으로 연천읍 차탄리까지 역류한 것이다. 3회 정도 분출한 한탄강 용암 중에서, 이곳 상부층에 분포하는 가장 젊은 용암을 가리켜 '차탄리현무암'이라고도 한다.

차탄천의 용소는 현재의 한탄강 본류에서 북쪽으로 약 6km 떨어

차탄천 용소 하상의 주상절리. 하천에 1m 크기의 주상절리가 상류 쪽으로 모두 기울어져 있다(ⓓ 지점).

져 있다. 이 주변에서는 두꺼운 현무암 절벽에서 두 개의 용암단위(용암 흐름층)가 확인된다.

차탄천 용소 주변에서는 용암이 차탄천 계곡을 따라 상류로 역류한 흔적이 현무암층에서 확인된다. 차탄천 용소 앞의 하상에 주상절리가 발달한 현무암층이 상류 쪽으로 30~40°(수면에 수직인 축과의 각도) 기울어져 있는 것, 그리고 강가 현무암 표면에 기공들이 상류 방향으로 길게 늘어난 모양을 보이는 것들이 그 예이다.

차탄천 현무암 절벽에는 상류를 향하여 한쪽이 트인 형태로 큰 물웅덩이가 발달해 있다. 그 모양이 큰 연못 같아서 '용소'라 부른다, 어떻게 현무암 절벽 측면에 이러한 모양의 지형이 만들어졌을까? 이러한 용소는 하천의 침식작용으로 만들어진다. 용소 주변에서 차탄천의 물줄기 방향을 보면, 용소는 차탄천의 물줄기가 급하게 바뀌는 곳에 있다. 물줄기의 머리가 현무암 절벽에 부딪히면서 절벽을 깎아낸 것이다. 현무암 절벽에 발달한 주상절리는 용소가 만들어지는 데 큰 역할을 했다. 하천 유수가 현무암 절벽을 공격할 때, 절벽에 형성된 절리

차탄천 용소의 주상절리와 현재 발달 중인 하식동굴(Ⓕ 지점). 가운데 밝은 부분에 불꽃형 주상절리가 보인다.

를 따라 크고 작은 덩어리들이 쉽게 떨어져 나간다. 따라서 이런 곳에서는 상대적으로 빠른 기간에 큰 하식동굴이 형성될 수 있다.

더욱이 용소 상류 지점에서 하류 쪽의 계곡 단면을 보면, 물줄기가 용소의 절벽에 충돌한 후, 다시 왼쪽으로 바뀌고, 또다시 오른쪽으로 휘는 S자 형태를 보인다. 이처럼 하천 물줄기의 방향이 갑자기 바뀌는 지점에서는 하천 양 벽에 매우 특이한 지형이 만들어진다. 용소에서 하류 쪽을 보면 하천의 양안이 모두 현무암으로 된 계곡이다. 그런데 왼쪽 절벽은 경사가 급하나 오른쪽은 완만하다. 그것은 용소를 지나온 물이 다시 요동쳐 흘러가면서 그곳의 현무암 절벽을 깎아냈기 때문이다.

이처럼 용소 부근은 유수의 흐름에 따라 지형이 바뀌는 모습을 관찰할 수 있는 매우 중요한 지점이다. 장마철에 차탄천을 가득 채우며 흐르는 물길을 생각하면서 주변 지형의 특징을 관찰하는 것은 야외 지질탐사에 큰 즐거움이 될 수 있다.

차탄천 에움길은 현무암 수직 절벽의 주상절리와 현무암에 발달한 각종 지질구조를 직접 관찰하고 감상할 수 있는 곳이다. 강가의 수직 절벽에서는 수직 기둥형, 불꽃형, 용마름형 등 여러 모양의 주상절리와 수평절리도 볼 수 있다. 그리고 은대리 차탄천에서는 미고결 퇴적층인 백의리층과 그 위를 덮고 있는 현무암에서 클링커, 베개용암, 가스 튜브, 하식동굴 등도 관찰할 수 있다. 차탄천 에움길은 탐방로를 따라가며 보고 즐기는 천연박물관이다.

현무암 절벽에서 절리를 따라 큰 현무암 덩어리로 떨어져 나온 주상절리 도막(© 지점).

지질명소 8. 병풍처럼 펼쳐진 현무암 절벽의 풍광

임진강 주상절리

한탄강이 임진강과 합류하는 동이리 부근의 현무암 절벽. 병풍처럼 펼쳐진 1km의 주상절리가 임진강 상류 쪽으로 이어진다.

1. 찾아가는 길

⋯→ 노두 위치: 경기도 연천군 군남면 남계리 일원

⋯→ 전망 위치: 경기도 연천군 미산면 동이리 64-1(내비게이션: 동이리 주상절리)

임진강 주상절리 위치(Ⓐ-전망대, Ⓑ-임진강 주상절리 노두, Ⓒ-합수머리 하식동굴 노두, Ⓓ-도감포길).

전곡에서 37번 국도로 문산 방면으로 가다가 동이대교를 건너서 약 600m 직진한 후 우측으로 빠져나온다. 그 후 170m 전방 '임진강 주상절리' 표지판에서 우회전한다. 1.0km 정도 이동하면 주차장(화장실)과 전망대가 있다. 그곳에서 강 건너에 병풍처럼 펼쳐진 주상절리를 볼 수 있다.

2. 임진강 주상절리 이야기

북한 지역의 평강고원에서 발원한 한탄강 용암은 옛 한탄강을 메우며, 남쪽으로 약 90km를 흘러 내려와 합수머리(도감포)에서 임진강과 합류했다. 그리고 이곳에서 한탄강 용암은 임진강 상류, 즉 북쪽으로 약 10km 떨어진 선곡리까지 역류했다.

동이리 임진강 주상절리 지점은 선곡리로 역류한 용암의 일부로서, 그 길이가 1km 정도 된다. 병풍처럼 펼쳐진 현무암 절벽에는 여러 형태의 절리가 발달해 있어, 주상절리의 전시장이라 할 수 있다.

특히 가을에는 검은색의 현무암 절벽과 빨갛게 단풍 든 담쟁이덩굴이 이루는 아름다운 풍광에 감탄사가 절로 나온다. 그래서 이곳을 '임진적벽臨津赤壁'이라 부르기도 한다. 또한 『세종실록지리지』에는 송도팔경(개성) 중 '장단석벽長湍石壁'이라 기록되어 있다.

3. 임진강 주상절리 주변의 지형 및 지질

합수머리 부근은 선캄브리아시대의 변성암과 고생대의 미산층이 기반암으로 분포하며, 임진강은 대체로 이 두 지층의 경계를 따라 흐르고 있다. 이곳 합수머리는 임진강의 지류인 한탄강이 먼 여정을 마치고 본류인 임진강과 합류하는 곳이다. 한편 한탄강 용암도 북한 평강 부근에서 출발하여 옛 한탄강을 메우며 약 90km를 지나 이곳까지 온 것이다.

물처럼 흐르는 물성을 가진 한탄강 용암이 광장과 같은 이곳에 모여서 거대한 용암호가 만들어졌다. 이곳에 고여 있던 용암은 임진강 하류로 흘러 당포성 앞 부근에서 임진강 줄기를 따라 다시 북쪽으로 곡류한다. 그곳에서 병목 현상이 생기면서 용암의 흐름이 계속 지체되었다. 합수머리와 당포성 사이에 용암이 계속 고이면서 용암호는 깊이가 깊어지고 더욱 커진다. 그래서 합수머리 주위에는 깊이가

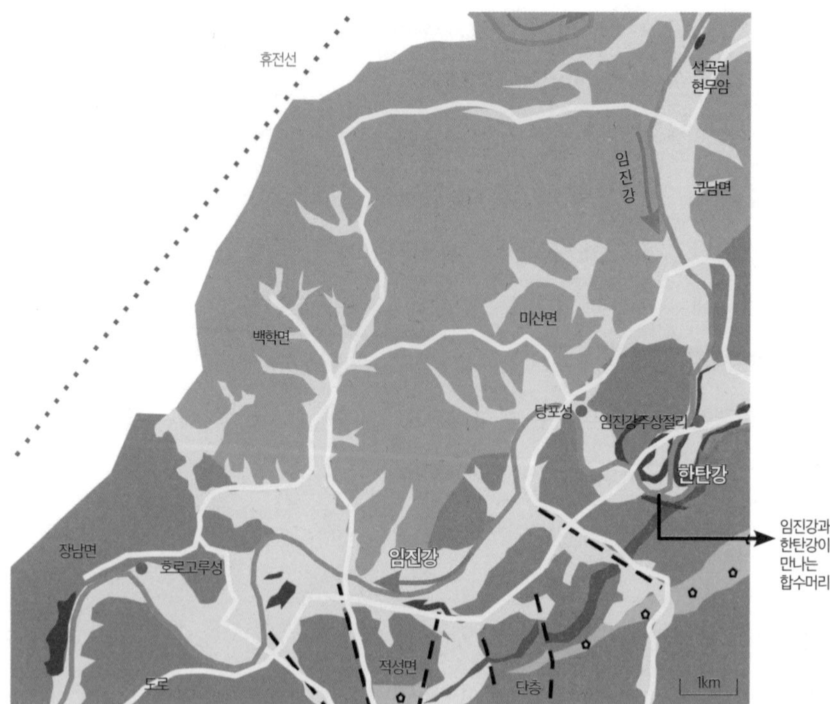

임진강 주상절리 주변의 지질약도.

신생대 제4기 충적층

신생대 제4기 현무암

중생대 트라이아스기~쥐라기 적성층

고생대 데본기 미산층

선캄브리아시대 규암

선캄브리아시대 편마암류

20m 이상 되는 거대한 용암호가 형성된 것이다.

이렇게 용암호의 용암 수위가 점점 높아지면서 용암은 임진강 상류 약 10km가 되는 선곡리까지 역류했다. 당포성 부근의 좁은 강폭을 빠져나간 한탄강 용암은 그 양이 훨씬 줄어들어 두께가 얇아지며

합수머리에서 임진강 상류로 10km 역류한 선곡리의 한탄강 현무암 노두.

임진강 동이리 현무암 절벽 A층 엔타블러처에 발달한 역부채꼴형 절리(Ⓑ 지점).

임진강 동이리 현무암 절벽에 형성된 다양한 모양의 주상절리와 하식동굴. 두 개의 용암단위(A층, B층)로 뚜렷이 구분된다. A층에는 상하부 콜로네이드와 엔타블러처의 특징이 잘 나타나며 엔타블러처의 여러 곳에 용마름형 절리가 보인다(Ⓑ 지점).

파주시 율곡리 부근에서 종점을 맞이한다. 합수머리 주변 현무암 절벽의 두께는 20m 이상이나, 당포성 앞을 지난 후에는 6m 정도로 얇아진다.

합수머리 부근인 '도감포'에는 수직의 현무암 절벽이 병풍처럼 둘러싸고 있으며, 그곳에는 큰 하식동굴이 있다. 이곳은 북쪽에서 흘러내려오는 임진강이 이곳에 부딪히면서 하식 작용이 활발하게 일어나는 곳이다. 이곳에서 임진강과 한탄강 물이 뒤섞일 때, 두 강물의 에너지는 이곳을 가득 메운 두꺼운 현무암층을 침식하면서 합수머리 도감포 부근에 여러 지형을 만들었다.

이곳 합수머리 도감포 부근을 가득 채웠던 용암은 대부분 침식되어 임진강 하류를 지나 서해로 흘러 들어갔다. 그 후 이곳 하상에는 흰 모래사장이 넓어지고, 강태공들이 시간을 보내는 장소가 되었다. 합수머리 주변에는 두 단계의 하안단구가 잘 발달해 있다.

지질명소 9. 한탄강과 임진강이 만나서 만든 작품

합수머리 하식동굴

한탄강과 임진강이 합류하는 지점에 형성된 현무암 절벽과 하식동굴-합수머리 부근(임진강 주상절리 약도 © 지점).

1. 찾아가는 길

⋯› 노두 위치: 경기도 연천군 전곡읍 남계로 408(마포리 산 7-13)

⋯› 전망 위치: 경기도 연천군 군남면 남계리 479-1(남계대교 아래)

합수머리(도감포) 하식동굴. 한탄강과 임진강이 만나는 곳.

전곡읍에서 37번 지방도를 따라 문산 쪽으로 가다가 동이대교 1km 전에 빠져나와 남계교차로에서 좌회전한다. '한반도통일미래센터' 방면으로 2.2km 정도 가면 남계대교 직전 좌측(종합안내판 설치된 곳)에 다리 아래쪽으로 내려가는 길이 있다. 여기서 170m 정도 내려오면 승용차를 주차할 수 있고 강가로 접근할 수 있다. 하식동굴 노두는 강 건너편 절벽에 있다.

2. 합수머리 이야기

합수머리(도감포)는 한탄강과 본류인 임진강이 합류하는 곳이다. '도감포'는 한탄강의 끝 지점에 있는 옛 포구 이름이다. 여기서 어우러진 물은 임진강, 한강을 거쳐 서해로 들어간다. 강화도에서 한강, 임진강

한탄강과 임진강이 만나는 합수머리(도감포). 하상의 유속에 따라 여러 양식의 퇴적작용이 활발하게 일어나고 있다. (임진강 주상절리 약도 © 지점)

을 거슬러 올라와 한탄강 초입인 도감포까지 소금, 새우젓 등을 배에 싣고 와서 포천, 철원 등지로 공급하던 포구이다.

도감포길은 합수머리에서 출발하여 은대리 앞 세월교까지 길이 5.9km를 걷는 한탄강 주상절리 길 가운데 하나이다. 강의 안쪽 굽이에는 모래사장이 있어 낚시 등 여가를 보내기 위해 사람들이 즐겨 찾는 곳이기도 하다.

3. 합수머리 부근의 지형 및 지질

한탄강과 임진강이 만나는 합수머리는 거대한 두 강의 물줄기가 하식동굴을 비롯한 여러 지형을 만들어낸 곳으로, 마치 지형학 교과서 같다. 특히 이곳은 지질약도에서 보는 것처럼 선캄브리아시대, 고생대, 중생대, 신생대 등, 여러 지질시대의 다양한 암석이 분포하는 곳이다. 그중 한탄강 용암이 만든 다양한 지형은 약 50만 년의 연령을 가진 한탄강 용암이 옛 한탄강을 메운 후, 다시 새로운 한탄강 유로가 개척되면서 형성된 지형이다. 따라서 합수머리 부근과 같은 지형이 만들어지는 데 걸리는 시간, 즉 '자연의 변화율(단위 시간당 변화 정도)'을 정량적으로 설명할 수 있는 매우 중요한 곳이다.

합수머리와 임진강 하류 주위의 지형이 시간에 따라 변해온 과정을 다음과 같이 단계별로 정리할 수 있다.

남계대교 위에서 조망한, 임진강과 만나기 직전의 한탄강 풍경. 왼쪽 강변을 따라 도감포길이 있다(임진강 주상절리 약도 Ⓓ 지점).

① 임진강과 한탄강이 합류하는 이 주변은 선캄브리아시대, 고생대, 중생대 등의 암석이 분포한다. 그리고 그 위를 임진강과 한탄강이 흐르고 있었다.

② 약 54만 년 전에서 12만 년 전 사이에 북한 평강 부근에서 분출한 한탄강 용암이 약 90km를 흘러 내려와 합수머리에서 흐름이 지체되면서 고이기 시작했다. 그 용암은 임진강 상류인 선곡리까지 역류했다.

③ 그때 임진강 도감포 일대는 한탄강 용암이 고인 대규모의 용암호가 형성되면서 임진강 유역은 검은 용암대지를 이루었으며, 그 흐름은 당포성 앞을 지나 임진강 하류인 파주의 율곡리 부근에서 멈추었다.

④ 그 후 임진강과 한탄강물의 침식작용으로 현무암은 깎여 나가고, 강폭이 넓어지면서 합수머리와 임진강의 지형은 서서히 바뀌었다.

⑤ 즉, 합수머리 부근과 그 하류의 임진강 주변은 약 54만 년에서 12만 년 사이에 형성된 젊은 지형이다.

⑥ 따라서 오늘의 합수머리와 그 주변의 지형이 만들어지는 데 걸린 시간은 대략 50만 년 이하로서, 그 수치를 적용하여 '자연의 변화율'을 설명할 수 있다.▲

하식동굴 위 절벽에 형성된 장작더미형 주상절리. 마치 장작을 차곡차곡 쌓아놓은 모습이다. (임진강 주상절리 약도 © 지점)

한탄강 용암으로 만든 예술작품. 합수머리(도감포) 강가 절벽. 수평절리 위에 수백, 수천의 형형색색 주상절리 기둥들이 절벽에 촘촘히 박혀 있다. (임진강 주상절리 약도 © 지점)

지질명소 10. 한탄강 현무암 절벽이 만든 천혜의 요새

당포성

당포성에서 남쪽으로 본 임진강. 양안이 모두 현무암 수직절벽이고, 현무암 수직 절벽 위에 당포성이 있다.

1. 찾아가는 길

…› 위치: 경기도 연천군 미산면 동이리 778(내비게이션: 당포성)

당포성 위치.

2. 당포성 이야기

이등변삼각형 모양의 지형 위에 쌓은 당포성(①–동쪽 성벽, ②–임진강 현무암 절벽, ③–당개 샛강 절벽)

당포성 남쪽의 현무암 수직 절벽. 14m 현무암 절벽 위 평지에 성을 만들었다. 절벽 위에 이등변삼각형 모양의 성이 보인다. 현무암 절벽에는 두 개의 용암단위가 보인다.

당포성堂浦城은 고구려가 이곳에 처음 쌓은 성으로 임진강의 현무암 절벽과 당포 나루로 유입되는 당개 샛강 사이에 형성된 뾰족한 이등변삼각형 모양의 평평한 성이다. 사적 제468호로 주변의 호로고루성, 은대리성과 함께 고구려 3대 성에 속한다. 이등변삼각형의 긴 쪽 두 변은 높이 13~20m의 천연 수직 절벽이 형성되어 성벽을 따로 쌓지 않았으나, 동쪽 편의 나머지 한 변은 가로막이 성벽을 쌓아 그 안쪽을 성으로 사용했다.

6~7세기 고구려의 남쪽 경계였던 이곳은 임진강을 건너 개성으로 향하는 길목이었기 때문에 전략적으로 중요한 군사적 요충지였다. 당개나루(당포나루)는 한국전쟁 전까지만 해도 서해에서 한강과 임진강을 통해 올라온 상선이 드나들던 포구였다고 한다.

당포성 동쪽 성벽. 흙으로 옛 성벽을 덮어 보호하고 있다.

당포성을 기점으로 임진강 하류 18.6km 지점에 호로고루성이 있고, 임진강 합수머리를 지나 한탄강으로 이어지는 8.9km 상류에 은대리성이 있다. 두 개의 성 역시 이등변삼각형 모양이며, 현무암 수직 절벽과 주변의 지류를 활용하여 쌓은 방어 용도의 성이다.

이 지역은 고구려, 백제, 신라 삼국의 각축장이었던 곳이다. 특히 호로고루성이 있는 고랑포구는 평양에서 한성으로 오가는 길목으로 얕은 여울이 있다. 강물이 적을 때는 배를 이용하지 않고도 쉽게 건널 수 있어 군사적으로도 매우 중요한 장소였다.

그러나 이 세 개의 성은 규모가 그리 크지 않다. 당포성은 그 둘레가 450m, 호로고루성은 401m 정도이고, 은대리성은 외성 1069m, 내성 230m이다.

3. 당포성 주변의 지형 및 지질

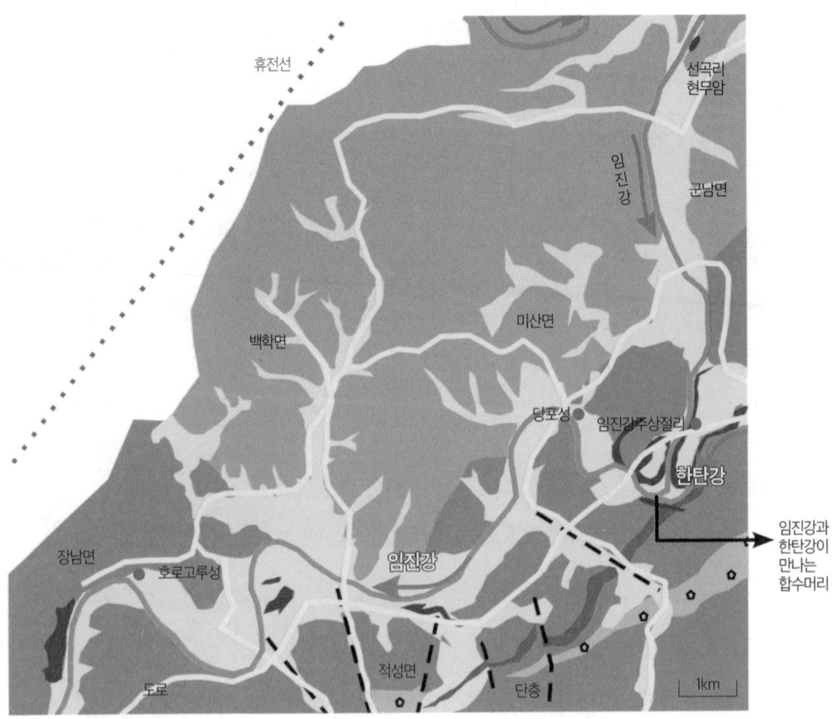

당포성, 호로고루성 주변의 지질약도.

- 신생대 제4기 충적층
- 신생대 제4기 현무암
- 중생대 트라이아스기~쥐라기 적성층
- 고생대 데본기 미산층
- 선캄브리아시대 규암
- 선캄브리아시대 편마암류

임진강과 한탄강이 합류한 후, 임진강 물줄기는 굽이치면서 남쪽을 향하여 흐른다. 그러나 합수머리부터는 방향을 틀어 북쪽을 향하여 당포성에 이른 후, 다시 곡류하면서 남쪽으로 흐르는 심한 변화를 보인다.

임진강을 메우며 남쪽으로 흐르던 용암은 당포성 앞에서 그 흐름의 속도가 크게 느려졌다. 그래서 임진강과 한탄강이 만나는 합수머리 부근에 많은 양의 용암이 고이게 되어 커다란 용암호가 만들어졌다. 이 용암호에 쌓였던 용암층의 두께는 10m 이상이었다.

당포성 아래 현무암 절벽은 두께가 약 14m 정도이며, 두 개의 용암 단위(A층, B층)로 구분된다. A층은 두께가 약 9m이고, 대체로 가는 수직 기둥형 주상절리가 나타나며, 몇 군데에서 용마름형 절리도 보인다. B층은 두께가 약 5m이며, 주상절리의 발달이 미약하다. A층의 하부에는 클링커가 약하게 나타나며, B층은 큰 기공들이 많고 판상기공대가 나타난다.

당포성에서 15~18km 하류에 있는 파주 두지리와 연천 고랑포구(호로고루성)에 이르면 임진강의 양쪽 현무암 절벽은 두께가 약 6~8m로 얇아지고, 한 개의 용암층(B층)만 관찰된다. 이 층의 하부에는 수평

당포성의 한쪽 벽을 이루고 있는 현무암 수직 절벽. 두 개의 용암 단위가 관찰되며, A층에서는 다양한 주상절리 유형을 볼 수 있다.

당포성 남쪽 현무암 절벽. 두 개의 용암단위(A층, B층)로 구분된다. B층은 주상절리의 발달이 미약하고 기공이 많다.

절리가 나타나며 작은 하식동굴이 발달한 곳도 있다.

당포성에서 하류로 가면서 강가의 현무암 절벽은 띄엄띄엄 나타나다가, 호로고루성에서 12km 하류에 있는 파주시 파평면 율곡리 율곡

파주 두지리와 연천 호로고루성 사이의 현무암 절벽. 층의 하부에 수평절리와 작은 하식동굴이 있고, 수평절리 위에는 가는 수직기둥형 절리가 발달했다.

습지공원 옆 강가에서 길이 200~300m, 두께 4~6m 정도의 현무암 절벽을 끝으로 더는 보이지 않는다.

북한의 평강 지역에서 발원한 한탄강 용암이 한탄강과 임진강으로 이어지는 물길을 따라 약 120km를 흘러 내려와, 여기서 그 흐름을 멈춘 것이다.

4. 한탄강 현무암 절벽을 활용한 연천 3대 고구려성: 당포성, 은대리성, 호로고루성

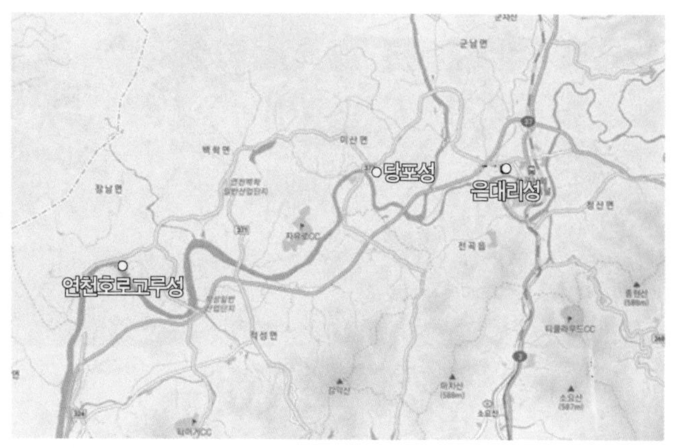

호로고루성, 당포성, 은대리성의 위치.

한탄강에서 임진강으로 이어지는 지역에 세워진 호로고루성, 당포성, 은대리성은 지형과 지질의 활용 면에서 몇 가지 공통점이 있다. 그중 하나는 이 성들이 모두 용암이 한탄강과 임진강을 따라 흐르면서 기반암을 덮은, 평평한 땅 위에 세워진 평지성平地城이라는 것이다.

다른 하나는 성의 모양이 모두 이등변삼각형이다. 이것은 이등변삼각형의 한 변은 현무암 절벽을 성벽으로 두고, 다른 한 변은 강으로

이등변삼각형의 한 변인 은대리성 동벽. 성안은 평평한 용암 대지이다.

호로고루성 동벽. 평평한 용암대지 위에 성벽을 쌓았다.

이등변삼각형 모양의 은대리성. 한탄강과 차탄천,
해자로 둘러싸여 있다.

비스듬히 흘러드는 지류를 해자[垓字]로 이용했기 때문이다. 나머지 한 변에 성벽을 쌓아 가로막으면 자연스럽게 이등변삼각형이 된다.

은대리성은 한탄강과 장지천이 만나는 곳에 있는 삼각형 모양의 지형을 활용하여 쌓은 성이다. 성의 서북쪽을 흐르는 차탄천 역시 현무암 절벽으로, 방어용 성을 구축하는 데 유리한 지형이다.

호로고루성 동벽 위에서 내려다보면 성은 이등변삼각형 모양이다. 멀리 고랑포구 여울목과 현무암 절벽이 보인다.

호로고루성 상류 700m 지점의 현무암 수직절벽. 한 개의 용암단위(B층)로 되어 있다.

지질명소 11. 공룡 시대에도 이곳에 화산이 있었다는 증거

동막골응회암

경기도 연천군 동막리 하천에 분포하는 중생대 응회암 골짜기.

1. 찾아가는 길

⋯› 위치: 경기도 연천군 연천읍 동막리 198

동막골응회암 노두 위치(Ⓐ-응회암노두, Ⓑ-하상응회암, Ⓒ-응회암 주상절리, Ⓓ-예전 하천의 흔적).

전곡읍에서 3번 국도를 따라 연천 쪽으로 5.7km쯤 이동한 후, 동막사거리에서 우회전하여 내산리 방면으로 하천(아미천)을 따라 4.5km 정도 가면 왼쪽에 동막리 응회암 표지판이 서 있고 동막리 공중화장실이 있다. 공중화장실과 계곡상회 사이에 주차할 수 있다. 동막리 공중화장실 뒤편 하천 바닥과 하천 변에 응회암 노두가 있다.

2. 연천 동막골 이야기

연천 읍내에서 동북쪽으로 아미천을 따라 올라가면 바로 동막골이다. 이곳은 조선 초부터 요업(도기, 구운 벽돌 제조)이 번창했던 곳이다. '도기(독)를 만드는 곳'이라는 의미로 '도막[陶幕]' 또는 '독막' 등으로 불려오다 동막으로 굳어졌다는 이야기가 있다.

왜 이곳에서 도기(옹기)를 만들었을까? 연천 지역의 충적층에는 황토가 널리 분포하여 질그릇의 재료인 점토질 흙을 구하기 쉽다. 한편 지장산 자락에 있는 동막골은 땔감과 물이 풍부해 옹기나 벽돌을 만들고 구워내는 장소로 최적의 조건을 갖춘 곳이다. 지금도 전곡리, 궁평리, 장탄리 일대에서는 구운 벽돌을 생산하고 있다.

연천읍에서 동막리 쪽으로 가면서 작은 다리를 건너기 전에 아미천의 오른쪽으로 접어들면 여름에도 찬바람이 나오는 풍혈風穴이 있다. 그러나 이곳은 사유지여서 접근하기 어렵다. 지장산 응회암으로 이루어진 동막골 계곡은 여름에는 시원한 물이 흘러 피서객들이 즐겨 찾는 곳이다.

동막골 계곡과 아미천, 중생대 응회암이 분포하는 성산.

3. 동막골 주변의 지형 및 지질

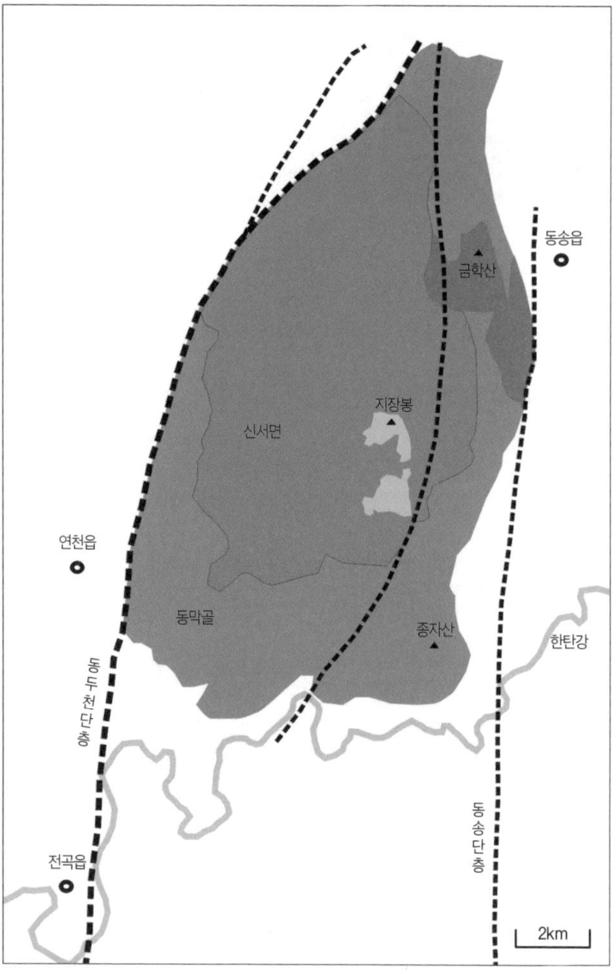

중생대에 형성된 연천–철원분지 지질약도.

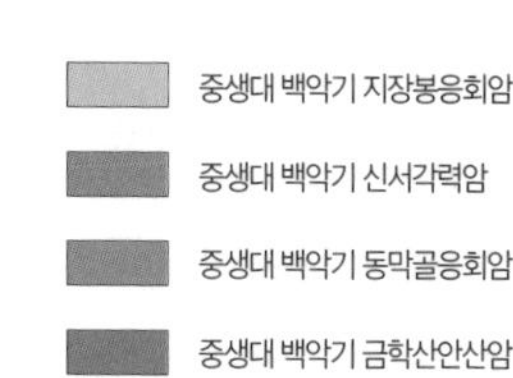

강바닥에 쌓인 크기, 색깔, 모양이 다른 응회암 자갈들(Ⓑ 지점).

각진 화산자갈과 화산재가 쌓여서 만들어진 화산력 응회암(Ⓑ 지점).

경기도 연천군 연천읍에 있는 동막골에는 중생대 응회암이 넓게 분포한다. 이곳에는 중생대 때 한반도에 화산활동이 활발했던 연천-철원분지가 있다. 연천-철원분지의 동북쪽 지장봉, 동쪽 종자산 일대에 응회암이 분포하는데, 그 당시 화산에서 품어낸 화산재의 흔적이다. 화산체와 화구는 침식·풍화작용으로 거의 없어졌으나, 응회암은 이곳에서 화산활동이 있었음을 알려준다.

동막골응회암은 크기, 종류, 색깔 모양 등이 다른 화산력火山礫(화산자갈)이 많이 포함되어 있다. 화산암은 화산이 폭발할 때 분출한 화산재와 화산력이 서로 뒤섞여서 만들어진 것으로, 화산력을 포함한 응회암을 화산력 응회암lapilli(라필리 응회암)이라고 한다. 응회암을 이루는 화산력의 크기는 분화구의 위치를 추정하는 데 이용한다.

1) 화산력이 납작하게 눌린 피아메 구조가 발달한 용결응회암

동막골 하천 주위에서는 밝은색의 화산재와 눈썹처럼 휘어진 줄무늬가 발달한 응회암이 분포한다. 응회암의 줄무늬는 마치 용암이 흐르면서 만들어진 것처럼 보인다. 그러나 이런 구조는 뜨거운 화산재와 화산력이 섞여 두껍게 쌓일 때, 위에서 누르는 압력과 높은 열로 인해

피아메 구조를 보이는 용결응회암 노두(Ⓐ 지점).

피아메 구조를 보이는 용결응회암(Ⓐ 노두의 좌측 부분).

용결응회암 노두(Ⓐ) 좌측 부분을 접사로 촬영했다. 피아메의 크기는 0.5~2cm 정도이다.

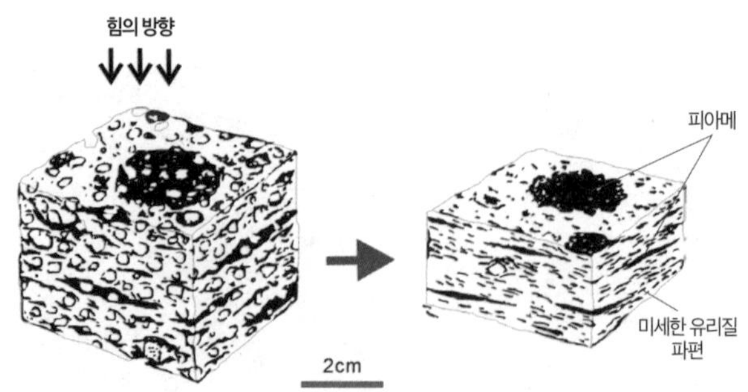

용결응회암이 만들어지는 과정. 부석 등과 함께 화산재가 두껍게 쌓일 때, 내부의 온도가 높아 화산력이 납작하게 눌리면서 늘어나 피아메 구조가 발달한다.

화산력이 납작하게 눌리면서 길쭉하게 늘어나 만들어진 것이다. 이런 구조를 '피아메fiamme'라 하며, 이런 줄무늬를 보이는 응회암을 '용결응회암welded tuff'이라 한다. '용결응회암 노두' 사진 왼쪽 가장자리에서 쉽게 관찰할 수 있다.

사진에서 암녹색은 부석, 담적색은 암석 조각들이며, 부석이 길게 늘여져서 피아메 구조를 보이고 있다.

용결응회암과 피아메 구조가 발달하는 과정은 다음과 같다.

2) 여러 번의 화산폭발 흔적이 남아 있는 동막골응회암층

폭발형 화산에서 분출한 화산재가 화산체의 경사를 따라 흐르다가 굳으면 '회류응회암'이 된다. 그리고 화산재가 하늘로 올라간 후 떨어져 쌓이면 '강하응회암'이 된다. 이곳 동막골응회암층 노두에서는 강하응회암과 회류응회암을 모두 볼 수 있다. 이러한 사실은 이곳에서 화산폭발이 여러 번 반복해서 있었음을 말해준다.

아래 노두의 사진에서 보는 바와 같이 회백색의 평행한 줄무늬가 발달하며, 석영 성분이 많은 층으로 강하응회암으로 분류될 수 있는

회류응회암(①과 ③) 사이에 분포하는, 줄무늬가 발달한 회백색 암석(②)(노두 Ⓐ).

회백색 암석 사진의 노란색 점선(암석의 틈) 부분을 확대한 사진(노두 Ⓐ).

지층(②)을 중심으로 아래와 위로 각각 회류응회암(①)과 회류응회암(③)이 위치한다. 두 회류응회암층 사이에 강하응회암으로 분류될 수 있는 지층(②)이 끼어 들어가 있는 까닭에 대해 두 가지 가설이 제안되었다.

첫 번째는 세 개의 응회암층은 아래로부터 회류응회암층, 강하응회암층, 회류응회암층으로 순차적으로 쌓여서 이루어진 것이라는 설이다. 즉, 화산 폭발로 인한 화쇄류로 먼저 회류응회암(①)층이 쌓인다. 그 후 공중으로 높이 올라간 고운 입자가 서서히 가라앉아 강하응회암(②)이 형성된다. 얼마 후 다시 화산폭발이 일어나고 화쇄류가 쌓여 다른 회류응회암(③)층이 형성되었다는 것이다.

다른 하나는 암석(②)층에 석영 성분이 많은 것을 근거로, 그 층이 두 회류응회암 사이를 관입한 석영 암맥이라는 안이다. 즉, 화산분출물로 만들어진 두 회류응회암층 사이를 석영 성분의 마그마가 맥상으로 관입한 암맥이라고 보는 견해이다. 어떻게 해석하느냐에 따라 화산 폭발의 횟수, 암석층의 생성 순서와 시기가 달라진다.

현재의 아미천과 옛 하천의 흔적(Ⓓ 지점).

②번 암석층이 강하응회암인지, 석영 암맥인지 알기 위해서는 추가적인 논의가 필요하다.

3) 응회암에 발달한 주상절리

주상절리는 한탄강 유역에 넓게 분포하는 현무암에서 흔히 볼 수 있는 지질구조이다. 그런데 동막골 유원지 하천 주변의 응회암은 중생대 지층이며 산성암류로 분류되는 암석이다. 그러나 이곳 응회암에서도 수직으로 발달한 주상절리를 관찰할 수 있다. 수백도 이상의 높은 온도인 화산재가 두껍게 쌓여 식을 때, 마치 현무암질 용암층에서처럼 그 부피가 줄어들면서 응회암에 주상절리가 만들어지는 것이다.

4) 옛날(구) 하천의 흐름 흔적

이곳 응회암 노두 주변에는 현재의 아미천보다 먼저 형성된 것으로 보이는 옛 하천의 흔적을 볼 수 있다. '현재의 아미천과 옛 아미천의

응회암에 발달한 수직기둥형 주상절리(하천 건너편 절벽 © 지점).

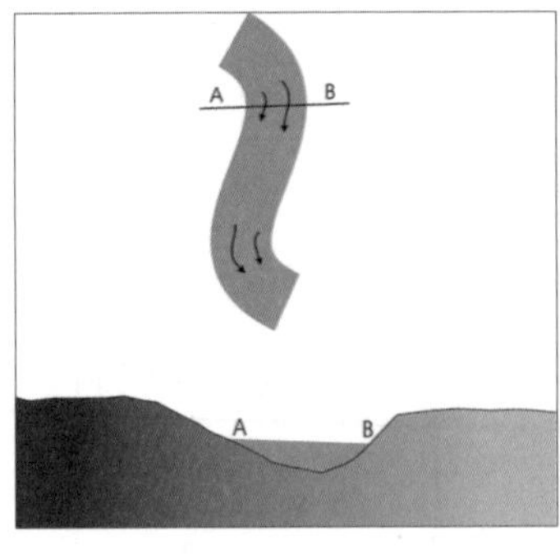

(1) 하천이 흐르는 바깥쪽 부분(B)은 물의 속도가 빠르며 침식이 활발하게 일어나고, 하천이 흐르는 안쪽(A)은 물의 속도가 느리며 퇴적이 활발하게 일어난다.

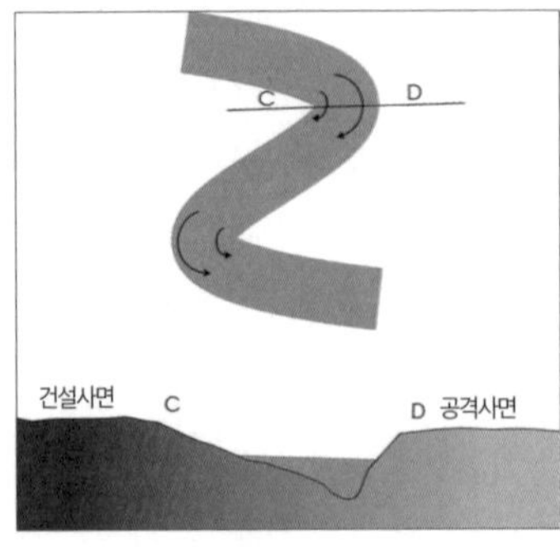

(2) 시간이 지날수록 하천은 곡류가 더욱 심해진다. 침식이 활발하게 일어나는 부분을 공격사면, 퇴적이 활발하게 일어나는 부분을 건설사면이라고 한다.

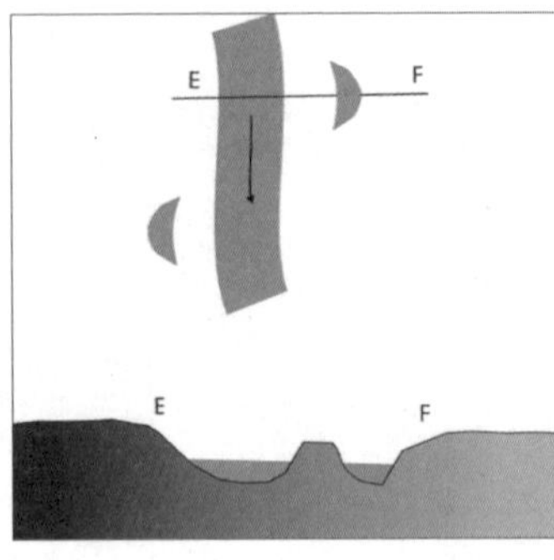

(3) 곡류의 침식이 활발하게 일어나면서 하천의 흐름은 직선 형태로 변한다. 이때 과거에 하천이었던 곳은 물이 고여 있거나 하천이었던 흔적이 남아 있게 된다.

곡류의 발달 과정.

흔적' 그림에서 보는 것처럼 현재 아미천이 흐르는 곳 옆에는 물이 고여 있는 작은 하천이 있다. 지금보다 더 곡류였던 아미천은 오랜 세월이 지나면서 지금의 하천으로 위치가 바뀌었고, 옛 하천의 흐름이 있었던 곳은 흔적으로만 남아 있는 것이다. 비가 오거나 눈이 내리면 옛 하천의 흔적이 있던 부분에 물이 고이면서 사진과 같은 모습처럼 보이게 된다.

3. 철원 지역

이 지역은 한탄강 상류이며, '한탄강 세계지질공원'의 가장 북쪽에 위치한다. 지질공원의 여러 명소 중, 소이산, 직탕폭포, 고석정, 삼부연폭포, 샘통, 송대소, 대교천 협곡 및 평화전망대 등 여덟 곳이 포함된다. 소이산에서는 한탄강 용암을 품어낸 북한 평강 부근의 '680m고지', '오리산'과 그 용암이 평강을 지나 철원으로 흘러내린 평강-철원평야를 볼 수 있다. '평화전망대'에서 북쪽으로 2.3km 되는 곳에 휴전선(군사분계선)이 있고 오리산은 9km, 680m고지는 약 33km 떨어져 있다.

소이산(362m)에서 북쪽을 바라본 가을의 평강-철원평야. 눈앞의 철원평야가 끝나는 곳이 비무장지대이며, 그 너머는 북한이다. 멀리 보이는 산 너머에 북한의 평강이 있다. 소이산에서 평강까지의 거리는 약 18km이다.

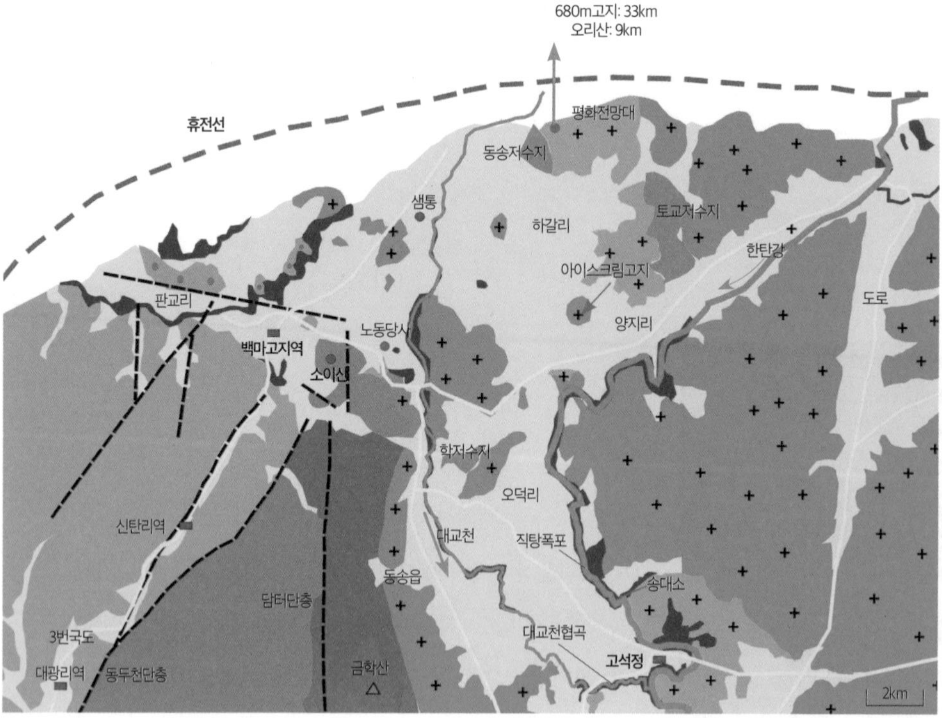

철원지역 지질약도. 소이산, 직탕폭포, 고석정, 삼부연폭포, 샘통, 송대소, 대교천협곡, 평화전망대 등 지질명소를 만날 수 있다.

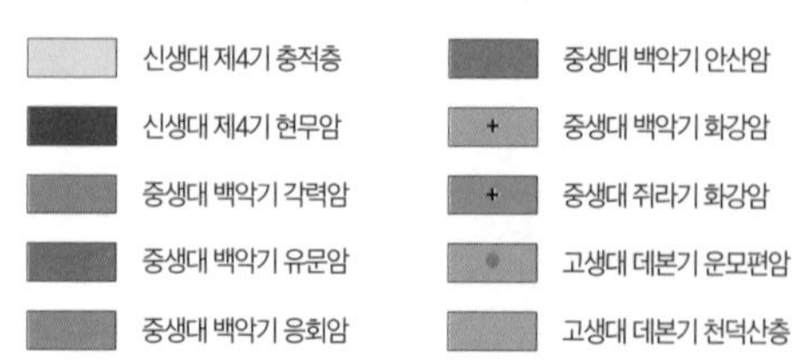

철원 지역의 지질명소

1. **소이산**: 평강-철원 용암 평야를 볼 수 있는 전망대
2. **직탕폭포**: 용암평원에 병풍처럼 펼쳐진 폭포
3. **고석정**: 임꺽정의 은신처였던 외로운 화강암 바위
4. **삼부연폭포**: 세월과 함께 위치를 바꾼 물줄기
5. **샘통**: 겨울 철새를 불러들이는 얼지 않는 샘물
6. **송대소**: 한탄강 용암이 자랑하는 주상절리 전시장
7. **대교천 협곡**: 용암의 여러 조각품이 진열된 좁고 깊은 계곡
8. **평화전망대**: 한탄강 용암의 발원지를 볼 수 있는 곳

위성사진과 지질약도를 보면 한탄강 상류인 철원평야에서 소이산을 비롯하여 백마고지, 아이스크림고지 등, 기반암이 용암대지 위로 나와 있는 스텝토steptoe를 볼 수 있다. 한탄강이 북동쪽에서 출발하여 중생대 화강암 지역을 거쳐 북에서 남으로 흐르고 있고, 그 흐름과 나란하게 대교천이 철원평야를 남북방향으로 흐르고 있다. 한탄강은 지질명소인 직탕폭포, 송대소를 지나 현무암 협곡을 만든 대교천과 고석정 부근에서 합류한다.

철원평야에는 동송저수지, 토교저수지, 학저수지, 샘통 등이 있으며, 겨울철에는 시베리아와 몽골 등지에서 겨울 철새들이 찾아온다. 철원평야는 고생대의 변성암, 중생대의 화강암 및 화산암을 기반암으로 하고, 그 위를 신생대의 한탄강 현무암과 충적층이 덮고 있다.

한탄강 지질공원의 북쪽에 있는 넓은 철원평야는 쌀을 비롯한 많은 곡물이 생산되는 곳으로, 예로부터 우리 역사의 중심지가 되었던 곳이다. 이곳은 서기 905년 궁예가 태봉국을 세운 도읍지이기도 하며 현대에 와서도 한국전쟁의 주요 전장이 되는 등 인류평화의 측면에서도 의미가 큰 곳이다.

지질명소 1. 평강-철원 용암평야를 볼 수 있는 전망대

소이산

소이산에서 북쪽을 바라본 철원평야(겨울 풍경). 멀리 보이는 산 너머에 북한의 평강평야가 있다.

1. 찾아가는 길

⋯› 위치: 강원도 철원군 철원읍 사요리 산61 일원

소이산(철원 용암대지)의 위치.

철원 동송시외버스터미널에서 87번 국도를 따라 북쪽으로 올라가다 소이산 진입로에서 좌회전한다. 400m 정도 가면 소이산 입구가 나오고, 길가에 주차할 수 있다. 입구에서 탐방로를 따라 도보로 20~25분 정도 올라가면 소이산(362m) 정상이다. 전망대에서 철원평야, DMZ, 북한의 평강평야, 평강고원 등을 한눈에 담을 수 있다.

2. 소이산에서 본 철원평야

한반도의 중부에 있는 철원평야는 북한의 평강과 남한의 철원 사이를 메운 용암 평야이다. 북한의 평강 지역에 있는 오리산과 680m고지에서 약 54만~12만 년 전에 화산활동이 있었다. 그곳에서 분출한 용암은 평강-철원 지역에 깊이 20~30m의 매우 큰 용암호를 만들었다. 이어서 옛 한탄강의 낮은 물길을 따라 한탄강을 덮으며 100km 이상을 흘러내려 경기도 파주시 율곡리에서 멈추었다. 전체 면적이 650㎢ 되는 커다란 용암대지를 만든 것이다.

철원 용암대지 위를 덮고 있는 충적층에서는 '철원 오대쌀' 등 많은 농산물이 생산되고 있다. 철원평야를 덮고 있는 충적층은 두께가 수십 센티미터 정도이고, 바로 밑에 한탄강 현무암이 있다. 철원평야는 용암대지인데, 실제로 철원평야 내에서는 검은색의 현무암과 현무암질 용암이 만든 계곡을 보기는 어렵다. 그러나 대교천과 한탄강이 흐르는 계곡에서는 용암이 만든 여러 지형을 만날 수 있다. 옛 한탄강은 한탄강 용암이 철원 용암평야를 만들면서 메워졌다. 즉, 오늘날 한탄강은 그 후 새롭게 탄생한 강이다. 철원평야의 가운데를 흐르는 대교천이 옛 한탄강이 흘렀던 곳일 가능성이 큰 것으로 본다.

철원평야에 우뚝 솟아 있는 소이산 정상은 철원평야가 한눈에 들어오는 곳으로, 고려 시대부터 봉수대가 있었고 한국전쟁 때는 전투가 치열했던 장소이다. 정상 부근의 평화마루공원에는 한국전쟁과 관련된 자료를 전시한 공간이 있다. 가을에 이곳에 올라보면, 일망무제 황금 들판의 향연이 파노라마처럼 펼쳐지는 광경을 볼 수 있다. 주변에는 소이산 생태숲길도 있다.

3. 소이산 주변의 지형 및 지질

소이산(362m)은 용암평야 위에 기반암이 머리를 내밀고 있는 모습이어서, 철원평야의 넓은 대지에 있는 여러 지형을 한눈에 볼 수 있는 곳이다. 즉, 소이산은 기반암이 용암대지 위로 머리를 내밀고 있는 스텝토이다. 지질약도에서 소이산 주변의 지질을 살펴보면, 소이산은 중생대 응회암으로 이루어졌고, 그 주위를 신생대 현무암이 둘러싸고 있다. 그래서 소이산은 마치 용암 바다 위에 떠 있는 섬처럼 보인다.

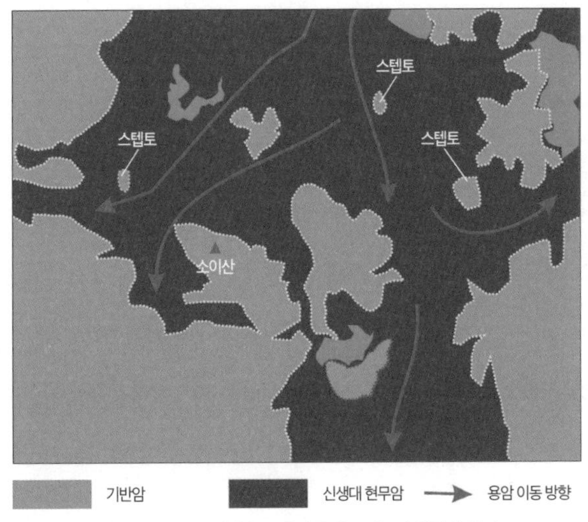

용암대지인 철원평야 주변의 지질약도. 여러 곳에 스텝토가 발달해 있다.

위성 사진으로 본 철원평야. 짙은 색으로 기복인 있는 곳이 기반암이고, 노란 점선은 현무암과 기반암의 경계이다. 노란 실선은 휴전선이다.

철원평야에 있는 동송저수지와 작은 스텝토.

철원평야에서 스텝토는 소이산 외에 기반암이 화강암인 백마고지와 아이스크림고지 등 여러 곳에서 찾을 수 있다. '스텝토'라는 용어는 '한 걸음'을 뜻하는 'step'과 '발가락'인 'toe'의 합성어로, 개울의 징검다리를 건널 때, 발끝을 들고 깡충깡충 뛰는 모습을 연상하게 한다. 즉, 개울에 놓인 징검다리처럼, 용암대지 위에 기반암이 머리를 내민 것같이 보이는 구릉이나 산을 뜻한다.

소이산에서 북쪽을 본 황금 들녘 철원평야와 스텝토인 아이스크림고지.

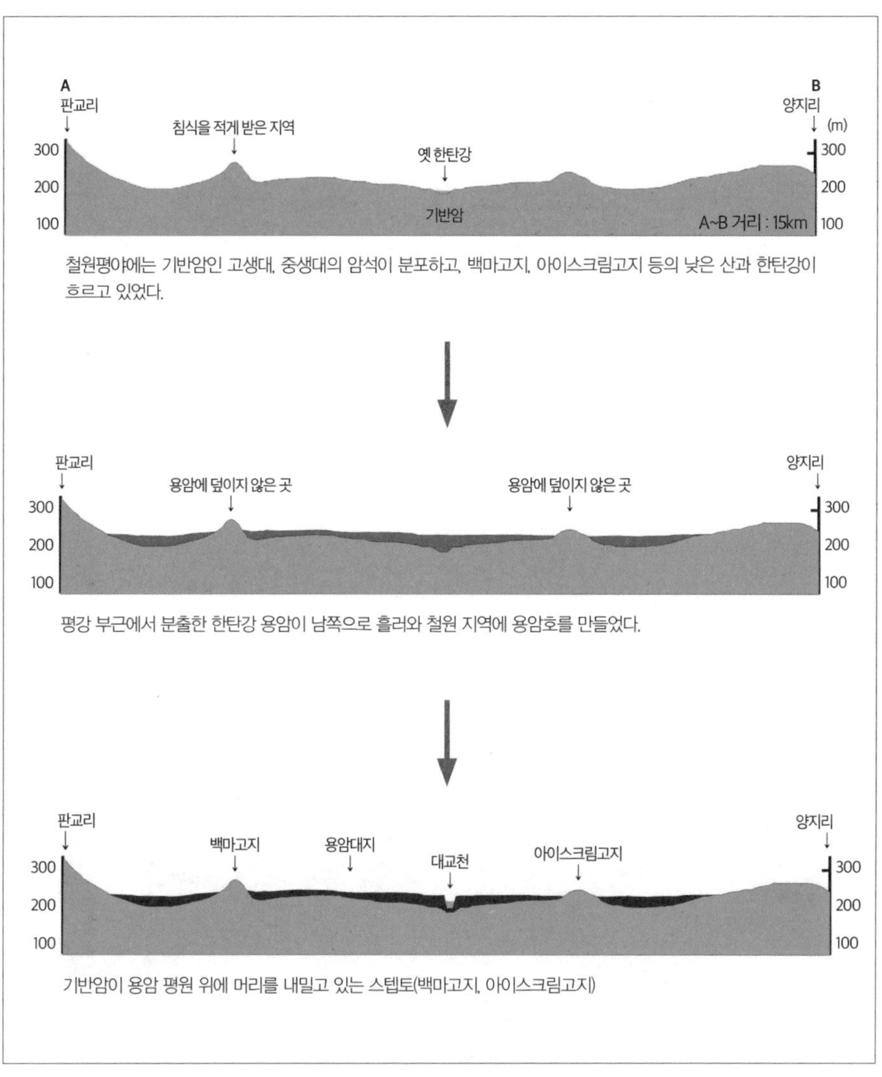

317쪽 하단 그림의 A–B 단면으로 본, 철원평야에서 스텝토가 형성되는 과정.

4. 현대사의 상흔이 남아 있는 철원평야

철원평야에서 북한의 평강, 남한의 철원과 김화를 잇는 군사 요충지를 철의 삼각지라 부른다. 한국전쟁 때 철원평야의 백마고지는 열흘 동안 주인이 24번이나 바뀌었을 정도로 격렬한 전투가 벌어진 곳이다. 또한 현재의 철원평야에는 그 당시 북한의 노동당사가 을씨년스럽게 서 있고, 월정리역에는 부서진 철마가 녹슨 채로 멈춰 있어 치열했던 전쟁의 상흔이 고스란히 간직되어 있다.

그러나 지금은 한민족의 통일을 염원하며, 번영된 미래를 준비하자는 의미의 넓은 철원평화문화광장이 조성되어, 평화와 문화 그리고 생태와 통일 안보 교육의 장으로 활용하고 있다.

철원평야에는 10세기 초 궁예가 세운 태봉국의 도읍지가 있었으며, 현재는 DMZ 안에 옛 태봉국 성곽의 흔적이 남아 있다. 주변의 산악지대에는 한국전쟁의 흔적이 이곳저곳에 남아 있어, 한반도의 근현

경원선(서울–원산) 철마의 흔적을 간직한 월정리역.

철원평야에 있는 태봉국 철원도성 상상도.

대사를 읽을 수 있는 역사의 현장이 되고 있다.

또한 철원평야는 강원도 쌀 생산량의 30%를 차지할 정도로 쌀 수확량이 많은 곡창지대이다. 이곳의 논과 밭은 주로 용암대지 위에 쌓인 충적층으로 토양은 점토질 비율이 높고, 유기물이 풍부한 비옥한 땅이다. 겨울에는 기온이 아주 낮아 해충이 서식하기 어렵고, 벼가 익을 무렵에는 기온의 일교차가 커서 품질이 좋은 쌀을 생산할 수 있는 자연조건을 갖추고 있다.

황금색 들녘, 넓게 펼쳐진 철원평야를 내려다보면서 궁예는 어떤 태봉국의 미래를 설계했을까? 우리도 이곳 소이산에 올라 평강-철원평야를 바라보면서 우리 민족의 미래를 생각해보는 시간을 갖는 것은 어떨까?

지질명소 2. 용암 평원에 병풍처럼 펼쳐진 폭포

직탕폭포

용암대지가 만든 무대에서 넓은 물 장막을 만들며 쏟아지는 직탕폭포.

1. 찾아가는 길

⋯ 위치: 철원군 철원읍 동송읍 직탕길 94(장흥리 336)

직탕폭포 위치.

고석정국민관광지에서 동송 방면으로 463번 지방도를 따라 3.7km 이동한 후, 교차로에서 우측 태봉대교길로 진입한다. 태봉대교를 건너면서 좌측으로 내려가면 바로 유원지 주차장이 있다. 강 옆길을 따라 600m 정도 가면 폭포가 나온다.

2. 직탕폭포 이야기

강물이 수직으로 떨어지는 여울, '직탄直灘'이 '직탕直湯'으로 바뀌어 '직탕폭포直湯瀑布'라 불리게 되었다고 한다. 일명 한국의 '나이아가라폭포'라고도 한다. 사실 그 규모와 웅장함에서 보면, 북미의 나이아가라폭포, 아프리카의 빅토리아폭포, 남미의 이구아수폭포 등과 비교하는 데는 무리가 있다. 그러나 직탕폭포가 가진 지질 조건 및 주변의 지형적 특징, 그리고 폭포의 형태가 보이는 가치는 매우 크다.

일반적으로 폭포는 물줄기가 많지 않고, 또 폭이 좁다. 그런데 직탕폭포는 넓은 용암대지 위에 발달한 것으로, 물이 80m가 넘는 강폭을 가득 메운 채로, 마치 넓은 물 커튼을 친 듯이 일직선으로 떨어지고 있다. 이런 광경은 세계적으로 드물다. 이러한 폭포가 형성될 수 있는 지질 조건은 용암대지에 강이 흐를 때뿐이다. 그래서 직탕폭포는 자랑할 만한 가치가 있는 명소이다.

3. 직탕폭포 주변의 지형 및 지질

이곳의 기반암은 중생대 화강암과 화산암이다. 그 위를 신생대 한탄강 현무암이 용암대지를 이루면서 덮고 있다. 직탕폭포 주변에서는 검은색 현무암층이 몇 켜 쌓여 있는 것을 볼 수 있다. 이곳에서 강을 따라 북쪽으로 약 22km에 있는 북한 평강 부근의 오리산, 그리고 680m고지에서 분출한 용암이 옛 한탄강을 따라 흘러 내려와 철원 용암 평원을 만들면서 여기까지 흘러와 이곳의 현무암이 되었다.

직탕폭포는 한탄강 상류에 있는 폭포이며, 이곳에서 한탄강은 용암대지의 현무암과 기반암인 화강암과의 지질 경계 사이를 흐르고 있다. 직탕폭포는 강폭이 80m나 되는 한탄강을 가득 채우며, 3m 높이에서 떨어지면서 특별한 경관을 만들어내고 있다.

형성 과정을 보면 직탕폭포는 나이아가라폭포나 국내의 다른 폭포와는 지질 조건에서 차이가 있다. 예를 들면 '나이아가라폭포'는 두꺼운 석회암이나 사암과 같은 퇴적암층 위에, 그리고 철원의 삼부연폭

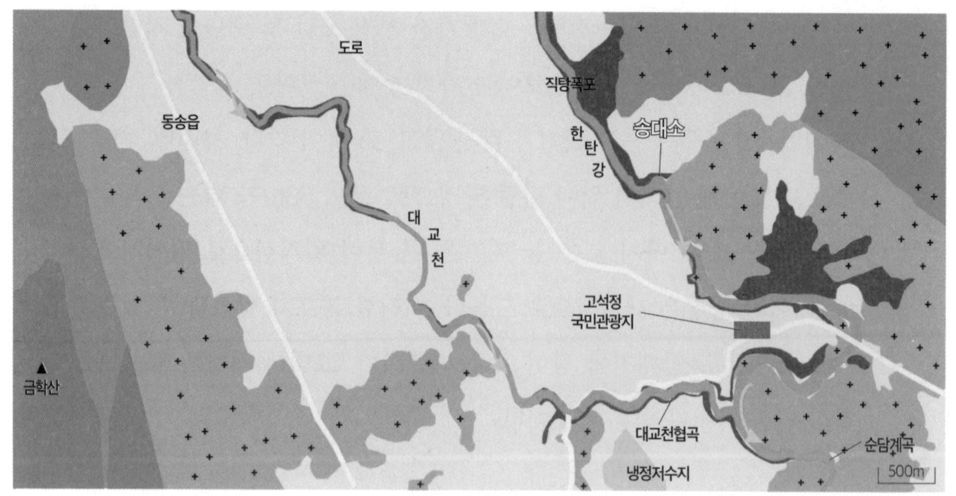

직탕폭포 주변의 지질약도.

- 신생대 제4기 충적층
- 신생대 제4기 한탄강현무암
- 중생대 백악기 응회암
- 중생대 백악기 금학산 안산암
- 중생대 백악기 명성산화강암
- 중생대 쥐라기 화강암

포는 화강암 위에 만들어진 것이다. 그런데 직탕폭포는 철원 용암대지를 이루고 있는 현무암층 위를 흐르는 폭포이다.

물론 제주도의 정방폭포나 천지연폭포도 현무암 계곡에서 떨어지는 폭포이지만, 넓은 용암대지를 흐르면서 넓은 폭으로 떨어지는 직탕폭포와는 생김새가 다르다. 이같이 폭포는 암석의 종류에 따라 모양과 규모가 제각기 달라진다. 그런 면에서 한탄강 직탕폭포는 철원 용암평원과 같은 넓은 현무암층에서 형성되는 자연의 작품으로서 그 가치가 크다.

검은색의 현무암층에서 넓은 물 장막을 만들며 떨어지는 직탕폭포.

한탄강 용암이 넓은 철원 용암대지를 만들 수 있었던 것은 한탄강 용암의 물성 때문이다. 즉, 용암의 점성이 낮아 유동성이 크기 때문에 용암이 넓게, 그리고 멀리까지 흐르면서 평평한 대지를 만들 수 있었다. 그리고 그곳에 한탄강이 흐르면서, 현무암의 절리를 따라 침식 작용이 활발하게 일어나 직탕폭포와 같은 수직 폭포가 만들어졌다. 지금도 폭포의 가장자리에서는 꽤 큰 규모의 하식동굴이 만들어지고 있다.

철원 용암대지 위에 직탕폭포가 만들어지는 과정을 그림과 함께 단계별로 알아보자.

① 옛 한탄강이 중생대 화강암 위를 흐르고 있었다.

② 약 54만~12만 년 전에 북한의 평강 부근에서 분출한 한탄강 용암이 옛 한탄강을 메우며, 이곳에 3회 정도로 흘러와 기반암 위를 덮었다. 그리고 넓

직탕폭포 강바닥 현무암에 사각형에서 육각형 등 다양한 수평단면을 보이는 주상절리.

직탕폭포 옆 강가의 하식동굴. 유수로 인한 침식이 진행 중이다.

은 철원 용암평야를 만들었다.

③ 새로운 한탄강이 철원 용암평야의 현무암층을 깎으며, 작은 폭포가 만들어졌다.

④ 한탄강은 폭이 넓어지면서 폭포도 규모가 점점 커졌다. 곳에 따라 기반암이 노 출 되기도 했다.

⑤ 폭포는 오늘날의 모양이 되었으며, 폭포의 위치와 모양은 계속 바뀔 것이다.

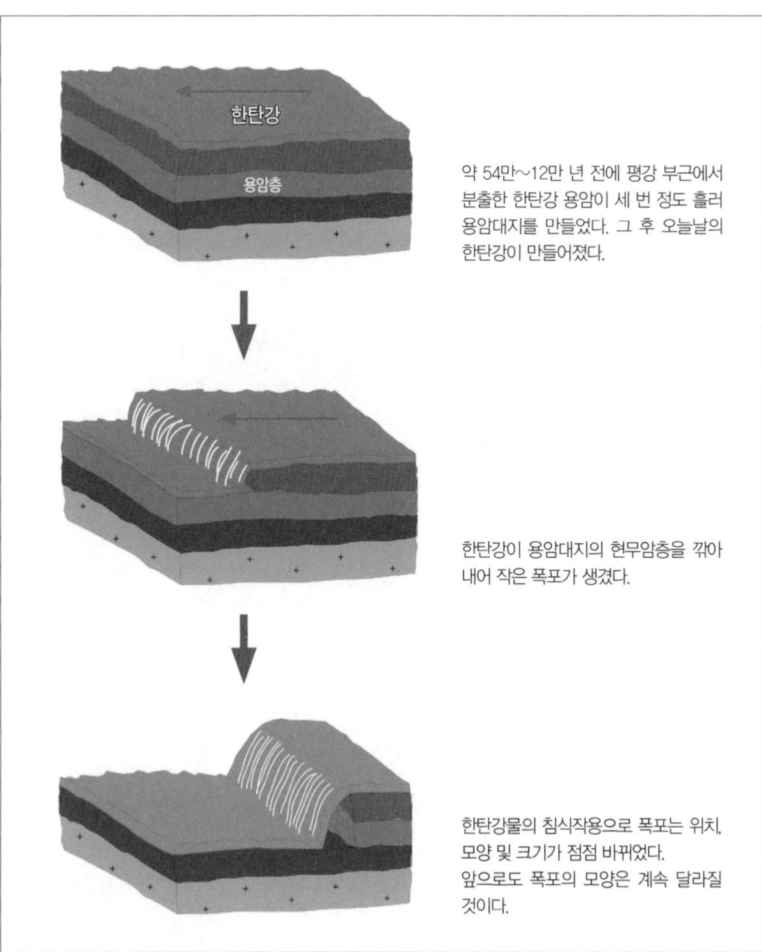

철원 용암대지 위에서 직탕폭포가 형성되는 과정.

지질명소 3. 임꺽정의 은신처였던 외로운 화강암 바위

고석정

한탄강 계곡에 우뚝 선 고석(가운데)과 고석정(왼쪽).

1. 찾아가는 길

⋯› 위치: 철원군 철원읍 동송읍 태봉로 1825(장흥리 336) (내비게이션: 고석정)

고석정 위치.

2. 고석정 이야기

한탄강에 높이 약 15m로 돌출된 화강암 덩어리가 마치 외로운 바위(고석孤石)처럼 보인다. 고석정孤石亭은 이 화강암 덩어리와 그 옆의 정자에 붙여진 이름이다. 고석은 화강암의 풍화물이며, 한탄강에 덜렁 놓여 있어 마치 천혜의 요새와도 같다. 바위 절벽 위에는 바람과 물의 풍화작용으로 만들어진 풍화혈(타포니Tafoni)이 있다. 이 풍화혈風化穴은 자연이 만들어낸 조그만 공간이자 석실石室이다.

이곳은 조선조 명종 때 의적義賊으로 알려진 임꺽정(본명 임거정林巨正)이 관군의 추적을 피해 숨었던 곳이라고 전해진다. 이 바위의 풍화혈이 바로 임꺽정의 은신처가 된 셈이다. 혼자서 고석孤石 위의 소나무에 밧줄을 매고, 힘겹게 암벽을 타고 올라갔을 임꺽정의 절박한 심정을

화강암의 풍화와 침식으로 만들어진 절리와 풍화혈.

이 바위는 지금도 기억하고 있을까?

고석정은 한탄강 철원 팔경 가운데 하나로, 신라 진평왕이 이곳에 누각을 짓고 강과 어우러진 협곡의 뛰어난 풍광을 즐기던 곳이기도 하다. 그러나 오늘날의 한탄강 상류는 급물살을 헤치며 짜릿한 쾌감을 즐기는 '래프팅rafting' 명소로 이름이 나 있다. 산천은 변함이 없는데, 자연을 대하며 노니는 방식은 시대에 따라 이처럼 크게 변하는 것 같다.

또한 고석정 관광지 내에는 1989년부터 운영해오던 '철의삼각전적관' 내부를 수리하여 '철원관광정보센터'를 개관했다. 이 센터는 철원의 자연과 역사, 생태, 지역문화를 아우르는 '종합관광서비스'를 제공한다. 1층은 관광, 휴양, DMZ, 문화유적 등을 전시하고, 2층은 각종 체험 관광을 주제로 꾸며져 있다. 고석정-제2땅굴-철원평화전망대-월정리역을 돌아보는 안보관광 코스, 한탄강 지질공원 가이드 투어, 청소년을 위한 한탄강 지질탐사대 등 체험·교육·관광 프로그램을 운영하고 있다. 야외 전시장에는 탱크 등 전쟁에 쓰이는 무기들이 전시되어 있고, 작은 농업 문화 전시관인 '호미뜰'도 있다.

3. 고석정 주변의 지형 및 지질

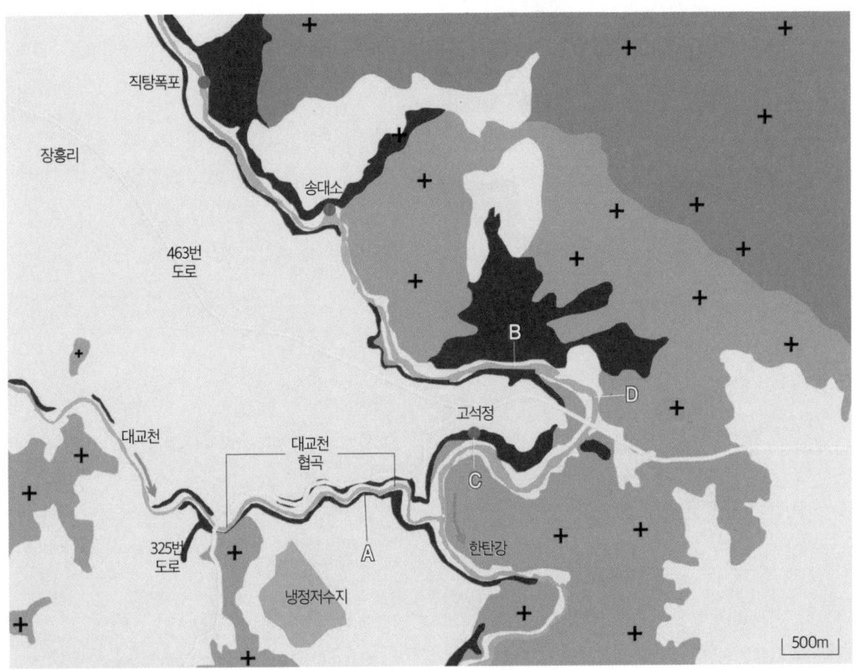

고석정 일대 지질약도.

신생대 제4기 충적층

신생대 제4기 현무암

중생대 백악기 화강암

중생대 쥐라기 화강암

고석정 주변의 기반암은 중생대 화강암이고, 신생대 한탄강 용암이 용암평원을 이루며 덮고 있다. 그 위를 신생대 충적층이 덮고 있다. 고석정 일대에서는 한탄강과 그 지류인 대교천이 합류한다.

고석정 주위에서 한탄강은 화강암과 현무암이 서로 접하는 지질 경계를 따라 흐르며, 물줄기가 심하게 곡류한다. 이곳의 한탄강 계곡

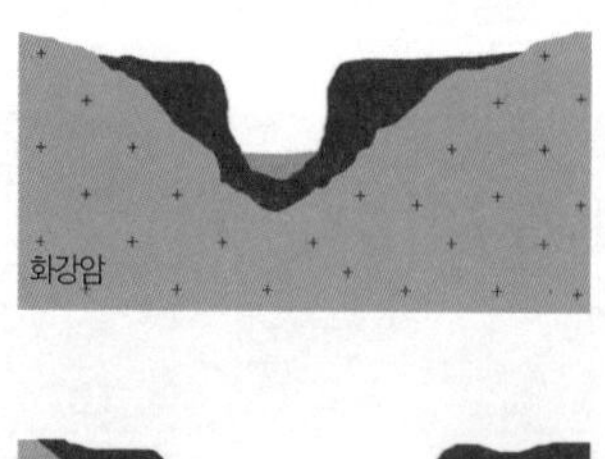

(A) 하천 바닥과 계곡 양쪽 벽이 모두 현무암

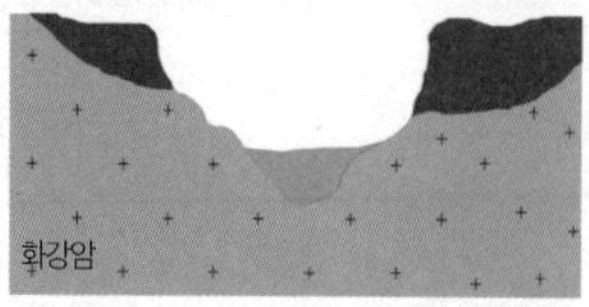

(B) 하천 바닥은 화강암, 계곡 양쪽 벽은 현무암

(C) 하천 바닥과 한쪽 계곡 벽은 화강암이고 한쪽 벽만 현무암

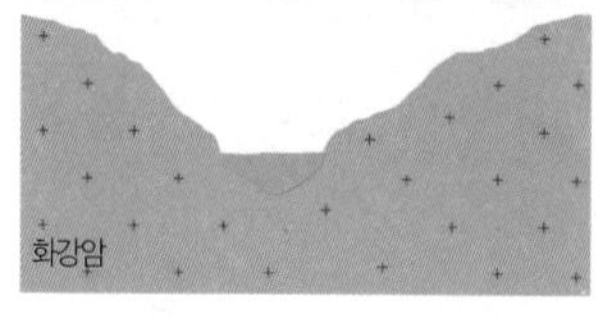

(D) 하천 바닥과 계곡 양쪽 벽이 모두 화강암

고석정 주변의 한탄강에서 볼 수 있는 여러 형태의 계곡 지형.(고석정 주변 지질약도에서 A~D 위치 참고).

에서는 강 양쪽 벽이 모두 현무암이고 바닥도 현무암인 곳(A), 하천 바닥은 화강암이고 계곡 양쪽 벽이 현무암인 곳(B), 강의 한쪽 벽만 현무암이고 바닥과 다른 벽은 화강암인 곳(C), 강의 양쪽 벽과 바닥이 모두 화강암인 곳(D) 등 네 가지 유형의 계곡 단면을 볼 수 있다.

고석정 유원지가 있는 계곡(C 지점)에서는 한쪽 벽은 현무암이 화강암을 덮고 있고, 건너편 계곡 벽은 화강암만 분포한다. 고석정 아래 하상에서는 이 현무암에서 떨어져 나온 전석들을 볼 수 있다.

한탄강 고석정에서 하류 방향을 본 계곡. 하상과 왼쪽 절벽은 화강암이다. 오른쪽 절벽은 노란 점선을 경계로 화강암 위에 현무암이 얇게 덮여 있다.

화강암을 덮고 있는 현무암층에서 덩어리로 떨어져 나온 현무암 전석(가운데 골짜기 아래). 노란색 점선을 경계로 윗부분이 현무암층이다.

고석정 부근에서 한탄강 물은 심하게 굽이친다. 물줄기가 휘는 곳에서는 급한 절벽을 만드는 공격사면과 완만한 경사를 이루는 건설사면을 볼 수 있다.

화강암을 이루고 있는 여러 광물 중 풍화에 강한 석영만이 남아 물의 흐름이 약한 고석 뒤에 쌓여 모래사장을 이루고 있다.

한탄강의 고석정 주변의 계곡 단면. 하안의 공격사면(사진 왼쪽)과 건설사면(사진 오른쪽). 강바닥과 오른쪽 강 벽은 화강암이고, 왼쪽 절벽은 화강암 위를 현무암이 얇게 덮고 있다.

고석의 화강암 표면에 발달한 박리구조. 풍화에 의해 암석의 표면이 얇게 벗겨지는 현상(박리작용).

고석정 강가에 큰 덩어리로 노출된 화강암에는 물과 바람 등의 침식·풍화 작용으로 수평절리, 타포니 및 박리剝離구조 등이 형성되어 있다. 또한 화강암을 구성하는 장석, 석영, 운모 중에서 풍화에 대한 저항도가 가장 큰 석영 알갱이들은 강물의 흐름이 느려지는 고석의 뒷부분에 쌓여 작은 모래사장을 이루고 있다.

화강암 덩어리인 고석과 여러 형태의 계곡은 어떻게 만들어졌는지 알아보자.

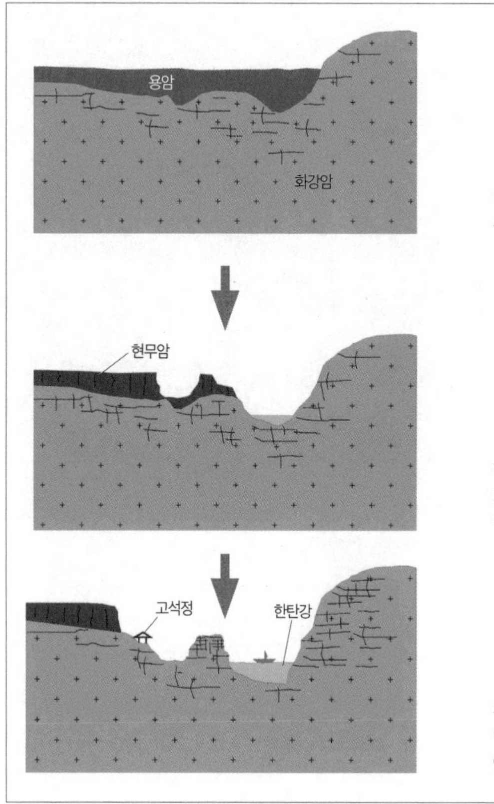

한탄강 용암이 약간의 높고 낮은 굴곡이 있는 화강암 위를 덮었다.

한탄강이 현무암과 화강암이 만나는 지질 경계를 흐르면서 한탄강 계곡은 깊어진다.

침식이 계속되어 한탄강 계곡은 오늘날의 고석정이 있는 모양으로 바뀌었다.

한탄강 계곡에 고석과 같은 화강암 지형이 만들어지는 과정.

지질명소 4. 세월과 함께 위치를 바꾼 물줄기

삼부연폭포

중생대 화강암 절벽에서 물줄기가 세 번 굽이치며 떨어지는 삼부연폭포.

1. 찾아가는 길

···› 위치: 강원도 철원군 갈말읍 신철원리 26-1 (내비게이션: 삼부연폭포)

삼부연폭포 위치

포천에서 43번 국도를 타고 갈말읍 방면으로 가다가 연봉제 삼거리에서 우측으로 빠져나온다. 1.2km 정도 이동한 후, 지포교 건너 명성로 112번길로 우회전한다. 2.6km 더 가면 용화터널 지나면서 왼쪽에 주차장(간이화장실)이 있다. 주차장 뒤쪽으로 작은 터널(오룡굴)을 걸어서 통과하면 폭포로 이어진다.

2. 삼부연폭포 이야기

삼부연폭포는 강원도 철원군과 경기도 포천시의 경계에 있는 명성산(923m) 계곡에서 발원한 용화천의 물줄기가 떨어지는 곳이다. 폭포의 물은 강원도 철원 읍내를 지나 한탄강으로 합류한다. 명성산 중턱에 자리한 삼부연폭포는 높이가 약 20m인 기암절벽 사이로 물줄기 방향이 세 차례나 바뀌며 흘러내린다. 즉, 3단 폭포이다. 폭포 위에는 계곡물이 만든 물구덩이가 3개 있으며, 위로부터 노귀탕, 솥탕, 가마탕이라는 이름이 붙어 있다. 그리고 움푹 팬 물구덩이 모양이 마치 가마솥 같아서, 가마솥 부釜, 못 연淵 자를 써서 '삼부연三釜淵'이라 부른다.

전설에 따르면 궁예가 철원에 도읍을 정할 당시 이곳에서 도를 닦던 네 마리의 이무기 가운데 세 마리만 폭포의 기암을 뚫고 용으로 승천했고, 그때 생긴 구멍이 마치 가마솥과 같다고 하여 '삼부연'이라는 이름이 생겨났다. 또한 용이 되지 못한 이무기가 심술을 부리면 비가 오지 않아 가뭄이 심할 때는 삼부연폭포 밑에서 기우제를 지냈다고 한다.

그래서 이곳 마을을 용화동龍華洞이라 부른다. 삼부연은 1년 내내 물이 마르지 않아 풍광이 빼어난 곳으로, 조선조 후기의 화가 겸재 정선 등이 유람을 하기 위해 들를 정도로 명승지로 이름나 있다. 여기서 그린 정선의 진경산수화가 오늘날까지 전해지고 있으며 철원 팔경 중의 한 곳이다.

3. 삼부연폭포 주변의 지형 및 지질

삼부연폭포는 중생대 화강암으로 이루어진 명성산 중턱에 있으며, 계곡물의 침식작용으로 만들어진 폭포이다. 높이는 약 20m이고, 계곡물은 가마솥 모양인 세 개의 돌개구멍을 지나 아래로 떨어진다. 폭포의 벽에는 폭포수가 오랜 시간 암석 벽을 깎아 낸 흔적들이 남아 있다. 병풍처럼 둘러싸고 있는 암벽에는 마치 조각가가 예리한 칼로 깎아낸 것과 같이 매끈한 면, 움푹 파인 면이 여러 군데 보인다. 또한 폭

3단계로 떨어지는 폭포와 함께 장관을 이루는 돌개구멍.

포 아래 암벽에서는 오랜 시간 물이 휘돌면서 웅덩이의 모양이 변화한 흔적도 찾을 수 있다.

폭포 암벽이 깎인 여러 흔적은 오늘날의 삼부연폭포가 오랜 시간에 걸쳐 만들어진 곳임을 알려주고 있다. 벽에 남아 있는 이러한 흔적을 살펴보면서 화강암 절벽에서 폭포가 형성되어온 과정을 더듬어보자.

먼저 이 폭포 주위의 지질부터 살펴보자. 이 지역에는 중생대 화강암이 분포한다. 이 화강암은 회백색으로 중립질에서 조립질이며, 구성 광물은 석영, 알칼리장석, 사장석, 흑운모, 불투명 광물 등이고, 그 외에 소량의 백운모가 들어 있다.

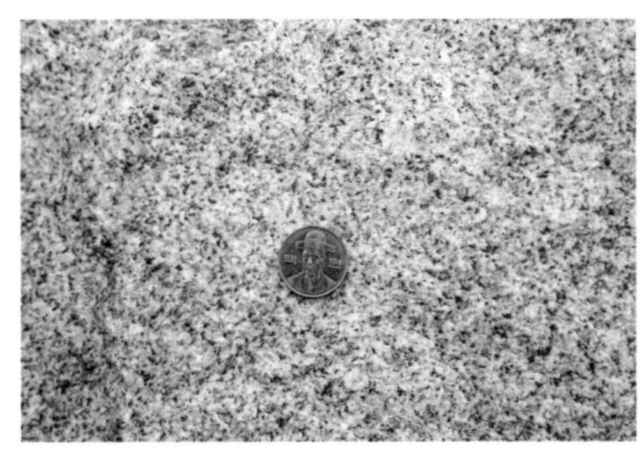

삼부연폭포를 이루는 중립질~조립질 화강암.

이러한 화강암체에는 여러 방향의 절리와 암맥이 있다. 이러한 절리와 암맥은 지금의 삼부연폭포가 만들어지는 데 큰 역할을 했을 것이다. 폭포의 벽면에 새겨진 여러 흔적은 물이 만들어낸 것으로, 폭포의 위치가 몇 번 바뀌었음을 알려준다. 아마도 폭포가 시작된 위치는 지금보다는 훨씬 더 왼쪽이었을 것이다.

그러면 폭포 벽면에서 볼 수 있는 여러 작은 지형을 근거로 삼부연폭포가 만들어지는 과정을 단계별로 설명해보자.

① 삼부연폭포 위쪽에는 명성산 계곡을 따라 흘러 내려온 물이 고여 있는 작은 계곡호가 있다. 강수량이 많을 때는 그 물이 넘쳐서 절벽 아래로 떨어지는 작은 폭포가 생겼다.

② 현재 폭포의 왼쪽 벽면은 매우 매끈하며, 약간 오목하게 파인 흔적이 몇 군데 있다. 오목 파인 흔적의 바로 위가 폭포가 시작된 위치이다. 그때 웅덩이는 화강암 절벽 옆에 있었으며, 매우 작았을 것이다. (그림에서 A)

③ 오랜 시간이 지난 후, 폭포 주위의 화강암이 크고 작은 절리를 따라 덩어리로 떨어져 나가, 폭포의 위치는 오른쪽으로 옮겨졌고, 폭포수의 양도 많아졌으며, 웅덩이도 더 커졌다. (그림에서 B).

④ 또다시 폭포 윗부분이 덩어리로 떨어져 나가면서, 폭포는 오늘날의 위치로 옮겨졌다. 웅덩이(돌개구멍)도 큰 원 모양으로 커졌다. (그림에서 C).

앞으로 폭포는 그 위치와 모양이 계속해서 바뀔 것이다.

폭포의 위치 변화 A(1단계), B(2단계), C(3단계)

1 단계 : 현재 폭포의 위치를 기준으로 맨 왼쪽에 원래 폭포가 있었다.

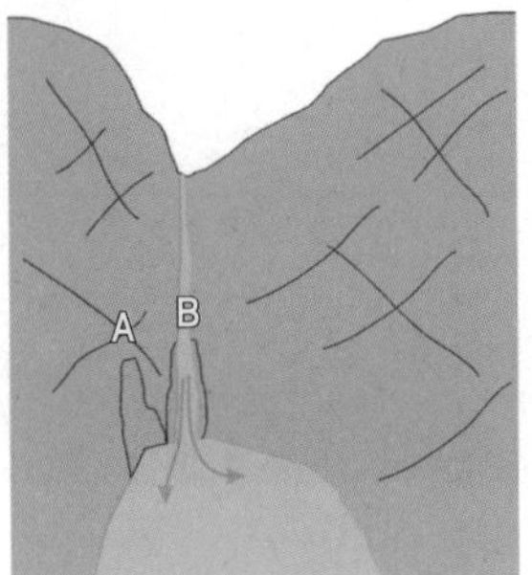

2 단계 : 폭포는 오른쪽으로 이동했다. 돌개구멍은 더 커졌다.

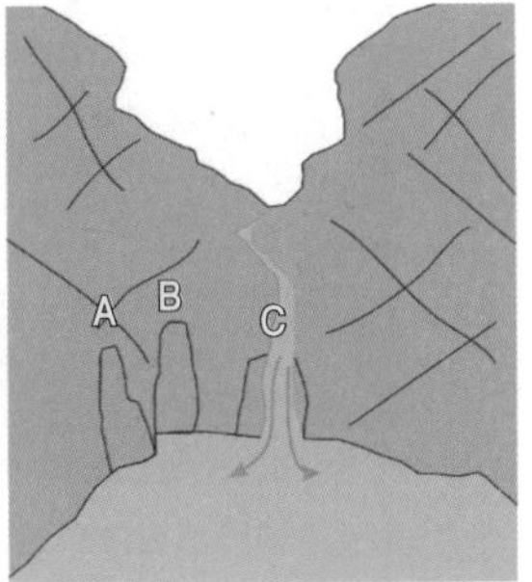

3 단계 : 폭포가 오늘날의 위치로 옮겨졌다. 돌개구멍도 더 커졌다. 앞으로 폭포는 위치와 웅덩이의 크기가 계속 바뀔 것이다.

삼부연폭포의 위치 변화.

겸재 정선이 그린 삼부연.

4. 선조들이 즐겨 찾은 삼부연폭포

17~18세기 조선의 선비들은 필묵을 지고 금강산을 유람하면서 자연을 벗 삼아 시문를 짓고 아름다운 강산을 화폭에 담는 풍류를 즐겼다. 그 시절 삼부연폭포는 시인과 묵객이 끊이지 않고 찾았던 곳이다. 조선 후기의 화가인 겸재 정선[謙齋 鄭敾]은 금강산 가는 길에 이곳에 들러

서, 진경산수화眞景山水畵 한 폭을 그렸다. 정선의 진경산수화는 간송미술관에 소장된 해악전신첩(보물 제1949호)에 담겨 있다.

겸재 정선은 우리 산천의 아름다움을 그만의 독특한 기법을 창안하여 거침없이 사생한 진경산수화의 대가로 이름나 있다. 그의 화풍은 세부적인 묘사보다는 대상의 본질에 집중하여 과감하게 그려내는 것이다.

꺾인 듯 직선으로 표현한 물줄기가 힘차고 시원하게 쏟아진다. 폭포 양쪽의 바위는 단순화하고 곧추세워 그 위엄을 더한다. 오른편 소나무 숲 사이에는 구불구불한 오솔길이 있어 강렬함과 유연함이 조화를 이루고 있다. 시원하게 떨어지는 폭포수를 바라보는 사람들의 모습에서도 여유로움이 넘친다.

옛 오솔길이 있었던 고갯마루 중턱에 지금은 터널이 뚫리고 자동차가 쌩쌩 달린다. 겸재 선생이 지금 살았다면 이 장면을 어떻게 그려냈을까?

폭포 옆을 지나는 터널. 오솔길 자리에 터널이 뚫려 있다.

지질명소 5. 겨울 철새를 불러들이는 얼지 않는 샘물

샘통

겨울철 영하의 날씨에도 얼지 않는 철원평야의 샘통. 기반암과 현무암층 사이에서 고인 물이 용출수로 나온다.

1. 찾아가는 길

⋯› 위치 : 강원도 철원군 철원읍 내포리 32번지

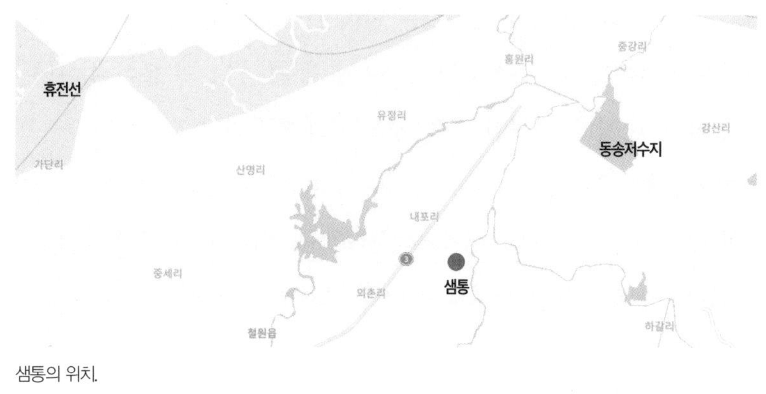

샘통의 위치.

'샘통'은 민간인 통제구역 안에 위치하여 출입이 제한된다.

2. 샘통 이야기

흰 눈으로 덮인 드넓은 겨울철 철원평야는 언뜻 보기에 생명체가 별로 없을 것 같으나, 사실은 여러 종류의 철새들이 반갑게 찾아오는 곳이다. 매년 겨울 철새들은 왜 철원평야를 찾아올까?

철새들이 이곳을 찾는 이유는 여러 가지가 있을 것이다. 이곳엔 넓은 평야가 펼쳐져 있어 철새들이 하늘에서 쉽게 땅에 내릴 수 있다. 그런데 철새들이 철원평야를 찾는 더 중요한 이유는 바로 먹을거리와 물이 있기 때문이다. 넓은 평야에서 곡식을 수확한 후 떨어진 이삭과 겨울에도 얼지 않는 샘통이 그들을 부른 것이다. 새들은 눈과 얼음으로 덮여 있는 철원평야에서, 얼지 않은 채로 수증기를 내는 샘통을 보고 내려앉는다.

철원평야에는 동송저수지, 토교저수지, 학저수지 등이 있고, 겨울에도 얼지 않는 물웅덩이인 샘통이 여러 곳에 있다. 겨울철에 이 지역에는 기온이 0℃ 이하로 내려가는 날이 110일 이상 지속되지만, 내포리에는 겨울에도 물이 얼지 않고 1년 내내 13~15℃의 물이 솟아나는 샘이 여러 곳 있다. 이러한 곳을 '샘통'이라 부른다.

겨울철에는 두루미, 흑두루미, 재두루미, 독수리, 기러기 같은 철새들이 철원평야를 찾는다. 이들은 시베리아와 몽골에서 내려와 겨울을 보내는데, 철원평야는 국내뿐 아니라 국제적으로 잘 알려진 철새 도래지이다. 그래서 샘통에서 반지름 2km 이내의 장소를 천연기념물 제245호로 지정하여 보호·관리하고 있다. 또한 샘통은 지역주민에게도 경제적으로 이득을 주고 있다. 샘통에서는 일정한 수온의 물이 나오기 때문에, 주민들은 샘통 물로 물고추냉이를 재배하여 소득을 올

겨울 철새 두루미, 재두루미(철원평야, 한탄강 상류 이길리).

물고추냉이 농장.

물고추냉이 근경

리고 있다. 또한 이곳 물고추냉이 생산 농장(샘통농산)에서는 농장 체험프로그램을 운영하여 지역 경제에도 도움을 주고 있다.

3. 샘통 주변, 한탄강 상류의 지형 및 지질

샘통의 물은 1년 내내 13~15℃의 일정한 수온을 유지하고 있다. 이것은 우리나라 중부 지방에 있는 석회동굴 등 여러 동굴 내부의 온도와도 유사하다. 이러한 온도는 지구 대기의 연평균 값과도 유사한 수치이다. 이러한 사실은 샘통이 동굴과 같은 공간을 갖고 있음을 암시한다.

샘통 주변의 지질에 대해서 알아보자. 샘통이 있는 철원 지역의 기반암은 선캄브리아시대의 변성암과 중생대 쥐라기 화강암이고, 그 위를 한탄강 현무암이 여러 층으로 덮고 있다. 그리고 현무암층 위에 충적층이 덮여 있다.

지표를 흐르는 빗물은 현무암의 절리를 따라 지하로 스며들어 기반암과 현무암층 사이에 있는 공간에 고인다. 이때 기반암은 지하수가 더 아래로 내려가지 못하도록 하는 불투수층의 역할을 한다. 그래서 기반암과 현무암층 사이의 공간에 물이 고이게 되며, 물이 고여 있는 이러한 틈을 '대수층帶水層'이라고 한다. 지표 기온이 계절에 따라 변해도, 기반암과 현무암층 사이에 있는 대수층은 1년 내내 거의 일정한 온도가 유지된다. 즉, 샘통은 대수층에 고여 있던 물이 지표로 다시 흘러나오는 곳이다.

화산섬인 제주도의 해안가에서는 현무암층 사이를 지나온 물이 흘러나오는 용천수를 여러 곳에서 볼 수 있다. 제주도에는 주로 이러한 용천수가 나오는 해안가에 마을이 형성되어 있다.

한탄강 상류에서 양지리(동송읍)와 정연리(갈말읍)에는 현무암이 분포하나, 5km 거리의 두 마을 사이에 있는 이길리(동송읍)에는 분포하지 않는다. 그 이유는 무엇일까? 오리산에서 분출한 용암은 많은 양이 남쪽으로 철원평야를 덮으며 흐르던 중, 일부가 아이스크림 고지 부근에서 한탄강을 따라 동북 방향으로 역류하여 양지리에서 멈췄다(374쪽 그림 참조). 한편, 오리산에서 분출한 용암 일부는 평강 동쪽의 계곡을 따라 흘러, 한탄강의 상류인 정연리에서 멈췄다. 그 결과, 양지리와 정연리 사이의 이길리에는 오리산 현무암이 분포하지 않는다.

도창리 한탄강 주변에 분포하는 현무암 선단.

갈말읍 정연리(한탄강 상류 현무암 협곡).

정연리와 도창리에서는 수 m 두께의 오리산 용암 선단이 이루는 지형을 확인할 수 있다.

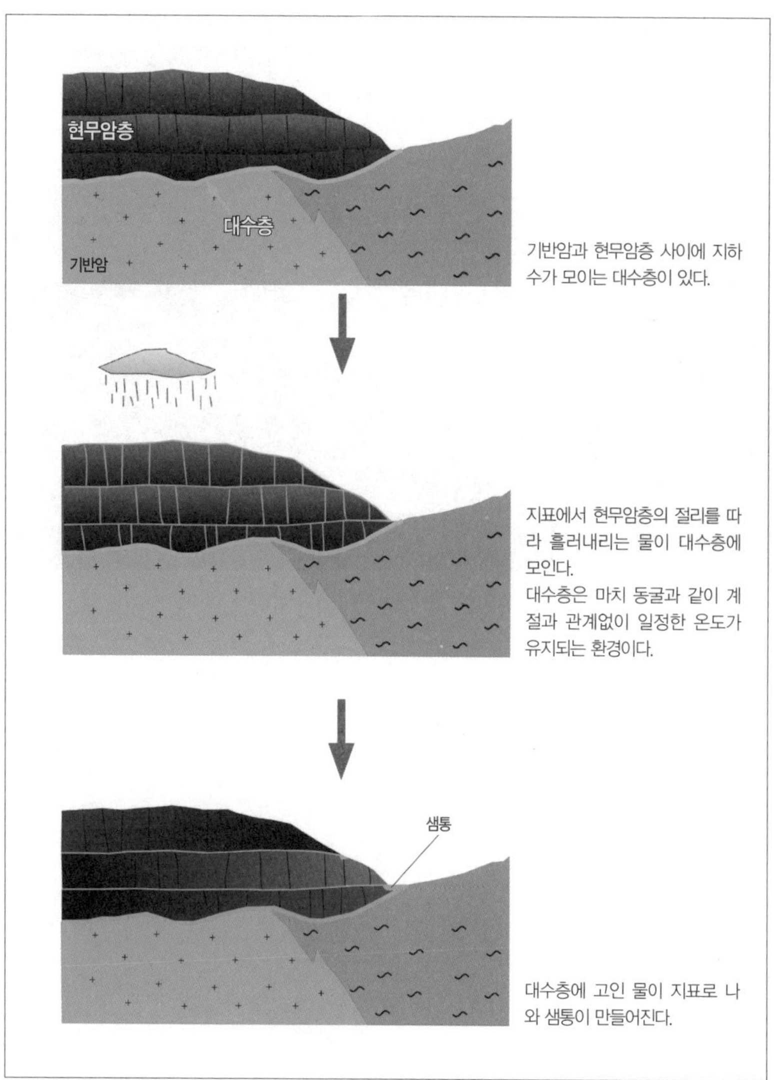

철원평야에서 샘통이 만들어지는 과정.

지질명소 6. 한탄강 용암이 자랑하는 주상절리 전시장

송대소

철원지역의 지질명소 송대소 전경. 강물 위에 수상 탐방로인 물윗교가 놓여 있다.

1. 찾아가는 길

⋯› 위치: 강원도 철원군 동송읍 장흥리 725번지 일원

송대소 위치.

고석정에서 지방도 463번(태봉로)을 따라 동송 방향으로 1km 정도 올라와 우회전하고, 한탄강 길로 접어들어 1km 정도 가면 왼쪽에 대형 주차장(화장실)이 있다. 여기부터 강을 내려다보며 산책하는 '한여울 1코스' 길을 걸어가면 은하수교, 전망대 등이 있어 다양한 주상절리와 강물이 어우러진 멋진 비경을 감상할 수 있다. 은하수교를 건너 강으로 내려가면 송대소 풍경을 가까이서 즐길 수 있다. 10월에서 이듬해 4월 초까지 운영하는 수상 탐방로인 물윗교를 이용하기 위해서는 태봉대교 아래 또는 은하수교 입구에서 입장권(지역화폐로 돌려줌)을 산 후 강 아래로 내려와야 한다. 이 입장권으로 고석정 물윗교도 함께 이용할 수 있다.

2. 송대소 이야기

송대소는 한탄강 내의 지질명소로, 이곳에서 한탄강을 따라 위로는 직탕폭포가, 아래로는 고석정이 있다. 이곳은 한탄강이 현무암과 화강암이 접하는 지질 경계를 따라 흐르며 물줄기가 심하게 꺾이는 곳이다. 그래서 강의 양 벽에 물의 침식작용이 활발하게 일어나 수직 현무암 절벽, 기반암 및 다양한 주상절리가 노출되었다. 그 결과 다른 지질명소에서 볼 수 없는 다양한 소규모 지형이 잘 발달해 있다. 특히 밝은색의 화강암과 검은색의 현무암이 만든 색의 조화가 강물에 비치는 그림자와 어울려서 멋진 풍광을 선사하는 곳이다.

급하게 휘어진 강물을 따라, 가파른 현무암 절벽과 하상에 노출된 화강암이 독특한 계곡 지형을 만들었다. 높이 30~40m 정도의 현무암 절벽이 양 벽을 이루고, 그곳에서 두세 개 정도의 용암 단위가 확인된다. 현무암 절벽에는 수직 기둥 모양 이외에, 옆으로 뉘어진 기둥 모양(장작더미형), 부채꼴 모양, 민들레꽃 모양, 용마름(초가 지붕 위에 얹는 이엉) 모양 등을 보이는 다양한 절리가 발달해 있어, 마치 현무암층의 주상절리 전시장 같은 분위기이다.

송대소는 54만~12만 년 전, 이 계곡을 가득 메우며 도도히 흘렀던

수상 탐방로를 따라 다양한 주상절리를 볼 수 있는 현무암 절벽.

뜨거운 용암을 상상하면서, 그 용암이 식어 만들어낸 다양한 모양의 주상절리를 찾아보고 심미적으로 감상할 수 있는 철원 한탄강의 명소이다. 물윗교를 천천히 걸으면서 그 즐거움을 만끽해보자.

3. 송대소 주변의 지형과 지질

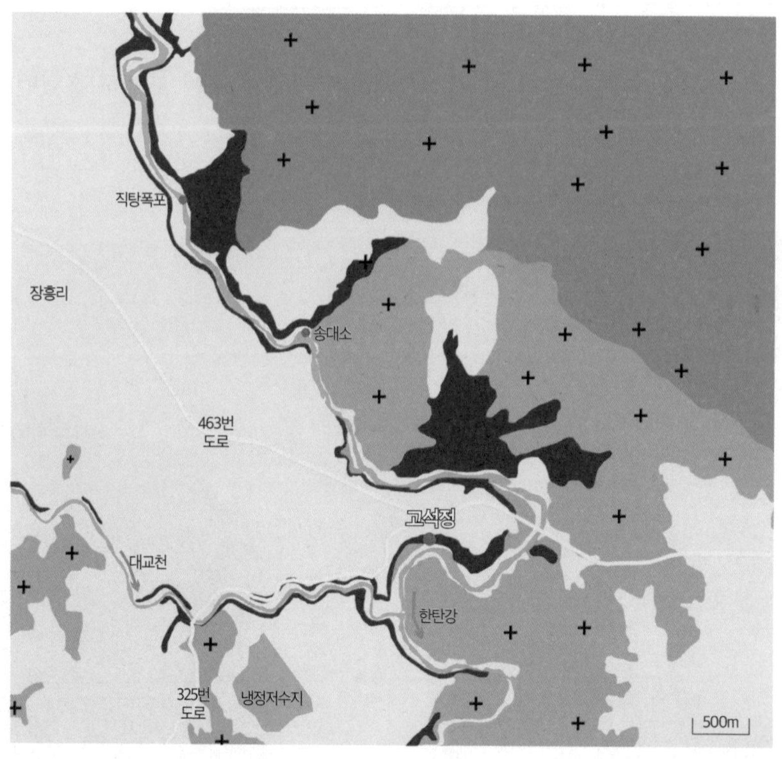

송대소 주변의 지질약도.

신생대 제4기 충적층

신생대 제4기 현무암

+ 중생대 백악기 화강암

+ 중생대 쥐라기 화강암

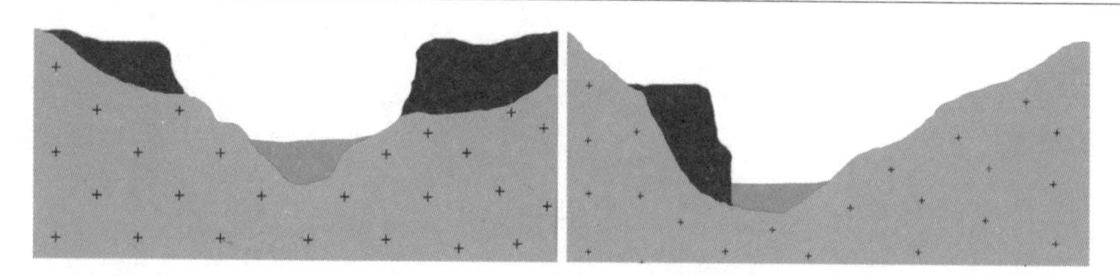

송대소 지질명소에서 볼 수 있는 한탄강 계곡 단면.

송대소는 북한에서 시작된 한탄강 물이 남류하여, 직탕폭포를 지나 고석정으로 흐르는 곳 사이에 위치한다. 주변의 지질은, 중생대 화강암을 기반암으로 하여 그 위를 신생대 한탄강 현무암이 덮고 있다. 한탄강은 철원평야 중심부를 흐르던 옛 한탄강이 용암으로 메워진 후 다시 만들어진 물줄기이다.

송대소 주변은 한탄강이 현무암과 화강암이 접하는 지질 경계를 따라 흐르고 있어, 현무암과 화강암이 보이는 계곡 지형을 볼 수 있다. 이곳 계곡의 단면을 보면, 강의 양 벽이 현무암이고 하상은 화강암인 경우(A), 강의 한쪽 벽은 현무암이고 강의 바닥과 다른 쪽 벽은 화강암인 경우(B) 등, 다양한 계곡 단면을 볼 수 있다.

송대소 은하수교 아래 한탄강 바닥에 노출된 조립질 화강암(기반암). 오른쪽 벽은 한탄강 현무암이다.

송대소 서쪽 절벽에 발달한 다양한 주상절리(① 가는 수직기둥형, ② 굵은 수직기둥형, ③ 용마름형, ④ 역 용마름형 등). 노란 점선을 경계로 두 개의 용암단위(층)로 구분할 수 있다.

송대소 동쪽 현무암 절벽. 두세 개의 용암단위로 구분할 수 있다. 하식동굴은 그 높이에서 물이 흐르던 시기에 형성된 것이다(Ⓐ–가는 수직기둥형, Ⓑ–굵은 수직기둥형, Ⓒ–역 용마름형, Ⓓ–용마름형, Ⓔ–불꽃형(횃불형)).

송대소 동쪽 하안의 다양한 주상절리 유형(Ⓐ–부채꼴형, Ⓑ–가는 수직기둥형, Ⓒ–굵은 수직기둥형, Ⓓ–기울어진 용마름형, Ⓔ–장작더미형. 점선을 경계로 두 개의 용암단위(층)으로 구분된다.

송대소 동쪽 하안의 주상절리(수직기둥형, 장작더미형).

송대소의 현무암 절벽에 발달한 여러 모양의 절리(왼쪽부터 민들레형, 부채꼴형, 수직기둥형 등).

송대소 강바닥에서는 기반암인 화강암을 볼 수 있다. 이 화강암은 밝은색의 조립질이며, 주요 조암광물은 장석과 석영이다. 화강암은 중생대 때, 마그마가 지구 내부 10km의 깊은 곳에서 식어서 만들어진 심성암이다. 반면에 현무암은 신생대 때, 마그마가 지표로 흘러나와 만들어진 분출암이다. 즉, 이곳의 화강암과 현무암은 서로 접해 있지만, 두 암석이 만들어진 깊이와 시기는 전혀 다른 것이다.

두 암석이 만난 것은 사람으로 치면, 할아버지와 손자가 손을 잡고 있는 것으로 비유할 수 있다. 따라서 송대소 주변의 지질을 볼 때, 그 암석이 생성된 시기와 현재의 계곡 모양이 만들어지는 과정을 함께 생각해보면, 이 지역의 지사地史를 이해하는 데 많은 도움이 된다.

송대소 양쪽 현무암 절벽은 크게 보면 두세 개 층의 용암단위로 구분할 수 있고, 이곳에서 다양한 주상절리 유형을 관찰할 수 있다. B층의 엔타블러처(중앙 부위)에는 여러 모양의 주상절리가 발달했고, 맨 위 C층은 주상절리의 발달이 미약하거나 덩어리 상태(괴상)의 현무암이다. B층과 C층 사이에는 긴 시간 간격이 있다. 즉, B층이 흐르고 난 뒤, 오랜 세월이 지난 후에 C층 용암이 다시 흘러서 B층을 덮은 것이다.

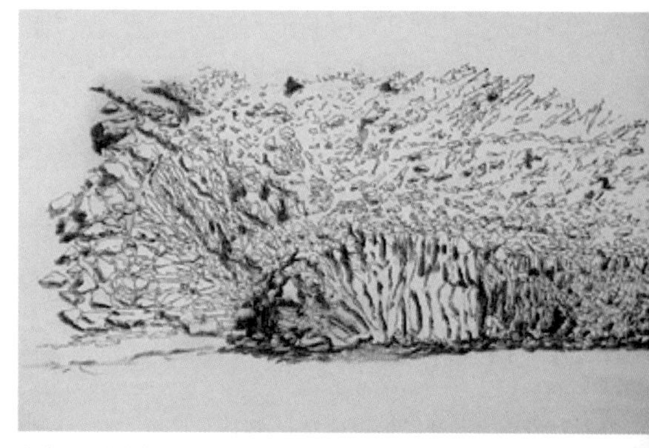
송대소 주상절리 스케치. 360쪽 사진 중앙 부분.

지질명소 7. 용암의 여러 조각품이 진열된 좁고 깊은 계곡

대교천 협곡

협곡의 양쪽 벽과 하상이 모두 현무암으로 이루어진 대교천 협곡.

1. 찾아가는 길

- 전망 위치: 강원도 철원군 동송읍 창동로 2317(장흥리 2989, 솔펜션 앞)
- 노두 위치: 경기도 포천시 관인면 냉정리 1133

대교천 현무암 협곡 위치.

대교천 현무암 협곡은 강원도 철원군 동송읍 장흥5리와 경기도 포천시 관인면 냉정리 1133번지 사이에 있는 1.5km 길이의 협곡이다. 핵심 노두를 조망하기 위해서는 고석정 회전교차로에서 387번 지방도를 따라 관인 방면으로 1km 정도 가면, 왼쪽 길가에 '한탄강 대교천 현무암 협곡'이라는 표지목이 있다. 이곳에서 100m 앞에 있는 솔펜션 앞길 건너편에 주차할 수 있는 공간이 있다. 전망대는 따로 없지만, 강가에서 건너편 노두와 협곡을 조망할 수 있다. 대교천과 한탄강이 합류하는 협곡을 조망하기 위해서는 '경기도 포천시 관인면 냉정리 2743번지'를 찾아가면 된다.

2. 대교천 협곡 이야기

대교천은 한탄강의 지류이다. 철원평야의 동편에 있는 한탄강과 나란하게 철원평야의 중심부를 흘러 내려온 대교천은, 구수동 마을에서 물줄기가 동서 방향으로 급하게 바뀐다. 이곳부터 대교천은 거리 1.5km, 폭이 25~40m인 현무암 협곡을 이루면서 고석정 부근에서 한탄강과 합류한다.

이 현무암 협곡은 양 벽과 하상이 모두 현무암이다. 높이가 20~30m인 협곡의 절벽에는 여러 모양의 주상절리가 발달해 있다. 특히 협곡의 남쪽 방향 절벽에는 공작이 꼬리날개를 활짝 편 듯한 모양의 절리가 보이는데, 이것을 가리켜 '공작절리'라고도 부른다.

이 협곡은 천연기념물 제436호로 지정되었고, 한탄강 8경 가운데 하나로 꼽히고 있다. 협곡의 검은 절벽 틈 사이에서 하얀 꽃을 피우는 돌단풍을 보면, 자연의 아름다움과 신비로움 속에 푹 빠져들게 된다.

3. 대교천 주변의 지형 및 지질

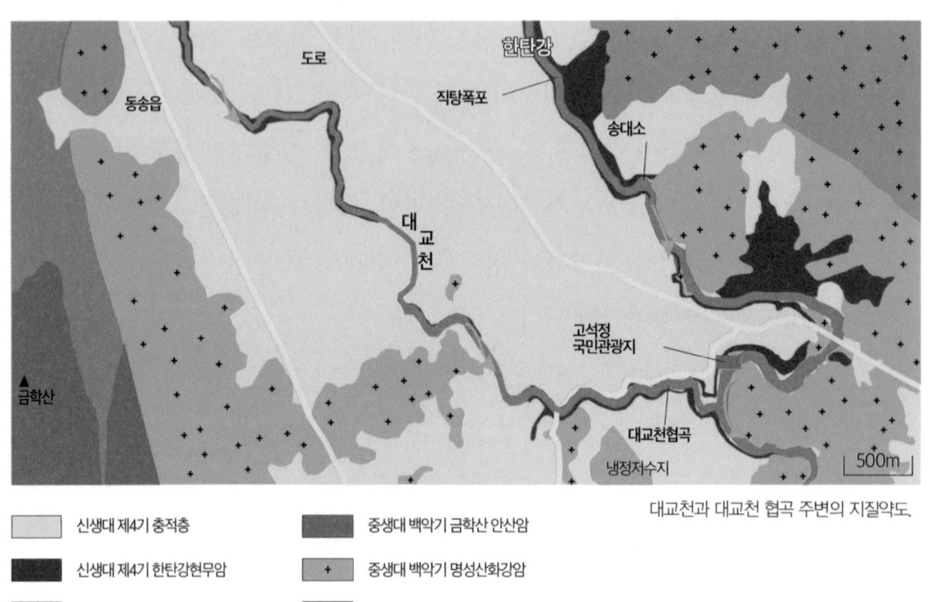

대교천과 대교천 협곡 주변의 지질약도.

대교천은 한탄강 용암이 옛 한탄강을 메우면서 철원평야를 덮은 후, 그 위에 다시 흐르기 시작한 한탄강의 지류이다. 철원 용암평야 한가운데를 북쪽에서 남쪽으로 흘러 내려는 대교천은 구수동 부근에서 기반암인 화강암을 만나면서 물줄기가 동쪽으로 바뀐다. 그 후 약 1.5km의 현무암 협곡을 이루며, 고석정 부근에서 한탄강과 거의 직각으로 합류한다. 대교천 협곡 부근에서 북쪽을 바라보면, 북한의 평강 지역에서 시작된 한탄강 용암이 만든 넓은 철원평야를 조망할 수 있다.

대교천 협곡은 바닥 대부분이 현무암과 현무암 전석으로 이루어지고, 기반암인 화강암은 고석정과 합류하는 부분에서 나타난다. 대교천은 거의 직각(T자형)으로 한탄강과 합류하면서, 주위에 수직 절벽의 계곡을 형성한다.

대교천이 한탄강과 합류하는 지점에서 계곡 단면의 지질을 보면,

철원평야를 남북방향으로 흐르는 대교천. 대교천은 동서 방향으로 방향을 바꾸어 대교천 협곡을 지나 고석정에서 한탄강과 합류한다.

대교천 협곡의 현무암 절벽에서 볼 수 있는 다양한 모양의 절리(왼쪽: 공작날개형, 오른쪽: 역부채꼴형 또는 용마름형, 아래쪽: 수평).

대교천(좌)이 한탄강과 T자형(직각)으로 합류하는 지점(왼쪽이 대교천).

계곡 절벽의 하부에는 기반암인 화강암이 매우 두껍게 분포하고 그 위를 용암이 매우 얇게 덮고 있다. 그러나 이 지점에서 협곡의 상류로 올라가면, 협곡의 하상과 양 벽이 모두 현무암으로 된 협곡으로 바뀐다.

대교천 협곡의 바닥에서는, 현무암 지대에서 물의 침식작용으로 하천 지형이 바뀌는 과정을 잘 볼 수 있다. 하천 바닥에는 폭이 5m 이상인 연못이 여러 곳 있고, 한 연못에서 다음 연못 사이에 얕은 여울이 있다. 그리고 여울이 끝나는 곳에는 작은 소가 만들어지고 있다. 여울은 물의 흐름이 상대적으로 빠르지만, 물이 공기와 접하는 면적을 크게 해서 물을 정화하는 데도 큰 역할을 한다.

협곡의 양쪽 벽은 높이가 20~30m이다. 협곡 위에서 하상을 내려다볼 때는 마치 10층 아파트에서 아래를 보는 느낌이다. 협곡의 양쪽 절벽에서는 두께 2~10m 정도인 용암단위 세 개를 볼 수 있다.

대교천이 한탄강과 합류하는 지점. 양안에 기반암인 화강암이 분포한다.

대교천 협곡 하상의 여울. 하상에는 하식동굴, 돌개구멍, 그루브(groove) 등 여러 미지형을 볼 수 있다.

대교천 협곡의 바닥에서 볼 수 있는 주상절리 수평단면.

대교천 협곡에서 세 개의 용암단위가 보이는 수직 절벽

두꺼운 현무암 절벽에서 각 용암단위는 어떻게 구분할 수 있는가? 두꺼운 현무암층에서 어느 부분은 기공이 많이 있고, 층 사이가 벌어지고, 공간이 있는 곳도 있다. 이렇게 현무암 표면에 생긴 기공이나 틈새는 용암이 식을 때 가스가 빠져나가면서 남긴 흔적이다. 따라서 이러한 기공이나 작은 공간은 두꺼운 현무암층에서 용암의 한 단위(흐름단위)를 구분하는 데 좋은 증거가 된다. 대교천이 한탄강과 직각으로 합류할 때, 계곡 지형의 변화 과정을 살펴보자.

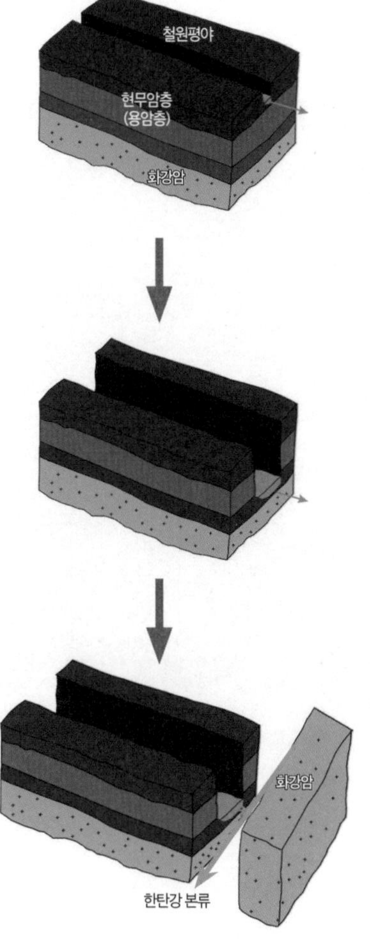

(1) 북한의 평강 부근에서 분출한 용암이 옛 한탄강을 메워 철원 용암평야를 만들었다. 그 후 철원평야의 현무암 대지 위에 작은 대교천이 흐르게 되었다.

(2) 대교천은 물의 침식작용으로 규모가 커져서 깊은 협곡으로 바뀌었다.

(3) 대교천은 고석정 부근에서 한탄강과 합류한다. 그 지점에서 기반암인 화강암이 하상에 드러났다.

대교천 협곡 형성과 한탄강과의 합류 과정.

지질명소 8. 한탄강 용암의 발원지를 볼 수 있는 곳

평화전망대

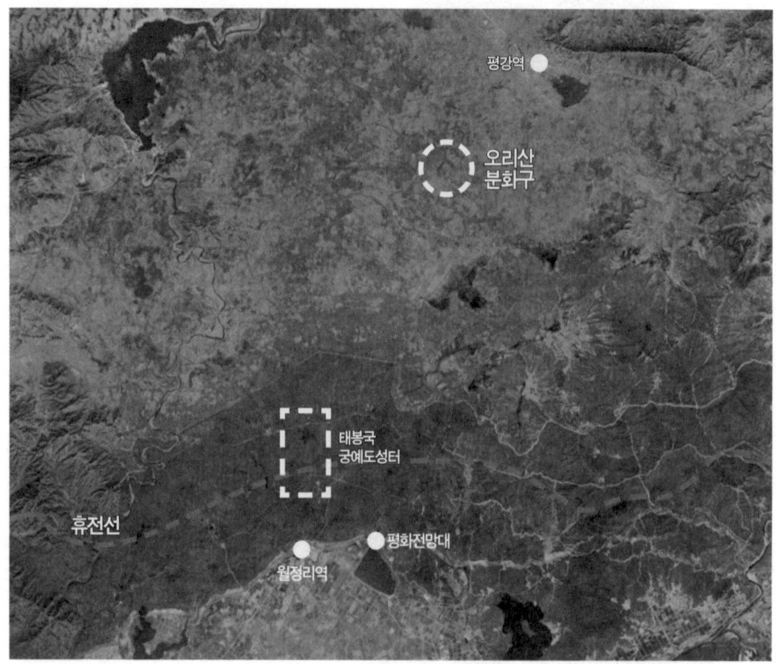

위성사진으로 본 평화전망대와 평강 지역의 오리산 용암 분출지(직선 거리 9.11km). 사진 왼쪽 위의 평편한 부분은 용암평원이다.

1. 찾아가는 길

⋯› 위치: 강원도 철원군 동송읍 중강리 588-14

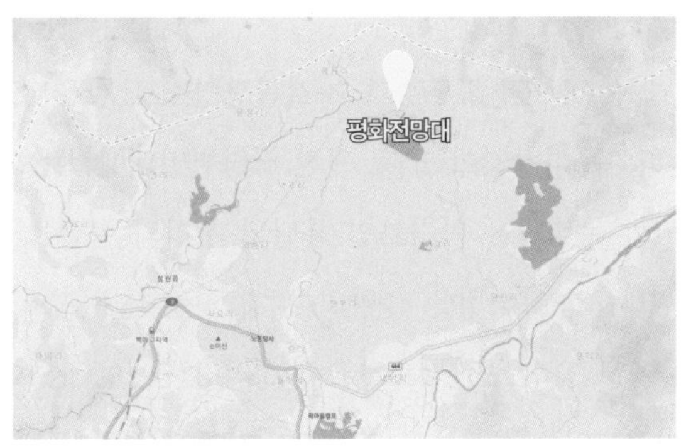

철원평화전망대 위치.

'평화전망대'는 민간인 통제구역 안에 위치한다. 따라서 일반인들은 철원 고석정 관광안내소나 백마고지역(현재는 철로 공사 중이라 운행 중단)에서 출발하는 '철원안보관광'을 통하여 견학할 수 있다. 신분증이 필요하며 철원군청 홈페이지의 관광 안내를 참조하면 된다.

2. 평화전망대 이야기

평화전망대는 '한탄강세계지질공원' 명소 중에서 가장 북쪽에 있다. 평화전망대에서 북쪽으로 약 2.3km 되는 곳에 휴전선(군사분계선)이 있고, 많은 양의 한탄강 용암을 분출한 오리산은 약 9km 거리에 있다. 평화전망대에서는 비무장지대와 평강고원, 피의 능

위성사진으로 본 오리산 분화구 모습.

선, 북한 선전마을, 낙타고지, 김일성 고지, 백마고지, 아이스크림고지 등을 비롯하여 궁예가 태봉국의 도읍지로 정한 철원성터 등을 전망할 수 있다.

평화전망대는 DMZ평화관광과 지질관광명소로 활용되고 있으며, 인근에 철원평화문화광장이 있다. 철원 평화전망대에서 손에 잡힐 듯한 거리에 있는 북녘땅을 바라보면 분단된 우리의 현실을 피부로 느낄 수 있다. 철원의 고석정을 출발하여 제2땅굴-철원평화전망대-월정리역을 돌아보는 안보견학프로그램(고석정 관광안내소)이 있으며, 'DMZ두루미평화타운'에서는 11월에서 2월까지 두루미 탐조 프로그램도 운영한다.

3. 평화전망대 주변의 지형 및 지질

서울-원산 사이를 잇는 서울-원산 구조대는 낮은 구릉지대가 이어지는 곳으로, 예로부터 교통로로 이용됐다. 서울-원산 구조대에는 서울

한반도 신생대 제4기 현무암 분포.

을 출발하여 철원평야의 월정리역을 지나, 북동쪽으로 12km 정도 떨어진 평강역을 거쳐, 함경남도의 원산까지를 왕복하는 경원선이 놓여 있다. 평화전망대에서 북쪽으로 대략 12km 떨어진 곳에, 북한의 '평강'이라는 마을이 있다. 평강에서 북쪽으로 약 20km 떨어진 곳에 약

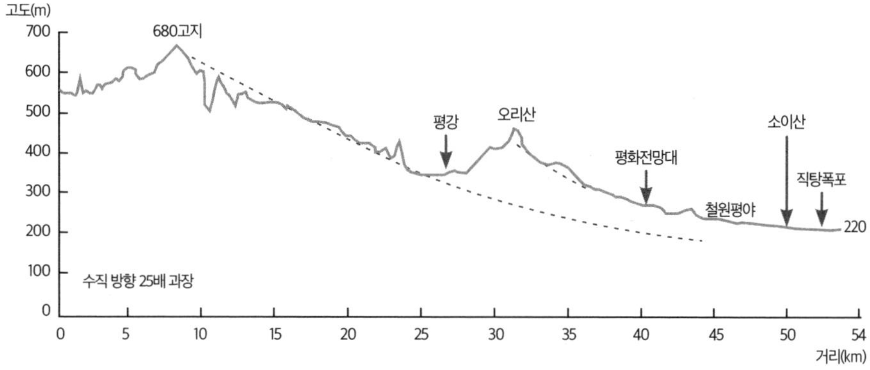

한탄강 용암을 분출한 680m고지, 오리산, 평화전망대의 위치.

50만 년 전에 한탄강 용암을 처음 분출한 680m고지가 있다. 그리고 평강에서 남서쪽으로 약 3km 떨어진 지점에 약 12만 년 전에 많은 양의 용암을 분출한 오리산이 있다.

오리산의 정상에는 많은 양의 현무암질 용암을 분출했던 분화구가 원지형 그대로 남아 있다. 이곳에서 분출한 현무암질 용암은 옛 한탄

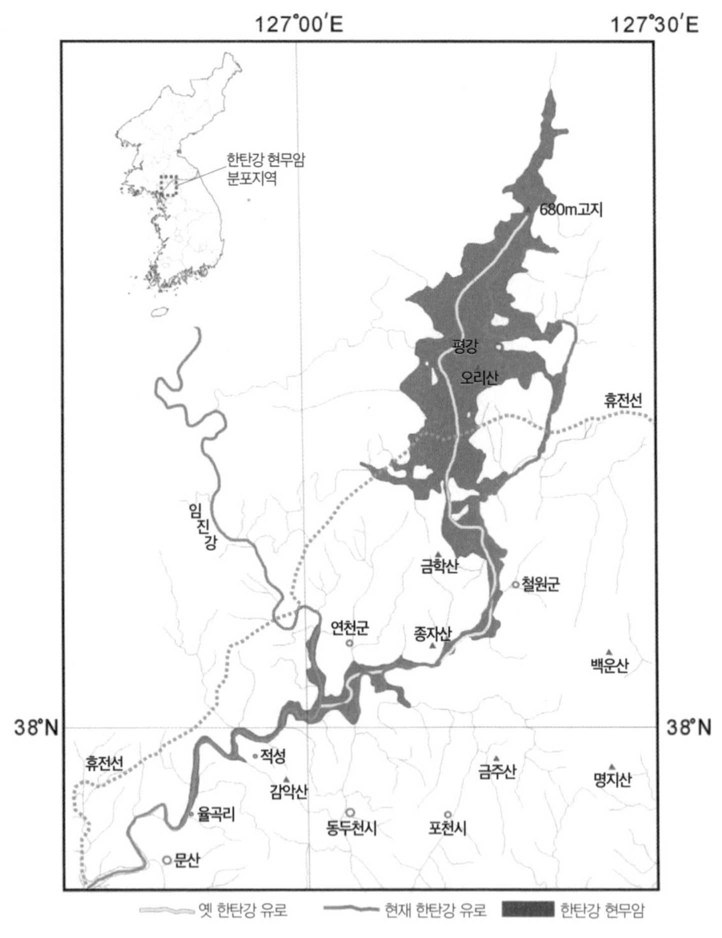

한탄강 용암을 분출한 평강의 680m고지와 오리산, 그리고 용암으로 덮인 한탄강 유역.

한탄강 지질공원의 여러 지질명소 가운데 가장 북쪽에 위치한 평화전망대에서 바라본 철원평야.

강을 메우며, 남쪽으로 전곡읍 부근까지 약 56km 정도 흘러내렸다. 이 거대한 용암의 흐름은 한탄강 유역을 덮으며, 크고 작은 여러 계곡으로 흘러 들어가서 여러 곳에 용암호를 만들기도 했다. 이러한 용암호 중에는 재인폭포, 옹장굴 등 지질명소로 지정된 여러 곳이 있다.

오리산은 전형적인 방패 모양의 '순상화산체'이며, 이 화산에서 흘러 나온 용암은 약 50만 년 전에 680m고지에서 분출된 용암을 덮으며, 남쪽으로 전곡리 부근까지 흘러간 것으로 확인되고 있다. 한탄강 유역의 현무암 분포도를 보면, 한탄강 용암 흐름의 끝 지점이 있는 파주시 율곡리에서 용암 분출지인 북한의 평강 오리산까지는 약 95km이고, 680m고지까지는 약 120km가 된다. 그런데 680m고지에서 분출한 용암 일부가 북쪽으로도 흐른 것을 고려하면, 한탄강 용암이 흐른 총 길이는 대략 140km 정도라고 할 수 있다. 그러나 북한 평강 지역의 680m고지와 오리산에서 크게 세 번에 걸쳐 분출한 용암이 흐른 각 층의 거리는 서로 다르다(38쪽 그림 참조).

맺음말

약 50만 년 전, 북한의 평강 부근에서 분출하기 시작하여 옛 한탄강 유역을 덮으며 도도히 흘러내리던 그 뜨거운 용암을 상상하면서, 자연의 대서사를 엮어보려는 의욕으로 집필을 시작했다. 그런데 원고를 마무리하고 보니 여러 면에서 아쉬움이 남는다.

필자들은 1990년대 중반부터 한탄강의 지형과 지질을 연구하면서 학생들과 지질 체험활동을 계속해왔다. 때마침 2020년 7월 한탄강 유역이 유네스코 세계지질공원으로 인증되어, 그동안의 연구 결과와 최근 20여 차례의 지형·지질 답사를 정리하여 책에 담아내려 했다.

그러나 2020년 여름 한탄강 유역에 큰 홍수가 나고, 접경 지역에 '아프리카 돼지 열병'이 퍼졌으며, '코로나19'가 심각해졌다. 다양한 이유로 출입이 통제되거나 접근하기 어려운 지질명소가 많았다. 여러 어려움 속에서도 이 지역에 숨어 있는 지질학적·인문적인 가치들을 안내함으로써, 한탄강만이 간직하고 있는 웅대함, 아름다움과 조화로움을 감상하고 즐길 수 있는 책을 만들고자 최선을 다했다. 이 책의 출간을 출발점으로 앞으로 더 깊은 연구 자료들이 나오고, 내용들이 수정·보완되기를 기대한다.

책이 출간되기까지 여러 면에서 도움을 주신 분들이 많다. 먼저 한탄강 유역에 흩어져 있는 여러 지질명소를 답사하고 취재하는 데 필요한 정보와 편의를 제공해주신 주신 포천, 연천, 철원의 시장님, 군수님과 한탄강지질공원 각 센터에서 애쓰시는 담당자분들께 심심한 감사의 말씀을 드린다.

또한 구석기 유적에 관한 고고학적 자문과 자료를 제공해주신 전곡선사박물관 이한용 관장님, 엄동설한에도 고생을 마다하지 않고 지형, 지질, 노두 사진 촬영을 도와주신 이현준 사진작가님, 소중한 생태사진과 지질 사진을 내주신 임헌영·전영호 교장 선생님, 박종영 박사님께도 감사의 말씀을 드린다.

특히 녹록지 않은 출판 환경 속에서도 책의 출간을 흔쾌히 허락하고 지원을 아끼지 않은 한성봉 동아시아 출판사 대표님과 원고의 교정과 편집을 맡아주신 하명성 편집자님께 깊은 감사의 말씀을 드린다.

이제 한탄강 유역의 검은 현무암이 만든 깊은 계곡과 다양한 모양의 주상절리가 손짓하고 있는 여러 지질명소를 찾아가보자. 도란도란 한탄강 용암이 만든 태고의 지구 모습을 이야기하며, 그 속에 숨어 있는 자연의 아름다움을 느끼고 즐겨보자. 이 얼마나 의미 있고 멋진 여행인가!

이런 여행을 통하여, 우리가 살고 있는 지구 환경에 대한 이해와 관심은 한층 더 높아질 것이고, 아울러 자연과 함께하는 우리의 삶도 더욱 풍요로워질 것이다.

모쪼록 이 책이 한탄강 세계지질공원이 가진 독특하고 아름다운 풍광을 심미적으로 감상하고 지질학적으로 설명하는 데 도움이 되었으면 한다.

2021년 6월

저자 일동

용어설명

가스 튜브: 용암이 식을 때 용암 내의 가스가 외부로 빠져나간 통로.

간섭색: 편광현미경의 재물대 상하에 있는 두 개의 편광판을 직교(교차) 상태로 놓고 광물을 관찰할 때, 광물 박편을 통과한 빛의 굴절에 따른 간섭현상으로 나타나는 색. 맨눈으로 보는 광물의 고유한 색과는 구별된다.

건설사면: 하천이 곡류하는 안쪽 부분에서 유속이 느려 퇴적작용이 일어나는 부분.

공격사면: 하천이 곡류하는 바깥 부분에서 유속이 빨라 침식작용이 일어나는 부분.

구조대: 단층과 같은 지질구조가 한정된 지역에 형성된 띠 모양으로 좁고 긴 지대.

구조수: 광물 내에서 물은 여러 형태로 존재한다. 그중에서 수활석($Mg(OH)_2$)에서처럼 [OH]군으로 존재하다가 가열하면 H_2O 형태로 탈수되는 것.

그루브(groove): 빗물이 경사진 암석 표면을 서서히 흐를 때, 표면이 침식과 풍화작용으로 인해 파인 자국.

기반암: 토양이나 그 밖의 고화되지 않은 퇴적물 아래에 분포하는 지각의 단단한 암석.

노두: 기반암의 일부가 지표에 나와 있는 부분.

등립질: 여러 종류의 광물로 이루어진 화성암에서 광물 입자들의 크기가 거의 같은 암석 조직.

박리작용: 암석 표면이 풍화작용으로 양파껍질처럼 얇게 벗겨지는 풍화 현상.

반정: 화성암에서 세립질 석기에 둘러싸여 있는 큰 결정. 반정을 가진 화산암을 '반상조직'이라 한다.

발굴 피트(pit): 유물이 쌓인 지층을 고고학 조사를 위해 파 놓은 구덩이.

밧줄구조: 유동성이 큰 용암이 흐르면서 식을 때, 먼저 굳은 표면이 뒤의 용암에 밀

리면서 만들어진 밧줄 모양의 용암 표면 구조.

베개구조: 뜨거운 용암이 물과 만날 때, 용암이 굳어진 용암 껍질을 깨고 용암이 삐져나와 베개 모양의 용암 덩어리들이 쌓여 있는 구조.

변성이질암: 퇴적암인 이질암이 변성작용을 받아 형성된 변성암.

부딘구조: 규질과 석회질로 이루어진 교대로 쌓인 지층이 변성작용을 받을 때, 규질로 이루어진 층이 소지지 모양처럼 끊어진 구조.

부정합: 일정 기간 퇴적 작용이 중단된 후, 그 위에 새로운 층이 쌓인 지층에서, 두 지층 사이에 시간 간격이 생긴 두 지층의 관계.

분기공: 용암층에서 한곳에 모인 용암 가스가 용암층을 빠져나갈 때 만들어진 큰 구멍.

산출상태: 여러 종류의 암석으로 이루어진 지층이 만들어진 상태.

화성암의 산출상태: 마그마가 땅속 깊은 곳에서 굳을 때, 암체가 아주 큰 것을 저반, 작은 것을 암주라 한다. 용암으로 분출한 것은 화산, 중간 깊이에서 굳은 것은 암맥, 암상, 병반 등이 있다.

상대굳기: 광물을 서로 긁어 긁힘의 정도를 보고, 모스 경도계를 기준으로 두 광물의 굳기를 상대적으로 정한 것.

서울-원산 구조대: 서울-원산 방향으로 발달한 여러 개의 큰 단층이 모여 이루어진 지질구조대. 종전에는 추가령구조대라 불렸다.

석기: 반상조직으로 된 화성암에서, 반정들 사이를 메우고 있는 세립질 입자들.

세립질: 암석을 이루는 광물의 크기가 1mm 이하인 조직.

순상화산체: 유동성이 큰 용암이 넓은 지역에 완만한 경사를 이루며 만든 방패 모양의 화산체.

스텝토: 용암 평원 위에 기반암이 섬처럼 머리를 내밀고 있는 구릉.

실트: 지름이 0.002~0.02mm인 입자로 이루어진 퇴적암.

암주: 심성암체에서 저반보다 규모가 작은 화성암체.

양면 핵석기: 몸돌의 양쪽 겉면을 깨뜨려 떼어낸 석기.

에크로자이트: 석류석과 휘석으로 구성된 초고압 변성암.

연천-철원 분지: 중생대에 지각 운동으로 지반이 함몰되어 큰 분지가 형성된 후, 그 곳에서 화산활동이 일어나 여러 종류의 화산분출물 및 퇴적물이 쌓여 있는 곳. 현재는 높은 산지로 되어 있다.

열점: 판의 내부의 어느 한 지점에서 화산 활동이 일어나는 곳. 예) 하와이 섬.

열하분출: 지각의 갈라진 틈을 따라 마그마가 분출하는 화산 활동 양상.

엽리: 광역변성작용을 받아 광물들이 압력의 방향에 수직으로 재배열된 변성암 구조.

옥천대: 경기육괴와 영남육괴 사이에 변성퇴적암류가 띠 모양으로 분포하는 지역.

용결응회암: 화산재와 부석, 유리 등의 화산분출물이 두껍게 쌓인 고온 상태의 지층에서 부석 및 유리 등이 눌리면서 만들어진 응회암.

용암호: 대량의 용암이 계곡과 같은 낮은 지역으로 흘러 들어가 호수처럼 고여 있는 용암층.

유리질: 마그마가 급속히 냉각되어 결정을 이루지 못한 화성암 조직.

유문구조: 유문암질 용암이 흐르면서 만들어진 유상(액체가 흐르는 모양)구조.

육괴: 고생대 이후 육지로 노출되어 있는 큰 땅덩어리.

인편상 구조: 하천의 자갈들이 흐르는 물의 저항을 덜 받는 방향으로 기울어져 쌓인 퇴적 구조.

저반: 지표 노출 면적이 100km^2 이상인 관입암체.

절대굳기: 표본 광물을 금강석 침으로 누를 때, 그 변형의 정도를 기준으로 정한 광물의 굳기.

정합: 지층 사이 큰 시간의 간극(틈새)이 없이 연속적으로 쌓여 있는 지층의 관계.

조립질: 화성암에서 광물 입자 크기가 5mm 이상인 조직.

주상단면도: 두꺼운 지층에서 암석의 종류, 두께, 화석 등 관찰된 자료를 종합적으로 기록한 그림.

중립질: 화성암에서 광물 입자 크기가 평균 1~5mm인 조직.

중심분출: 화산의 중심에서 용암과 쇄설물이 분출하는 화산분출 양상.

지괴: 단층으로 둘러싸인 큰 땅덩어리. 육괴와 같다.

처트: 주로 규질(SiO_2) 성분으로 된 치밀하고 단단한 세립질 퇴적암

코에사이트: 석영의 한 종류이며, 규질 성분이 고온 고압에서 만들어진 광물

탈수화작용: 광물에 포함된 물 분자나 광물을 이루고 있는 원소 중, 수소와 산소가 물로 결합하여 분리되는 반응.

토양쐐기: 빙하기에 땅이 얼었다 녹으면서 땅이 갈라질 때, 그 틈을 메운 토양이 쐐기를 박은 듯한 형상으로 보이는 구조.

퇴적분지: 지각 변동 등에 의해 움푹 들어간 큰 분지가 형성되면서 퇴적물이 쌓여 있는 곳.

판게아: 고생대 말, 여러 대륙이 하나로 뭉쳐 있던 초대륙.

편광현미경: 암석이나 광물을 0.03mm 두께로 얇게 갈아 만든 박편을 재물대에 올려놓고, 광학적 성질을 이용해 광물의 종류 및 암석의 조직을 관찰하는 현미경.

피아메 구조: 응회암층에 들어있는 부석 파편들이 높은 온도와 압력에 의해 눌리면서 변형되어 생긴 용결응회암 구조.

하식동굴: 하천수의 침식작용으로 형성된 동굴.

함몰분지: 화산이 폭발한 후, 화산의 정상 부분이 함몰되어 형성된 분지.

해구: 해저에서 해양판이 대륙판 아래로 섭입되는 곳.

해령: 해저에서 마그마가 분출하여 해양지각이 형성되는 대양저 산맥.

행인상구조: 현무암의 기공에 방해석 등과 같은 2차 광물질이 살구 씨 모양으로 채워진 화산암 구조.

호상구조: 색을 달리하는 광물이나 퇴적물이 층을 이루며 번갈아 배열되어 만들어진 구조.

자료 출처 및 참고 문헌

1. 사진 이미지, 인용문 출처

- 15쪽. 전곡리 구석기 유적 발굴 사진: 경기도 연천군 제공
- 18쪽. 태봉국 성터 상상도: 강원도 철원군 제공
- 23쪽, 24쪽. 대동여지도 전도, 한탄강 유역도: 서울대학교 규장각 한국학연구원
- 31쪽. 해양지각 분포도: https://commons.wikimedia.org/wiki/File:Age_of_oceanic_lithosphere.jpg
- 33쪽. 마그마가 생성되는 위치: https://commons.wikimedia.org/wiki/File:Tectonic_plate_boundaries_clean.png
- 36쪽. 한탄강 용암의 생성과정 설명도; 42쪽. 기공 형태; 373쪽; 한탄강 용암을 분출한 위치: 안웅산, 2016, "임진강 주변 현무암의 형성과 연대(프레젠테이션 자료)", 제주특별자치도 세계유산한라산연구원.
- 37쪽. 현무암질 용암의 분출과 흐름: https://commons.wikimedia.org/wiki/File:Volcano_eruption,_molted_lava_near_Kilauea,_Hawaii.jpg
- 38p쪽, 243쪽. 옛 한탄강을 메운 용암단위 3매: 한탄강지질공원. 2018.「한탄강 세계지질공원신청서」, 14쪽.
- 51쪽. 엔타블러처와 콜로네이드 설명: 네이버 지식백과 세계미술용어사전, 건축학용어사전(대한건축학회), 두산백과사전.
- 68쪽. 다비-친링-수루 충돌대의 연장선에 있는 임진강대: 강원평화지역국가지질공원(http://koreadmz.kr/)
- 82쪽. 한탄강 지질명소 위치 지도: 한탄강지질공원. 2018. 한탄강세계지질공원신청서, 3쪽.

- 106쪽. 멍우리협곡 유래: 한국민족문화대백과사전(http://encykorea.aks.ac.kr), 한국학중앙연구원/ 멍우리협곡 유래(손승호)
- 120쪽. 〈화적연〉 도판 이미지: ⓒ간송미술문화재단
- 121쪽. 기우제 재현 장면: 포천시 제공
- 147쪽. 지구계의 상호작용: https://www.shutterstock.com/ko/image-vector/vector-schematic-representation-water-cycle-nature-114207889
- 161쪽. 석굴암 본존불: https://commons.wikimedia.org/wiki/File:Korea-Gyeongju-Silla_Art_and_Science_Museum-Seokguram_model-01.jpg; 라오콘 군상: https://commons.wikimedia.org/wiki/File:Laocoon_and_His_Sons_black.jpg
- 166쪽. 교동가마소 전설: 이근영·이병찬. 2000. 『포천의 설화』. 포천문화원. 284쪽.
- 178쪽. 옹장굴 분포 측량도: 한국동굴생물연구소, 2001.
- 186쪽. 구라이골 유래: 디지털포천문화대전(http://pocheon.grandculture.net/pocheon) 한국학중앙연구원/구라이골 유래(백창기).
- 192쪽. 백운산 유래: 디지털포천문화대전(http://pocheon.grandculture.net/pocheon), 한국학중앙연구원/ 백운산 유래(조준호)
- 205쪽. 재인폭포 전설: 한국민속대백과사전(https://folkency.nfm.go.kr/kr/), 국립민속박물관/재인폭포(홍순석)
- 224쪽. 좌상바위 유래: 한탄강지질공원 홈페이지. http://www.hantangeopark.kr/bbs/content.php?co_id=sight_01_13
- 232쪽, 239쪽, 266쪽. 신답리, 은대리, 차탄천 유래: 연천군청(www.yeoncheon.go.kr/), 연천군청〉읍면행정복지센터〉마을소개〉지명유래
- 240쪽. 물거미 사진: 임헌영 제공
- 243쪽. 은대리 차탄천 현무암 절대연령: 김정민 외. 2014. 「전곡 지역 제4기 현무암질 암석의 ^{40}Ar – ^{39}Ar 연대측정」, 암석학회지 제23권 제4호. 385~391쪽.
- 257쪽. 국내에서 출토된 주먹도끼 사진: 국립중앙박물관(https://www.

museum.go.kr/)/큐레이터 추천 소장품/연천 전곡리 주먹도끼

- 258쪽. 전곡리 퇴적층 유적 발굴 단면, 발굴 피트, 주먹도끼: 배기동·이철민·홍혜원. 2008.「전곡리 구석기 유적 5지구 발굴조사 성과와 전망」. 한국구석기학회 제9회 학술대회, 78~82쪽.
- 260쪽. 모비우스 라인: https://en.wikipedia.org/wiki/Hand_axe
- 261쪽. 프랑스 생 아슐 지방에서 출토된, 플린트 재질의 주먹도끼: https://commons.wikimedia.org/wiki/File:Biface_de_St_Acheul_MHNT.jpg
- 321쪽. 태봉국 철원도성 상상도: 철원군 제공
- 340쪽. 삼부연 전설: 디지털철원문화대전(http://cheorwon.grandculture.net/cheorwon), 한국학중앙연구원/삼부연폭포(이의한)
- 344쪽. 삼부연 도판이미지: ⓒ간송미술문화재단
- 346쪽. 철원평야의 샘통 사진: 한탄강지질공원(철원군)
- 348쪽. 기러기 사진: 서안종 작가 제공
- 349쪽. 물고추냉이 농장, 근경 사진: 한탄강지질공원(철원군)
- 361쪽. 펜화 스케치: 이문원 그림
- 365쪽. 대교천 사진: 한탄강지질공원(철원군)

2. 지도 출처

※ 다음 지도 사이트를 활용했다. 네이버지도(https://map.naver.com/), 카카오맵(https://map.kakao.com/), 국토지리정보원, Open Street Map/지도,스카이뷰. Google 어스(https://earth.google.com/web/search), Google 지도(https://www.google.co.kr/maps)

* 구글어스

25쪽 위성에서 본 한탄강과 임진강 유역; 55쪽 한탄강 유역의 용암 분포와 주상

절리를 관찰할 수 있는 지질명소 위치; 74쪽 위성사진에서 본 서울-원산 구조대; 166쪽 한탄강의 멍우리협곡과 비둘기낭폭포 앞을 지나 흐르던 용암류가 건지천을 따라 북쪽으로 역류한 것을 보여주는 항공사진; 176쪽 옹장굴 일대의 위성사진과 옹장굴 위치; 205쪽 재인폭포 위치; 265쪽 차탄천 용소 주변 위성사진; 315쪽 소이산 위치; 317쪽 위성 사진으로 본 철원평야; 324쪽 직탕폭포 위치; 331쪽 고석정 위치; 339쪽 삼부연폭포 위치; 353쪽 송대소 위치; 363쪽 대교천 현무암협곡 위치; 370쪽 위성사진으로 본 평화전망대와 평강 지역의 오리산 용암 분출지; 371쪽 오리산 분화구 모습

*** 카카오맵**

76쪽 한탄강 유역 단층과 나란하게 건설된 도로; 143쪽 포천아트밸리 위치; 165쪽 교동가마소 위치; 223쪽 좌상바위 위치; 215쪽 고문리 백의리층의 노두 위치; 231쪽 신답리 3층용암 위치; 239쪽 은대리 판상절리와 습곡 위치; 295쪽 호로고루성, 당포성, 은대리성 위치; 299쪽 동막골응회암 노두 위치

*** 네이버지도**

91쪽 비둘기낭폭포 위치; 105쪽 멍우리협곡 위치; 111쪽 화적연 위치; 124쪽 아우라지 베개용암 위치; 133쪽 지장산 계곡 위치; 173쪽 옹장굴 위치; 183쪽 구라이골 위치; 191쪽 백운계곡의 위치; 213쪽 고문리 백의리층 위치; 251쪽 전곡리선사유적지 위치; 276쪽 차탄천 주상절리의 위치; 283쪽 합수머리 하식동굴; 289쪽 당포성 위치; 347쪽 샘통 위치

3. 참고 문헌

*** 단행본 및 보고서**

- 기원서·임순복·김현철·황상구·김복철·송교영·김유홍. 2008. 『연천도폭 지질조사보고서』. 한국지질자원연구원.

• 기원서·조등룡·김복철·진광민. 2005.『포천도폭 지질조사보고서』, 한국지질자원연구원.

• 김수진. 1982.『광물학 원론』. 우성문화사, 216쪽.

• 김학제·성백능·김기수·조병하. 1983.『최신 이화학대사전』. 법경출판사, 47쪽.

• 송교영·조등룡. 2007.『김화도폭 지질조사보고서』. 한국지질자원연구원.

• 안락규·권홍진·정병호 외. 2009.『야외 지질 탐구학습을 위한 경기지역 지질탐구학습백과(경기북부지역, 시화호 일대)』. 경기도교육청장학자료(2009-과학산업교육과).

• 원종관·이문원·진명식·최무장·정병호. 2010.『한탄강 지질 탐사 일지』. 지성사.

• 원종관·진명식·이문원·윤성효, 2011. 이야기로 읽는 지질학 용어의 뿌리. 시그마프레스.

• 이병주·김유봉·기원서. 2006.『기산도폭 지질조사보고서』. 한국지질자원연구원.

• 이병찬·김도환. 2015.『접경지역 한탄강 인문자원 발굴 보고서』. ㈜ 브랜드아큐멘/대진대학교 한국어문학부, 15~68, 88~141, 150~211, 549쪽.

• 최성자·이승렬·김규봉·김준락·김복철. 1998.『문산도폭 지질조사보고서』. 한국지질자원연구원.

• 최위찬·최성자·박기화·김규봉. 1996.『철원-마전리 지질조사보고서』. 한국지질자원연구원.

• 황재하·김유홍. 2007.『지포리도폭 지질조사보고서』. 한국지질자원연구원.

• 한탄강지질공원. 2018.『한탄강세계지질공원신청서』. 3~25쪽.

• Bates and Jackson. Glossary of Geology(Second Edition). American Geological Institute. 1980.

＊논문

• 김정민·최정헌·전수인·박울재. 2014.「전곡 지역 제4기 현무암질 암석의 ^{40}Ar - ^{39}Ar 연대측정」,《암석학회지》, 제23권 제4호. 385~391쪽.

• 배기동·이철민·홍혜원. 2008.「전곡리 구석기 유적 5지구 발굴조사 성과와 전망」.

한국구석기학회 제9회 학술대회. 78~82쪽.

- 신재봉·유강민·Toshiro Naruse, Akira Hayashida. 2004. 「전곡리 유적 발굴지인 ES5S20-IV 지점의 미고결 퇴적층에 대한 뢰스-고토양 층서에 관한 고찰」. 《지질학회지》, 제40권 제4호. 369~381쪽.
- Choi, Mi-Lim, Cha, Oh-Reum, Yun, Ha-Young. The Study on the effective shaping task of handaxe by analyzing raw materials Physical Fracture Characteristics. Society for Science the Public. 2013. USA, p.3-32.
- Youngwoo Kil, Kun Sang Ahn, Kyung Sik Woo, Kwang Choon Lee, Yong Joo Jwa, Woochul Jung, Young Kwan Sohn. 2018. Geoheritage Values of the Quaternary Hantangang River Volcanic Field in the Central Korean Peninsula. The European Association for Conservation of the Geological Heritage 2018. 2018. p.5-13.
- 濱田 藍. アナログ実験による柱状節理の形態的遷移についての研究 (Analogue experiments for understanding of factors controlling morphological transition in columnar joints), 九州大学大学院理学府, 博士(理学)学位論文. 2015. p. 3-13.

* 인터넷 자료

○ 전곡리 유적 토층: 전곡선사박물관(https://jgpm.ggcf.kr/)

○ 연천 전곡리 주먹도끼: 국립중앙박물관(https://www.museum.go.kr/). 큐레이터 추천 소장품

○ 연천 전곡리 유적: 연천군청(www.yeoncheon.go.kr/) 문화관광

○ 네이버지식백과/지질학백과

찾아보기

N
E
S
W

한탄강 세계지질공원으로 떠나는 여행
유네스코가 인증한 한탄강 지질명소 톺아보기

초판 1쇄 펴낸날 2021년 6월 25일
초판 2쇄 펴낸날 2023년 10월 31일
지은이 권홍진·정병호·안락규·이문원
펴낸이 한성봉
편집 최창문·이종석·오시경·권지연·이동현·김선형·전유경
콘텐츠제작 안상준
디자인 권선우·최세정
마케팅 박신용·오주형·박민지·이예지
경영지원 국지연·송인경
펴낸곳 도서출판 동아시아
등록 1998년 3월 5일 제1998-000243호
주소 서울시 중구 퇴계로30길 15-8 [필동1가 26] 2층
페이스북 www.facebook.com/dongasiabooks
인스타그램 www.instagram.com/dongasiabook
블로그 blog.naver.com/dongasiabook
전자우편 dongasiabook@naver.com
트위터 twitter.com/in_hubble
전화 02) 757-9724, 5
팩스 02) 757-9726
ISBN 978-89-6262-377-2 03450

※ 잘못된 책은 구입하신 서점에서 바꿔드립니다.

만든 사람들

편집 하명성
크로스교열 안상준
디자인 김경주